"十三五"国家重点图书出版规划项目
核能与核技术出版工程（第二期）
总主编 杨福家

核安全级控制机柜
电子装联工艺技术

Electronics Assembly
Technology of Nuclear
Safety Control Cabinet

马　权　吴志强　编著

上海交通大学出版社
SHANGHAI JIAO TONG UNIVERSITY PRESS

内容提要

本书将核电理论知识与核电项目实际经验相结合,从核安全级控制机柜的特点、设计基本要求、核级物料选型规则、印制线路板组装件装焊技术、模块及电缆制造、整机装联、电缆敷设、验证试验、包装运输等方面介绍了核安全级控制机柜电子装联过程及工艺技术知识。内容涵盖导线端头处理、导线端子无焊压接、电缆组装件制作、屏蔽处理、线束布线绑扎、机械装配、螺纹连接等典型工艺,以及核级产品装联关键工艺技术与质量控制要素。

本书可供工程设计人员、工艺技术人员、电子产品装配人员、检验人员以及从事核电相关行业的人员学习参考。

图书在版编目(CIP)数据

核安全级控制机柜电子装联工艺技术/ 马权,吴志强编著. —上海:上海交通大学出版社,2020
核能与核技术出版工程
ISBN 978-7-313-23514-5

Ⅰ.①核… Ⅱ.①马… ②吴… Ⅲ.①核安全-电子装联-工艺学 Ⅳ.①TL7②TN305.93

中国版本图书馆 CIP 数据核字(2020)第 126882 号

核安全级控制机柜电子装联工艺技术
HE ANQUAN JI KONGZHI JI GUI DIANZI ZHUANG LIAN GONGYI JISHU

编　　著:马　权　吴志强
出版发行:上海交通大学出版社　　　　　地　　址:上海市番禺路 951 号
邮政编码:200030　　　　　　　　　　电　　话:021-64071208
印　　制:苏州市越洋印刷有限公司　　　经　　销:全国新华书店
开　　本:710mm×1000mm　1/16　　印　　张:24.5
字　　数:408 千字
版　　次:2020 年 9 月第 1 版　　　　　印　　次:2020 年 9 月第 1 次印刷
书　　号:ISBN 978-7-313-23514-5
定　　价:189.00 元

核能与核技术出版工程

丛书编委会

总主编

杨福家（复旦大学，教授、中国科学院院士）

编　委（按姓氏笔画排序）

于俊崇（中国核动力研究设计院，研究员、中国工程院院士）

马余刚（复旦大学现代物理研究所，研究员、中国科学院院士）

马栩泉（清华大学核能技术设计研究院，教授）

王大中（清华大学，教授、中国科学院院士）

韦悦周（广西大学资源环境与材料学院，教授）

申　森（上海核工程研究设计院，研究员级高工）

朱国英（复旦大学放射医学研究所，研究员）

华跃进（浙江大学农业与生物技术学院，教授）

许道礼（中国科学院上海应用物理研究所，高级工程师）

孙　扬（上海交通大学物理与天文系，教授）

苏著亭（中国原子能科学研究院，研究员级高工）

肖国青（中国科学院近代物理研究所，研究员）

吴国忠（中国科学院上海应用物理研究所，研究员）

沈文庆（中国科学院上海分院，研究员、中国科学院院士）

陆书玉（上海市环境科学学会，教授）

周邦新（上海大学材料研究所，研究员、中国工程院院士）

郑明光（国家电力投资集团公司，研究员级高工）

赵振堂（中国科学院上海高等研究院，研究员、中国工程院院士）

胡思得（中国工程物理研究院，研究员、中国工程院院士）

徐　銤（中国原子能科学研究院，研究员、中国工程院院士）

徐步进（浙江大学农业与生物技术学院，教授）

徐洪杰（中国科学院上海应用物理研究所，研究员）

黄　钢（上海健康医学院，教授）

曹学武（上海交通大学机械与动力工程学院，教授）

程　旭（上海交通大学核科学与工程学院，教授）

潘健生（上海交通大学材料科学与工程学院，教授、中国工程院院士）

本书编委会

主编 马 权 吴志强

编委 王庭兵 马 玥 彭 浩 黄 奇
刘明星 刘明明 穆兰芬 白玉堃
王秀鹏 刘 清 万 欢 邓玉娇
闫 昊 罗焯睿 陈兰英

总　　序

　　1896 年法国物理学家贝可勒尔对天然放射性现象的发现,标志着原子核物理学的开始,直接导致了居里夫妇镭的发现,为后来核科学的发展开辟了道路。1942 年人类历史上第一个核反应堆在芝加哥的建成被认为是原子核科学技术应用的开端,至今已经历了 70 多年的发展历程。核技术应用包括军用与民用两个方面,其中民用核技术又分为民用动力核技术(核电)与民用非动力核技术(即核技术在理、工、农、医方面的应用)。在核技术应用发展史上发生的两次核爆炸与三次重大核电站事故,成为人们长期挥之不去的阴影。然而全球能源匮乏以及生态环境恶化问题日益严峻,迫切需要开发新能源,调整能源结构。核能作为清洁、高效、安全的绿色能源,还具有储量最丰富、高能量密集度、低碳无污染等优点,受到了各国政府的极大重视。发展安全核能已成为当前各国解决能源不足和应对气候变化的重要战略。我国《国家中长期科学和技术发展规划纲要(2006—2020 年)》明确指出"大力发展核能技术,形成核电系统技术的自主开发能力",并设立国家科技重大专项"大型先进压水堆及高温气冷堆核电站专项",把"钍基熔盐堆"核能系列列为国家首项科技先导项目,投资 25 亿元,已在中国科学院上海应用物理研究所启动,以创建具有自主知识产权的中国核电技术品牌。

　　从世界范围来看,核能应用范围正不断扩大。据国际原子能机构最新数据显示:截至 2018 年 8 月,核能发电量美国排名第一,中国排名第四;不过在核能发电的占比方面,截至 2017 年 12 月,法国占比约为 71.6%,排名第一,中国仅约 3.9%,排名几乎最后。但是中国在建、拟建和提议的反应堆数比任何国家都多,相比而言,未来中国核电有很大的发展空间。截至 2018 年 8 月,中国投入商业运行的核电机组共 42 台,总装机容量约为 3 833 万千瓦。值此核电发展的历史机遇期,中国应大力推广自主开发的第三代以及第四代的"快堆""高温气冷堆""钍基熔盐堆"核电技术,努力使中国核电走出去,带动中国由核电大国向核电强国跨越。

随着先进核技术的应用发展,核能将成为逐步代替化石能源的重要能源。受控核聚变技术有望从实验室走向实用,为人类提供取之不尽的干净能源;威力巨大的核爆炸将为工程建设、改造环境和开发资源服务;核动力将在交通运输及星际航行等方面发挥更大的作用。核技术几乎在国民经济的所有领域得到应用。原子核结构的揭示,核能、核技术的开发利用,是 20 世纪人类征服自然的重大突破,具有划时代的意义。然而,日本大海啸导致的福岛核电站危机,使得发展安全级别更高的核能系统更加急迫,核能技术与核安全成为先进核电技术产业化追求的核心目标,在国家核心利益中的地位愈加显著。

在 21 世纪的尖端科学中,核科学技术作为战略性高科技学科,已成为标志国家经济发展实力和国防力量的关键学科之一。通过学科间的交叉、融合,核科学技术已形成了多个分支学科并得到了广泛应用,诸如核物理与原子物理、核天体物理、核反应堆工程技术、加速器工程技术、辐射工艺与辐射加工、同步辐射技术、放射化学、放射性同位素及示踪技术、辐射生物等,以及核技术在农学、医学、环境、国防安全等领域的应用。随着核科学技术的稳步发展,我国已经形成了较为完整的核工业体系。核科学技术已走进各行各业,为人类造福。

无论是科学研究方面,还是产业化进程方面,我国的核能与核技术研究与应用都积累了丰富的成果和宝贵的经验,应该系统整理、总结一下。另外,在大力发展核电的新时期,也急需一套系统而实用的、汇集前沿成果的技术丛书作指导。在此鼓舞下,上海交通大学出版社联合上海市核学会,召集了国内核领域的权威专家组成高水平编委会,经过多次策划、研讨,召开编委会商讨大纲、遴选书目,最终编写了这套"核能与核技术出版工程"丛书。本丛书的出版旨在培养核科技人才;推动核科学研究和学科发展;为核技术应用提供决策参考和智力支持;为核科学研究与交流搭建一个学术平台,鼓励创新与科学精神的传承。

本丛书的编委及作者都是活跃在核科学前沿领域的优秀学者,如核反应堆工程及核安全专家王大中院士、核武器专家胡思得院士、实验核物理专家沈文庆院士、核动力专家于俊崇院士、核材料专家周邦新院士、核电设备专家潘健生院士,还有"国家杰出青年"科学家、"973"项目首席科学家、"国家千人计划"特聘教授等一批有影响力的科研工作者。他们都来自各大高校及研究单位,如清华大学、复旦大学、上海交通大学、浙江大学、上海大学、中国科学院上海应用物理研究所、中国科学院近代物理研究所、中国原子能科学研究院、中国核动力研究设计院、中国工程物理研究院、上海核工程研究设计院、上海市辐射环境监督站等。本丛书是他们最新研究成果的荟萃,其中多项研究成果获国家级或省部级大奖,代表了国内甚至国际先进水平。丛书涵盖军用核技术、民用动力核技术、民用非动力核技术及其在理、工、农、医方面的应用。内容系统而全面且极具实用性与指导性,例如,《应用核物理》就阐述了当今国内外核物理研究与应用的全貌,有助于读者对核物理的应用领域及实验技术有全面的了解,其他图书也都力求做到了这一点,极具可读性。

由于良好的立意和高品质的学术成果,本丛书第一期于 2013 年成功入选"十二五"国家重点图书出版规划项目,同时也得到上海新闻出版局的高度肯定,入选了"上海高校服务国家重大战略出版工程"。第一期(12 本)已于 2016年初全部出版,在业内引起了良好反响,国际著名出版集团 Elsevier 对本丛书很感兴趣,在 2016 年 5 月的美国书展上,就"核能与核技术出版工程(英文版)"与上海交通大学出版社签订了版权输出框架协议。丛书第二期于 2016 年初成功入选了"十三五"国家重点图书出版规划项目。

在丛书出版的过程中,我们本着追求卓越的精神,力争把丛书从内容到形式做到最好。希望这套丛书的出版能为我国大力发展核能技术提供上游的思想、理论、方法,能为核科技人才的培养与科创中心建设贡献一份力量,能成为不断汇集核能与核技术科研成果的平台,推动我国核科学事业不断向前发展。

2018 年 8 月

前　　言

　　能源是人们赖以生存和现代社会发展的基础。随着科学技术的不断进步，人民的生活水平日益提高，对能源的供应提出了更高的要求。在能源组成结构中，电力作为人们日常生活中最常见的输出方式，与人们的工作、生活密不可分、息息相关。目前在世界范围内，大部分电能来自火电，部分来自水电，少部分来自光伏发电、风电以及核电。火力发电是通过燃烧煤炭、天然气等一次能源，将其转换为电能的过程。随着电力需求的增加，火电对煤炭及天然气等不可再生能源的消耗速度不断飙升，在未来 50～200 年内，地球上探明的煤炭及天然气资源将消耗殆尽。为了解决能源危机，世界各国都在积极寻求火力发电的替代品，核能发电以其高发电效率、低污染、高安全性等特点，受到了广泛的关注。

　　核电是一种安全、清洁的能源，这与许多人的主观印象不同。核电不会像火力发电那样造成空气污染，且无温室气体排放，总体的发电成本也低于火力发电。让公众担心的主要问题在于核电厂发生重大事故时，有可能对环境和人员造成不可逆转的放射性伤害。切尔诺贝利核事故以及近年的日本福岛核事故，让人们对核电的安全性产生了疑问。本书中的核安全级控制机柜，是核安全级数字仪控系统的重要组成部分，是保证核电厂安全停堆以及事故后监测的关键。这些控制机柜的生产质量，直接关系着核电厂能否安全稳定地运行。

　　中国的核电事业起步较晚，核电在我国能源结构中的占比低于世界平均水平，近年来核电事业的发展得到了国家的高度重视，华龙一号已经成为国家"走出去"战略的一张靓丽名片，核电事业的发展展现了光辉的前途；但是在核安全级控制机柜的电子装联领域尚无统一的工艺体系和工艺标准。本书根据实际的核安全级数字仪控系统设备供货经验，结合产品的生产实际，对核安全级控制机柜电子装联工艺技术的各个方面进行了详细的介绍。

　　由于时间仓促,加之编者水平有限,书中存在的错误和疏漏之处,真诚地希望广大读者批评指正。

编　者
2020 年 9 月

缩略语对照表

英文缩写	中　文	英　文　全　称
AOI	自动光学检测	automatic optic inspection
AR	增强现实技术	augmented reality
AXI	自动 X 射线检测	automatic X-ray inspection
BGA	球栅阵列封装	ball grid array package
CCL	覆铜板	copper clad laminates
CE	传导发射	conducted emission
CPS	信息物理系统	cyber physical system
CS	传导抗扰度	conducted susceptibility
CTE	热膨胀系数	coefficient of thermal expansion
DIPs	电压暂降、短时中断和电压变化抗扰度	voltage dips, short interruptions and voltage variations immunity
DIP	双列直插式封装	dual in-line package
EFT	电快速瞬变脉冲群	electrical fast transient
EMC	电磁兼容性	electromagnetic compatibility
EMI	电磁干扰	electromagnetic interference
EMS	电磁敏感度	electromagnetic susceptibility
ESD	静电放电抗扰度	electrostatic discharge immunity
FAT	工厂验收测试	factory acceptance test
FET	场效应晶体管	field effect transistor
FT	工厂测试	factory test
IMC	金属间化合物	intermetallic compound

英文缩写	中　文	英　文　全　称
LED	发光二极管	light emitting diode
OBE	运行基准地震	operating-basis earthquake
PCB	印制电路板	printed circuit board
PGA	插针网格阵列封装	pin grid array package
QFP	方形扁平式封装	quad flat package
RE	辐射发射	radiated emission
RS	辐射抗扰度	radiated susceptibility
SI	系统集成	system integration
SMT	表面贴装技术	surface mounted technology
SOP	小外型封装	small out-line package
SPD	浪涌保护器	surge protection device
SPI	焊锡膏检测机	solder printing inspection
SSE	安全停堆地震	safe shut down earthquake
SVDU	安全显示站	safety visual display unit
TP	双绞线	twisted pair
VR	虚拟现实技术	virtual reality
V&V	验证与确认	validation and verification

目　　录

第 1 章

绪　论

随着电子装配工艺技术的不断发展,各种各样的电子电气设备广泛地运用到人们生活的方方面面。由于产品的运用领域与人们的日常生活息息相关,产品的质量好坏和稳定性显得尤为重要。其制造过程中的任何小问题,都可能衍生成影响产品质量的大问题,甚至延误项目的总体进度。本书将针对核安全级控制机柜的装配过程,从电子元器件的选型、贴片工艺、集成装配、程序下装、成品测试、包装与发运等方面阐述核安全级控制机柜的具体制造流程、管控手段、质保监察等。

核安全级控制机柜属于高性能电子产品。同时由于核安全级控制机柜本身运行场合的特殊性,所以加强制造过程的管理,保证真实的过程记录、严格遵循依图施工、严格按照流程作业等基础性工作对于保障产品质量以及后期问题追溯显得非常重要。

1) 核安全级控制机柜装配层级

根据核安全级控制机柜的制造工艺流程、质量计划的相关流程说明,核安全级控制机柜的装配大概可以分为以下三个层级。

元器件贴片级:是指电路元器件、集成电路和各种电子元器件在印制电路板上的安装和贴片过程,是组装过程中的第一层次,也是电气柜整体组装中最基础、最核心的部分。

模块组装级:是指将完成贴片、程序下载和功能检验的印制板电路板组件与插件盒组装,以形成机柜组装的单元模块和机箱等半成品的过程,是组装中的第二层次,这一过程完成了成品机柜的基本单元组件。

机柜组装级:是指将各种单元模块、电气元器件、机加件、电源模组、信号线缆、供电线缆按照装配图纸完整地组装成满足设计要求的电气类产品和设备的过程,是整机级的组装。

整机电子装配工艺在装配层级中有着重要的作用,是电子电气设备研制、批量化生产的基础,也是实现设备技术方案不可缺少的环节之一。由于核安全级控制机柜的生产较复杂,不仅包括以上三个层级,还包含更多细节,例如元器件选型、电路板焊装、自动光学检测、三防涂覆、模块老化、机加件成型、过程检验、机柜集成装配、程序下载、成品检验等环节,每一个生产环节都有严格的工艺要求、技术标准和质保体系。

2) 核安全级控制机柜生产准则

在具体工作中必须坚持核电生产的"四个凡事"的质量行为准则,即坚持凡事有章可循、凡事有人负责、凡事有人检查、凡事有据可查,坚持遵循《核电厂质量保证安全规定》(HAF003)等法律法规,对于四个凡事的具体表述如下。

凡事有章可循:规章和标准源于实践,指导实践。要及时识别影响质量和核安全有关的各种活动和过程,在实践的基础上,制订相关规程、标准和方法,使各项活动都有章可循,以保证在科学方法的指导下一次把事情做对、做好,减少无谓的反复。

凡事有人负责:界定权限、明确职责,确保质量责任制的落实。

凡事有人检查:建立并实施监督检查机制,通过有效的监督检查使各项活动和过程准确无误,防止人为错误。

凡事有据可查:各项活动和过程实施及其监督检查保持记录,确保影响质量的各项活动或过程具有可追溯性,为产品、过程及质量管理体系是否符合要求及体系是否有效运行提供证据。

核安全级控制机柜的电子装联过程中,必须坚持质量第一、安全第一的原则。工艺技术水平的高低、员工技能的娴熟程度以及现场组织管理水平的好坏等都直接影响产品的交付质量和后期使用效果。安全稳定、质量可靠的核安全级控制机柜对核电厂的稳定运行起着至关重要的作用。

3) 核安全级控制机柜总体要求

核安全级控制机柜是核设施系统设备的重要组成部分,根据每个机柜实现的功能不同,可分为信号调理机柜、功能机柜、优选机柜和隔离机柜等几类。机柜的总体设计需满足《压水堆核电站核岛电气设备设计和建造规则》(RCC-E)中 E3400 中的要求。

工程运用时需要考虑机柜的运行条件、机械性能以及电气性能参数,核安全级控制机柜的运行条件要求如下。

机柜运行允许温度：5～35 ℃。

相对湿度：10%～80%。

大气压力：86～106 kPa。

电源电压：187～242 V。

电源频率：47～53 Hz。

4）核安全级控制机柜电气要求

可靠性要求：安全故障率即误停堆率要求不超过每年一次。在系统机柜根据信号进行保护动作时，因系统随机故障而产生误动作或不动作的概率不得大于 10^{-5}。

可用性要求：要求核安全级电气系统的可靠性大于99%。

电磁兼容性要求：在高电子噪声(120 dB)环境、安装处存在无线射频干扰时，核安全级电气系统仍然能够正常运行，性能无影响。电磁兼容试验按照《安全相关仪控系统中电磁和无线频率干涉的评价导则》(RG 1.180)要求执行。在系统设计过程中采取各种反电磁噪声技术，包括隔离、高共模抑制比、屏蔽以及接地等。

5）核安全级控制机柜机械设计要求

机柜外形尺寸可根据实际项目需要进行调整，抗震等级需达到Ⅰ类产品要求，防护等级按照标准《外壳防护等级(IP 代码)》(GB/T 4208—2017)中要求执行，要求不低于IP30等级。

机柜由底座、顶部框架、立柱等部分组成，整体一般采用钣金焊接，在进行设计时从下述几个部分进行。

底座设计：机柜底座是主要起支撑机柜并且承担底板载荷功能的部位，它对机柜整体的强度、刚度以及稳定性都有重要影响，设计时要从承受应力强度、形变量等多个方面考虑。为保证结构强度，需选择合理的结构形式、使用材料和加工工艺。核安全级控制机柜底座由钣金折弯件焊接组成，钣金厚度需经地震反应谱仿真计算分析后选用合适的尺寸。底板厚度过小时易发生形变，过大时底座的韧性及可焊接性降低，不利于机柜的稳定，因此需保持在合适的参数范围内。图1-1为机柜底座示意图。

顶框设计：机柜顶框的结构与底座相似，同时为方便运输吊装，在顶框四周设置有吊装孔或安装吊环。图1-2为机柜顶框示意图。

立柱设计：机柜立柱是机柜的主要支撑结构单元。立柱连接底座和顶框，形成了机柜的主体框架。立柱需具有足够的刚度和强度来承载机柜在振

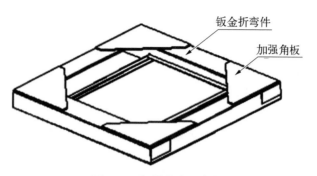

图 1-1　机柜底座示意图

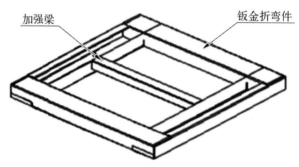

图 1-2　机柜顶框示意图

动时产生的扭力和拉压作用力,保证机柜不会发生形变失稳等。图 1-3 为机柜立柱示意图。

其他设计:除机柜底座、顶框、立柱外,机柜还有一些其他的结构,如加强筋、横梁、机柜门、角规等。具体的尺寸设计需根据机柜承重、安装空间、需安装器件的尺寸数量等因素综合考虑。

6) 核安全级控制机柜仿真分析要求

核安全级控制机柜的仿真分析主要是对其进行地震反应频谱的仿真。设计时对机柜模型进行建模简化,分析过程中将机柜内部的安装元器件、机箱、安装模块、电缆光纤等转换为相应的配重,根据实际装配位置进行建模。机柜柜门等结构件为非主要承重结构部分,其强度刚度要求都较低,对仿真结构影响较小,因此无需纳入仿真分析中。机柜主体采用焊接的方式连接构成,在仿真分析时,对其做简化计算,不考虑焊缝。图 1-4 所示为机柜仿真分析模型。

使用 Lanczos 算法对机柜的模态进行分析,当机柜低阶模态频率与地震反应波峰位置不重合时,机柜的强度刚度满足设计要求。

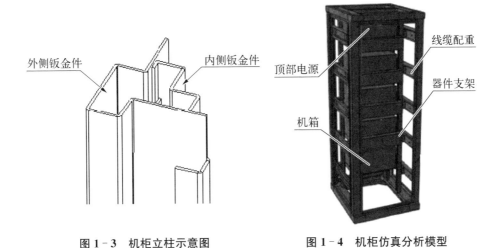

图 1-3 机柜立柱示意图　　　　图 1-4 机柜仿真分析模型

7) 核安全级控制机柜工程设计要求

工程设计需在机柜中将元器件合理布局排列,将各个部件科学地连接起来,保证机柜的电气功能、结构稳定等。机柜元器件布局应当满足如下要求:保证机柜的电气性能指标合格;布局需方便装配人员操作,便于布线、接线等;布局需方便测试人员测试、设备调试以及后续的维修、变更等。核安全级控制机柜需设计良好的抗干扰措施,如屏蔽、滤波、接地等。同时工程设计需考虑隔离要求,例如工作电压不同的元器件需隔离,安全级与非安全级电路隔离。核安全级控制机柜的隔离设计一般有电气隔离设计、通信独立性设计和实体分隔设计三种方式。

电气隔离:电气隔离主要针对不同安全级的设备而言,在电源、信号传输等方面进行隔离。通过电气隔离可有效消除系统之间或部件之间的不良相互作用,确保传输信号的可靠性,如系统一端断路、短路、接地故障等不会影响系统另一端设备的状态。系统中的电气隔离设计需要考虑信号传输方向,应保障设备在发生故障时不会影响下游或上游设备,保证电气系统的独立性。

通常核安全级控制机柜中电气隔离采用的方式有放大器、光电耦合器、电流互感器、断路器、熔断器、转换器、独立电源模块、继电器等。在交流接地回路系统中,还采用滤波器和浪涌抑制器,以抑制交流干扰和雷击浪涌;采用多层级断路器,以实现不同层级设备的电气隔离。

通信独立性:通信独立性设计主要用于消除系统中非安全级设备发生故障时对安全级设备功能产生的影响,主要进行通信隔离设计,可采用单向、点对点的通信方式,防止接收方与发送方受到对方异常信号的影响。

实体分隔:实体分隔需满足标准《核电厂安全级电气设备和电路独立性准则》(GB/T 13286—2008)中的要求。其实现的主要方式有安全级构筑物、分隔距离、屏障或者是三者结合的方式。在核安全级控制机柜中,不同类型的电缆之间需进行实体分隔,不同安全级别的电缆也需进行实体分隔。在机柜中,主要通过设计不同的进、出线孔,或通过布线的距离,或将线缆放置在金属线槽中进行屏蔽,以实现实体分隔。

8) 核安全级控制机柜其他要求

除了上述要求外,机柜设计还需考虑通风、防火等,具体如下。

通风:当机柜正常运行时,内部电器元件、机箱、电缆等都会有能量逸散导致发热,机柜需设计通风(自然或强迫通风)释放热量以降低温度,防止机柜因内部过热而导致的器件损坏、设备功能错误甚至自燃等情况的发生。

在核安全级控制机柜内部设计有导流板,可使热量自然排出,同时还设计有 2U 风扇盒、门板风扇或柜顶风扇等,使机柜内部可形成空气循环,避免机柜内部过热。同时,风扇等通风系统均设有故障报警指示。

防火性:核安全级控制机柜的设计应考虑其耐火性,主要目的是为了将设备在各种运行情况下发生火灾时的危害降到最低。柜内电气绝缘材料(EIM)的耐热等级应满足标准《电气绝缘 耐热性分级》(GB/T 11021—2007)的要求。对于高温运行的设备应保持良好的散热性,并与周围其余部件或材料进行有效隔离。柜内使用的电缆应选用低烟无卤阻燃型电缆,柜内辅料如接线端子、端板、热缩管、扎带等同样需满足低烟无卤阻燃要求。

金属接地连续性:机柜应设计有良好的接地连续性,柜内一般设有数字地、保护地和屏蔽地三类汇流铜条,柜内屏蔽通过编织铜带或黄绿线连接到汇流条,然后通过汇流条接入接地网中,一般要求机柜接地电阻小于 4 Ω。

第2章

物项分类及技术要求

核安全级控制机柜由各种功能不同的物料组成,小到电子元器件,大到机柜柜体,都是组成核安全级控制机柜不可或缺的部分。核安全级控制机柜属于核设施系统设备的一种,在物项的选用时需要遵照相关的标准要求。本章将对核安全级控制机柜中使用的电子元器件、电气元件、机加工件、金工件、电缆和辅料进行介绍。

2.1 电子元器件

在核安全级控制机柜模块制造过程中,需要使用不同类型的电子元器件。这些元器件根据装焊方式可分为表面组装元器件与通孔焊接元器件。随着电子元器件和印制电路板组件装焊技术的发展,通孔焊接元器件的使用越来越少,表面组装元器件使用越来越多。本小节将对电阻、电容、电感、二极管、三极管、场效应管、集成电路等电子元器件进行介绍。

2.1.1 电阻

电阻是指对电流流动具有一定阻抗的元器件。电阻在电子电路中的主要作用是分压及分流。目前常用的电阻分类如下。

(1) 按阻值特性分为固定电阻、电位器和敏感电阻。

(2) 按安装方式分为插件电阻和贴片电阻。

(3) 按制造材料分为碳膜电阻、薄膜电阻和金属膜电阻。

(4) 按功能分为负载电阻、采样电阻、分流电阻和保护电阻。

2.1.1.1 固定电阻

固定电阻是指阻值固定不变的电阻,通常也称为普通电阻。根据制作材料的不同,普通电阻一般分为色环电阻、薄膜电阻、厚膜电阻、薄膜精密电阻、绕线电阻和排阻。

1) 色环电阻

色环电阻是指在电阻封装后的表面涂上不同颜色的色环来代表这个电阻的阻值。

色环电阻是碳膜电阻,具有较高的稳定性。阻值随电压变化很小,且阻值分布范围广,可以制作成从零到兆欧级的电阻。其特点是制作成本低、价格便宜,缺点是精度低。常用的色环电阻有四色环电阻和五色环电阻。

四色环电阻前面的3个色环代表阻值,最后一个色环标示该电阻阻值的允许误差。表2-1所示为四色环电阻阻值的读取方法。

表 2-1 四色环电阻阻值的读取方法

颜　色	环一	环二	环三(乘数)	环四(误差/%)	
黑色	0	0	10^0	—	—
棕色	1	1	10^1	±1	F
红色	2	2	10^2	±2	G
橙色	3	3	10^3		
黄色	4	4	10^4		
绿色	5	5	10^5	±0.5	D
蓝色	6	6	10^6	±0.25	C
紫色	7	7	10^7	±0.1	B
灰色	8	8	—	±0.05	A
白色	9	9	—		
金色	—	—	0.1	±5	J
银色	—	—	0.01	±10	K
无色	—	—	—	±20	M

五色环电阻属于金属膜电阻类。具有碳膜电阻的所有特征,且体积更小、精度更高、稳定性更好、噪声更低、耐热性能更高。但是制作成本高于碳膜电阻。五色环电阻前面四个色环代表阻值,第五个色环代表电阻阻值的允许误差。表2-2所示为五色环电阻阻值的读取方法。

表 2 - 2　五色环电阻阻值读取方法

颜　色	环一	环二	环三	环四 (乘数)	环五(误差/%)	
黑色	0	0	0	10^0	—	—
棕色	1	1	1	10^1	±1	F
红色	2	2	2	10^2	±2	G
橙色	3	3	3	10^3	—	—
黄色	4	4	4	10^4	—	—
绿色	5	5	5	10^5	±0.5	D
蓝色	6	6	6	10^6	±0.25	C
紫色	7	7	7	10^7	±0.1	B
灰色	8	8	8	—	±0.05	A
白色	9	9	9	—	—	—
金色	—	—	—	0.1	±5	J
银色	—	—	—	0.01	±10	K
无色	—	—	—	—	±20	M

2）薄膜电阻

薄膜电阻是用蒸发的方法将一定电阻率的材料蒸镀于绝缘材料表面制成抗冲击贴片电阻。以下选用板级焊接中常用的电阻 ERA3AEB102 V 为例说明其命名规范。

ERA 代表薄膜封装（金属封装）；3A 代表薄膜电阻外形尺寸及其功率，表 2 - 3 所示为薄膜电阻外形尺寸及其功率；E 代表温度系数，表 2 - 4 所示为电阻的温度系数；B 代表精度，表 2 - 5 所示为薄膜电阻的精度；标示"102"为电阻阻值，第 1 位(1)、第 2 位(0)是有效数字，直接读取，第 3 位表示 10^n（此处 $n=2$）（单位为 Ω）。所以"102"表示阻值为 $10\times10^2=1\ \text{k}\Omega$。V 代表包装方式，表 2 - 6 所示为薄膜电阻的包装方式。

表 2 - 3　薄膜电阻外形尺寸及其功率

代　　码	外形尺寸	功率/W
1A	0201	0.5
2A	0402	0.63

（续表）

代　码	外形尺寸	功率/W
3A	0603	0.1
6A	0805	0.125
8A	1206	0.25

表 2-4　薄膜电阻的温度系数

代　码	温度系数/(℃)$^{-1}$
R	$\pm 10 \times 10^{-4}$
P	$\pm 15 \times 10^{-4}$
E	$\pm 25 \times 10^{-4}$
H	$\pm 50 \times 10^{-4}$
K	$\pm 100 \times 10^{-4}$

表 2-5　薄膜电阻的精度

代　码	精度/%
W	± 0.05
B	± 0.1
C	± 0.25
D	± 0.5

表 2-6　薄膜电阻的包装方式

代　码	包　装　方　式	对应外形尺寸编码
C	间距为 2 mm,15 000 颗包装	ERA1A
X	间距为 2 mm,10 000 颗包装	ERA2A
V	间距为 4 mm,5 000 颗包装	ERA3A ERA6A ERA8A

3）厚膜电阻

厚膜电阻主要是指采用厚膜工艺印刷而成的电阻,其主要用于精密电阻和功率电阻的制造。以下选用板级焊接中常用的电阻 ERJ3RBD1002V 为例说明其命名规范。

ERJ 代表厚膜封装;3R 代表外形尺寸及其功率,表 2 - 7 所示为厚膜电阻的外形尺寸及其功率;B 代表温度系数,表 2 - 8 所示为厚膜电阻的温度系数;D 代表精度,表 2 - 9 所示为厚膜电阻的精度;标示"1002"为电阻阻值读数,第 1 位(1)、第 2 位(0)、第 3 位(0)是有效数字,直接读取,第 4 位表示 10^n(此处 $n=2$)(单位为 Ω)。所以"1002"表示阻值为 $100\times10^2=10$ kΩ。V 代表包装方式,表 2 - 10 所示为厚膜电阻的包装方式。

表 2 - 7　厚膜电阻的外形尺寸及其功率

代　　码	外　形　尺　寸	功率/W
1R	0201	0.05
2R	0402	0.063
3R	0603	0.1
6R	0805	0.1

表 2 - 8　厚膜电阻的温度系数

代　　码	温度系数/(℃)$^{-1}$	对应的外形尺寸
H	$\pm50\times10^{-4}$	1R、2R
B	$\pm50\times10^{-4}$	3R、6R
K	$\pm100\times10^{-4}$	2R
E	$\pm100\times10^{-4}$	3R、6R

表 2 - 9　厚膜电阻的精度

代　　码	精度/%
D	±0.5

表 2 - 10　厚膜电阻的包装方式

代　　码	包　装　方　式	对应外形尺寸编码
C	间距为 2 mm,15 000 颗包装	ERJ1R
X	间距为 2 mm,10 000 颗包装	ERJ2R
V	间距为 4 mm,5 000 颗包装	ERJ3R ERJ6R

4）薄膜精密电阻

薄膜精密电阻是更为先进的片式电阻，常用于各类仪器仪表、医疗器械、电子数码产品等。以下选用板级焊接中常用的电阻 AR03ATCW1002A 为例说明其命名规范。

AR 代表薄膜封装；03 代表外形尺寸，表 2-11 所示为薄膜精密电阻的外形尺寸；A 代表精度，表 2-12 所示为薄膜精密电阻的精度；T 代表包装方式，表 2-13 所示为薄膜精密电阻的包装方式；C 代表温度系数，表 2-14 所示为薄膜精密电阻的温度系数；W 代表功率，表 2-15 所示为薄膜精密电阻的功率；标示"1002"为电阻阻值读数，第 1 位(1)、第 2 位(0)、第 3 位(0)是有效数字，直接读取，第 4 位表示 10^n（此处 $n=2$）（单位为 Ω）。所以"1002"表示阻值为 $100 \times 10^2 = 10 \text{ k}\Omega$。A 代表厂家的内部编码。

表 2-11　薄膜精密电阻的外形尺寸

代　　码	外　形　尺　寸
02	0402
03	0603
05	0805
06	1206
13	1210
10	2010
12	2512

表 2-12　薄膜精密电阻的精度

代　　码	精度/％
A	±0.05
B	±0.1
C	±0.25
D	±0.5
F	±1

表 2 - 13　薄膜精密电阻的包装方式

代　　码	包 装 方 式
T	卷待盘式
B	散装

表 2 - 14　薄膜精密电阻的温度系数

代　　码	温度系数/$(℃)^{-1}$
B	$\pm 10 \times 10^{-4}$
N	$\pm 15 \times 10^{-4}$
C	$\pm 25 \times 10^{-4}$
D	$\pm 50 \times 10^{-4}$

表 2 - 15　薄膜精密电阻的功率

代　　码	功率/W
X	1/10
W	1/8
V	1/4
O	1/3

5）线绕电阻

线绕电阻是用锰铜合金或镍铬合金等电阻系数较大的材料制成电阻丝，再绕在陶瓷管上制成的，并且在外层涂上绝缘材料。线绕电阻的优点是精度高、噪声小、功率大、耐高温。缺点是体积大，阻值低。

6）排阻

排阻是指将多个参数完全相同的电阻集中封装在一起组合而成的复合电阻，通常也称为网络电阻，适用于密集度较高的印制电路板装配。

排阻分为 SIP、DIP 和 SMD 等类型。

（1）SIP（single in-line package）排阻为单排直插式排阻。

（2）DIP（dual in-line package）排阻为双列直插式排阻。

（3）SMD（surface mounted devices）排阻是表面贴片式排阻。由于其封

装体积小,目前已广泛地用于复杂的电路中。

表 2-16 给出了几种常用的 SMD 排阻电路原理图。

表 2-16　SMD 排阻电路原理图

SMD 排阻类型	原　理　图
10P8RL 型	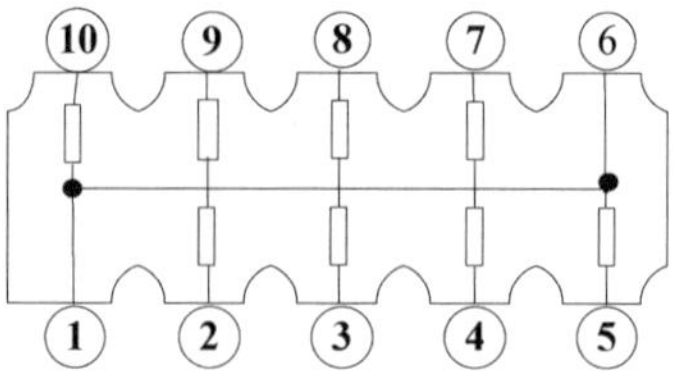
8P4R 型	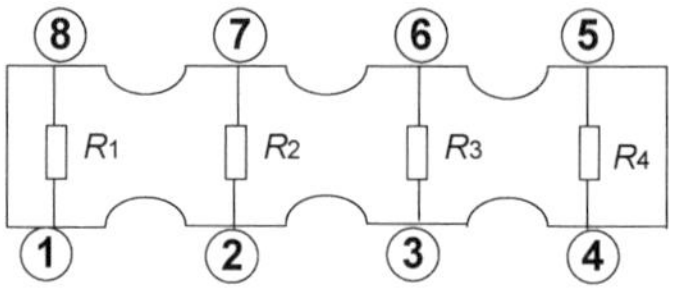
10P8RT 型	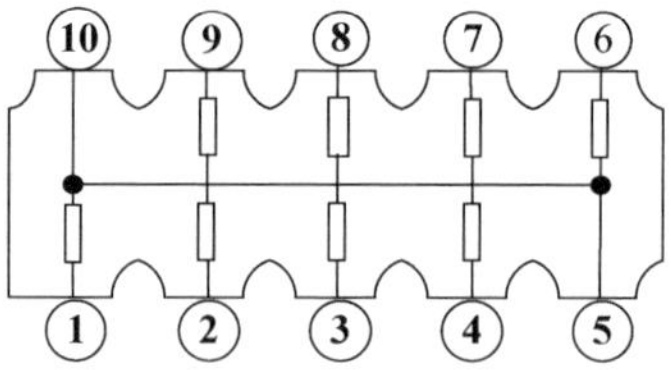

以下选用板级焊接中常用的排阻 RPA08472F 为例说明其命名规范。

RP 代表网络电阻;A 代表排阻的内部结构代码,表 2-17 所示为排阻的内部结构代码;08 代表引脚数量,用数字 01~14 表示;标示"472"为电阻阻值读数,第 1 位(4)、第 2 位(7)是有效数字,直接读取,第 3 位表示 10^n(此处 $n=2$)(单位为 Ω)。所以"472"表示阻值为 $47 \times 10^2 = 4.7$ kΩ。F 代表排阻的精度,表 2-18 所示为排阻的精度。

表 2-17　排阻的内部结构代码

代　　码	意　　义
A	电阻共用一端,共用端朝左
B	电阻各自引出,彼此没有相连
C	电阻首尾相连,各个端都有引出

表 2-18　排阻的精度

代　　码	误差精度/%
F	±1
G	±2
J	±5

一般情况 SIP 和 SMD 排阻没有极性,但也存在特殊情况。有的 SIP 排阻由于安装方向改变,会出现两种阻值,该情况一般会在排阻表面标注,如 110 Ω/220 Ω。有的 SMD 排阻由于内部电路连接方式不同,分为 L 和 T 两种类型,通常表面会有标注,应用时需要注意排阻的方向。如 10P8R 型的 SMD 排阻,L 型的①、⑥脚相通,T 型的⑤、⑩脚相通。

2.1.1.2　固定电阻的主要参数

固定电阻的主要参数有标称阻值、允许误差和额定功率。

1) 标称阻值

电阻上标示的电阻数值称为标称阻值。为了规范生产和设计,电阻的阻值按其精度可以分为 E-6、E-12、E-24 和 E-96 四大类,除了这四大类,其他电阻称为非标称电阻。

在这四大类电阻中有一个阻值基数,电阻的阻值为这个阻值基数乘以 10 的 n 次方,表 2-19 所示为 E-6、E-12、E-24 和 E-96 系列电阻阻值基数。

表 2-19　E-6、E-12、E-24 和 E-96 系列电阻阻值基数

系列	允许误差/%	阻　值　基　数	精度等级
E-6	±20	1.0　1.5　2.2　3.3　4.7　6.8	Ⅲ
E-12	±10	1.0　1.2　1.5　1.8　2.2　2.7　3.3　3.9 4.7　5.6　6.8　8.2	Ⅱ
E-24	±5	1.0　1.5　1.8　2.2　2.4　2.7　3.3　3.6 3.9　4.7　5.6　6.2　6.8	Ⅰ
E-96	±1	1.00　1.02　1.05　1.07　1.10　1.13　1.15 1.18　1.21　1.24　1.27　1.30　1.33　1.37 1.40　1.43　1.47　1.50　1.54　1.58　1.62 1.65　1.69　1.74　1.78　1.82　1.87　1.91 1.96　2.00　2.05　2.10　2.15　2.21　2.26 2.32　2.37　2.43　2.49　2.55　2.61　2.67 2.74　2.80　2.87　2.94　3.01　3.09　3.16	Ⅰ

（续表）

系列	允许误差/%	阻 值 基 数							精度等级
E-96	±1	3.24	3.32	3.40	3.48	3.57	3.65	3.74	I
		3.83	3.92	4.02	4.12	4.22	4.32	4.42	
		4.53	4.64	4.75	4.87	4.99	5.11	5.23	
		5.36	5.49	5.62	5.76	5.90	6.04	6.19	
		6.34	6.49	6.65	6.81	6.98	7.15	7.32	
		7.50	7.68	7.87	8.06	8.25	8.45	8.66	
		8.87	9.09	9.31	9.53	9.76			

2）允许误差

在电阻的生产过程中，实际阻值与标称阻值之间存在偏差，所以规定了一个允许的偏差值，也称为精度。

常用电阻的允许误差有±1%、±5%等，允许误差可以用相应的字母标示允许的误差范围，如表 2-20 所示。

表 2-20　常用电阻允许误差

文字符号	F	J	K	M
允许误差/%	±1	±5	±10	±20

3）额定功率

额定功率是指在设定条件下，电阻在一定负荷下工作，其性能不发生改变的功率。额定功率的单位为瓦（W），如 2 W、10 W，一般以数字形式印在电阻的表面，如图 2-1 所示为电阻功率的标识符号。

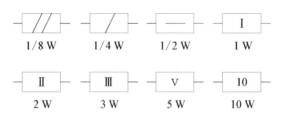

1/8 W　　1/4 W　　1/2 W　　1 W

2 W　　3 W　　5 W　　10 W

图 2-1　额定功率的电阻符号

2.1.1.3　敏感电阻

在电子电路中除使用固定电阻外，还会使用热敏、压敏、光敏等敏感电阻。下面对敏感电阻做详细介绍。

1）热敏电阻

热敏电阻由热敏感类半导体材料制成。热敏电阻分为正温度系数和负温度系数两类电阻。正温度系数热敏电阻(PTC)的阻值随着温度的升高而增大,负温度系数热敏电阻(NTC)的阻值随着温度的升高而下降。如图 2-2 所示为热敏电阻实物。

图 2-2　热敏电阻

图 2-3　压敏电阻

2）压敏电阻

压敏电阻是由氧化锌作为主要材料制成的。在设定的工作环境中,阻值随电压增大而减小,随电压减小而增大。如图 2-3 所示为压敏电阻实物。

3）光敏电阻

光敏电阻由硫化镉或硫化铋等半导体材料制成。阻值随外界光线增强而减小,随外界光线减弱而增大。如图 2-4 所示为光敏电阻的结构和符号。

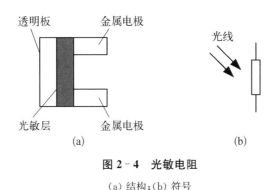

图 2-4　光敏电阻

(a) 结构;(b) 符号

2.1.1.4　电位器

电位器是一种阻值可调的电阻。它由外壳、电阻体、滑动片、转动轴和焊接片组成。如图 2-5 所示,滑动片由①向③转动,阻值可由零逐步增大,其最大阻值为标称阻值。图 2-5 是一般电位器的结构图。

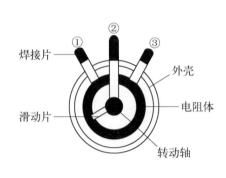

图 2-5 电位器

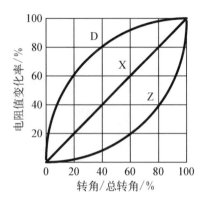

图 2-6 电位器阻值变化曲线

阻值变化特性是指电位器的阻值与滑动片由①向③转动角度的关系,常见的阻值变化特性有指数式(Z 型)、对数式(D 型)、线性式(X 型)3 种曲线。如图 2-6 所示为电位器阻值变化特性曲线。

2.1.2 电容

电容是一种具备储能功能的元器件,简单来说就是一种储存电荷的容器。电容在电路中的主要作用是电源滤波、信号滤波、信号耦合、谐振、隔直流等。

电容由两片电极和中间的电解质构成,其主要种类如下。

按结构分为固定电容、半可变电容和可变电容。

按介质种类分为瓷介电容(陶瓷电容)、电解电容、贴片陶瓷电容、薄膜电容等。

图 2-7 瓷介电容

1) 瓷介电容

瓷介电容也称为陶瓷电容(见图 2-7),它用陶瓷作为基体,在陶瓷基体两面以银质薄膜做极板。它的外形以片式居多,也有管形、圆形等形状。瓷介电容又分为高频瓷介电容和低频瓷介电容,多用于高稳定振荡、耦合、滤波电路中。

2) 电解电容

电解电容的结构是由两种电极金属箔与纸介质卷成圆柱形后,再装在盛有电解液的圆筒中封闭起来。电解电容的两极有正负之分,长脚是正极,短脚是负极。电解电容耐压值一般在几伏到几百伏之间,容量一般在几微法到几千微法之间,通常用于电源滤波、低频耦合、去耦、旁路等电路中,电解电容最高工作温度一般为 85~105 ℃。图 2-8 所示为常用电解电容。

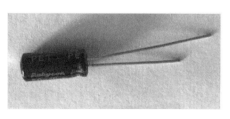

图 2-8　电解电容

电解电容的三大特点如下。

(1) 单位体积的电容量非常大,比其他种类的电容大几十到数百倍。

(2) 额定的容量非常大,可以轻易做到几万微法甚至几法拉。

(3) 加工门槛低,可以批量生产降低生产成本。

3) 贴片陶瓷电容

贴片陶瓷电容常用在需要滤波、旁路、耦合、去耦、转相等电气电路中。从外观看,贴片陶瓷电容一般为米黄色,两端有银色的焊接点,如图 2-9 所示。

贴片陶瓷电容的容量标注识别与普通电阻相同,从左到右第一、二位为有效数字,第三位数字表示有效数字后面加"0"的个数(单位:pF)。

图 2-9　贴片陶瓷电容

4) 钽电容

钽电容分为钽电解电容和贴片钽电容,其主要特点是损耗及漏电小,广泛应用于通信、航天和军事工业、民用电器等多个领域。如图 2-10 所示为常用钽电解电容。

图 2-10　钽电解电容

常用贴片钽电容有横线的一边是正极,另一边是负极,引线钽电容长的腿是正极,短的腿是负极,如图 2-11 所示为贴片钽电容。

图 2-11　贴片钽电容

图 2-12　聚酯膜电容

5) 薄膜电容

薄膜电容以有机塑料薄膜做基体,以金属化薄膜做电极,卷绕而成。如图 2-12 所示为常用的聚酯膜电容。

6) 电容的主要参数

电容的主要参数有耐压值、漏电流、标称容量和允许误差。

(1) 耐压值:电容的耐压值是指电容能够承受电压的最大值。比如一个标称耐压为 100 V 的电容,如果使用在 10 V 的电路中,那么这个电容承受的电压就是 10 V,如果使用在 100 V 电路中,该电容承受的电压就是 100 V,但这个电容只能承受最大 100 V 的电压,否则就会损坏。如将耐压为 10 V 的电容接在 100 V 电路中,电容将直接被击穿而损坏。

(2) 漏电流:对电容施加额定直流工作电压,充电电流随着时间增加而下降,最终达到稳定状态时的电流称为漏电流。过大的漏电流会使电容发热损坏。漏电流一般使用在电解电容上,表示其绝缘性能。而其他类型电容的漏电流极小,多用绝缘电阻参数来表示其绝缘性能。

(3) 标称容量:标称容量是指电容上标注的电容容量值。单位是法拉(F),另外还有微法(μF)、纳法(nF)、皮法(pF)。如表 2-21 所示为电容常用的标称容量。

(4) 允许误差:电容的标称容量与其实际容量之差再除以标称容量值所得到的百分比即电容的允许误差。电容的允许误差可分为 8 个等级,如表 2-22 所示。

表 2 - 21　电容常用的标称容量

标 称 容 量	允许误差/%	电 容 类 别
1.0、1.1、1.2、1.6、1.8、2.0、2.2、2.7、3.0、3.3、4.7、5.6、6.8、8.2	±5	高频纸介质、云母介质、高频(无极性)有机膜介质
1.0、1.5、2.2、3.3、4.0、4.7、5.0、6.0、6.8	±10	纸介质、金属化介质、低频(有极性)有机膜介质
1.0、1.5、2.2、3.3、4.7、6.8	±20	电解电容

表 2 - 22　电容的允许误差等级

电容误差/%	1	±2	±5	±10	±20	−30～20	−20～50	−30～100
等　级	01	02	I	II	III	IV	V	VI

允许误差通常用以下 3 种方式标注：

① 直接将误差值标示在电容表面上；

② 如表 2 - 22 所示，用罗马数字 I、II、III 标示对应的误差；

③ 如表 2 - 23 所示，用字母标示对应的误差。

表 2 - 23　电容允许误差的字母标准

英文字母	误差等级	英文字母	误差等级/%
B	±0.1 pF	K	±10
C	±0.25 pF	M	±20
D	±0.5 pF	N	±30
F	±1%	P	0～+100
G	±2%	S	+50 −20
H	±2.5%	W	0～+10
J	±5%	Z	+80 −20

2.1.3　电感

电感是由导线一圈一圈地绕在导磁体上构成的，其结构类似于变压器，但是只有一个绕组,它将电能转换成磁能并储存起来。电感中的导线是表面包有绝缘层的铜线或铝线,因此线圈每一圈之间是绝缘的。

电感又称为扼流器、电抗器,常用于滤波、调谐、振荡、补偿等电路中。

电感有空心电感和实心电感两类。空心电感是指导线线圈中没有导磁体,或者是绕制在纸筒等无感材料上;实心电感是指导线绕制在铁磁、铜、铁氧体等材料上。

电感按工作性质可分为高频电感(各种天线线圈、振荡线圈)和低频电感(各种扼流圈、滤波线圈等)。

电感按封装形式可分为普通电感、色环电感、环氧树脂电感和贴片电感等。

电感按电感量可分为固定电感和可调电感。

1) 贴片电感

贴片电感主要分为小功率贴片电感和大功率贴片电感。

(1) 小功率贴片电感:小功率贴片电感具有磁路闭合、磁通量泄漏小、可靠性高等优点。其外观与贴片陶瓷电容很相似,但贴片电感颜色主要为灰黑色,这与陶瓷电容不同,如图 2-13 所示为小功率贴片电感。

图 2-13　小功率贴片电感　　　　图 2-14　大功率贴片电感

(2) 大功率贴片电感:大功率贴片电感常在电源电路的滤波、储能等电路中使用。其外观体积比较大,通常为圆形或者方形,颜色为黑色,如图 2-14 所示。

2) 功率电感

功率电感又称功率线圈、功率扼流圈,常用于功率较大的电源电路中,主要起振荡和滤波作用。功率电感通常分为磁芯电感和绕线电感。

（1）磁芯电感：磁芯电感由线圈和磁芯组成，如图 2-15 所示为常见的磁芯电感。

图 2-15　磁芯电感

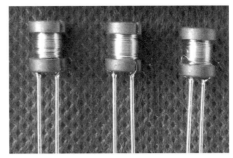

图 2-16　绕线电感

（2）绕线电感：绕线电感多采用较粗线径的漆包线缠绕而成，如图 2-16 所示为常见的绕线电感。

3）共模电感

共模电感通常也称扼流线圈，主要用于开关电路中过滤共模的电磁干扰信号。共模电感是以铁氧体等材质为磁芯的共模干扰抑制元器件，它由两个相同尺寸、相同匝数的线圈分别按两个方向对称绕制而成。图 2-17 所示为常见的共模电感。

图 2-17　共模电感

图 2-18　工字形电感

4）工字形电感

工字形电感常用在插件作业中，是通过将磁芯棒或磁芯圈换成工字形磁芯，然后将线圈缠绕在工字形磁芯中部，并引出两个引脚而制成。图 2-18 所示为常见的工字形电感。

工字形电感具有以下优点：

（1）具有高功率即高磁饱和性，体积小、阻抗低；

（2）高 Q 值（即品质因数），分布电容较小；

（3）自共振频率较高，不易产生闭路现象。

5）电感的主要参数

（1）电感量：电感量是表示电感数值大小的量。

（2）品质因数：在某一工作频率下，线圈中储存的能量与消耗能量的比值称为品质因数，又称 Q 值。Q 值越高，线圈损失的能量就越小。

（3）分布电容：线圈与线圈、线圈与屏蔽罩间存在的电容称为分布电容。它对高频电路中的信号有很大的影响，分布电容越小，电感在高频线路中对信号的影响就越小。

（4）额定电流：额定电流是指电感在工作环境温度中，额定电压下通过的最大电流。

（5）偏差：线圈的实际电感量与名义电感量之间的误差为电感线圈的偏差。

2.1.4　二极管

二极管是常用半导体组件之一，有正负极区分和单向导电的特性：电流只能从阳极流向阴极，此时二极管呈短路状态；从阴极流向阳极时电阻无限大，此时二极管呈断路状态。电路设计中二极管常用字母"VD"或"D"加数字表示。

二极管通常可以分为如下几类：通用贴片二极管、贴片发光二极管、直插发光二极管、贴片稳压二极管、贴片肖特基二极管、直插肖特基二极管、贴片TVS管。

根据结构和用途不同，二极管可分为如表 2-24 所示的常见类别。

表 2-24　二极管常见类别

种类	普通	整流	开关	稳压	发光	光电	变容
型号举例	2AP系列	2CZ系列	2CK系列	2CW系列	LED系列	2CU系列	2CC系列
用途	高频检波等	整流	开关电路	稳压电路	显示元器件	光控元器件	自动调整电路

（续表）

应用举例	在收音机中起检波作用	将交流电转换成直流电场合	各种逻辑电路	电视机中的过压保护	显示屏、广告灯箱、景观照明等	光控开关	用于电视机的高频头中
图形符号							

1）普通二极管

普通二极管是一种只具备单向导电特性的二极管，如果它被反向击穿则不具可逆性，将永久损坏。图 2-19 所示为常见的普通二极管。

图 2-19　普通二极管

图 2-20　整流二极管

2）整流二极管

整流二极管能将交流电转变为直流电。它通常包含一个 PN 结，有正极和负极两个端子。整流二极管主要有全密封金属结构材料和塑料封装两种形式。图 2-20 所示为常见的整流二极管。

3）开关二极管

开关二极管是为在电路上进行"开""关"而设计的一种特殊的二极管。开关二极管在正向偏压下 PN 结导通，在反向偏压下呈截止状态，利用这一特性，开关二极管在电路中能够起到控制电流接通或关断的作用。图 2-21 所示为常见的开关二极管。

图 2-21　开关二极管

4）稳压二极管

稳压二极管通常又称为齐纳二极管，是利用二极管 PN 结反向击穿状态下，其电流可在最大范围内变化而电压基本不变的特性而制成的一种具有稳

图 2-22 稳压二极管

压功能的二极管。稳压二极管反向电流只要不超过最大允许工作电流就不会损坏。图 2-22 所示为常见的稳压二极管。

5）发光二极管

发光二极管（light emitting diode，LED）是主要由镓、砷、磷、氮等的化合物组成的一种会发光的半导体元器件，具有二极管的电子特性。发光的颜色主要由制作二极管的材料及添加杂质的种类决定。图 2-23 所示为常见的发光二极管。

图 2-23 发光二极管

图 2-24 光电二极管

6）光电二极管

光电二极管是一种把光信号转换成电信号的光电传感元器件。光电二极管在设计和制作时尽量使 PN 结的面积相对较大，以便更充分地接收光信号。

光电二极管是在反向电压作用下工作的，当没有光照时和光照极其微弱时，反向电流极其微弱，通常称为暗电流；有光照时和光照较强时，反向电流迅速增大，通常称为光电流。光照强度越大，反向电流越大。图 2-24 所示为常见的光电二极管。

7）变容二极管

变容二极管是一种利用反向偏压来改变 PN 结容量的特殊半导体元器件。变容二极管实际上相当于一个容量可变的电容。其两个电极之间的 PN 结电容大小随加到变容二极管两端的反向电压大小的改变而变化。图 2-25 所示为常见的变容二极管。

图 2-25 变容二极管

8）二极管的主要参数

（1）额定正向工作电流：额定正向工作电流是指在额定功率下，通过二极管的最大正向电流。二极管在使用过程中不能超过其额定正向工作电流值，否则二极管会因为发热，温度超过元器件耐温限度而导致元器件损坏。

（2）最高反向工作电压：最高反向工作电压是指反向电压增加到最大，但是不影响二极管正常工作时的电压值。若超过此值，PN 结就有可能被击穿，因此为保证二极管使用安全，二极管都规定了最高反向工作电压值。对于交流电来说，最高反向工作电压就是二极管的最高工作电压。

（3）反向击穿电压：反向击穿电压是指二极管在工作中能承受的最高反向电压，二极管的反向击穿电压要大于其最高反向工作电压，但选用二极管时还要以最高反向工作电压为准，并留有适当的余地，保证二极管不致损坏。

（4）最大工作频率：最大工作频率是指二极管能正常工作的最高频率，二极管选用时必须使其工作频率低于其最高工作频率值，若高于最高工作频率值则二极管的单向导电特性将会受到较大影响。

2.1.5 三极管

三极管一般由两个 PN 结组成，结面间有一个夹层，其具有电流放大和开关作用。由于 PN 结组装方向的区别，三极管可以分为 PNP 和 NPN 型，其区别是工作电流方向不同。三个电极分别为发射极（E）、基极（B）和集电极（C），如图 2 - 26 所示为三极管内部结构图，图 2 - 27 所示为三极管的外形。

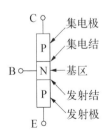
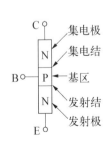

图 2 - 26　PNP 和 NPN 型三极管内部结构图　　**图 2 - 27　三极管的外形**

三极管根据材料可分为锗三极管、硅三极管等；按极性的不同，可分为 NPN 三极管和 PNP 三极管；按功率和频率的不同，可分为大功率三极管、小功率三极管、高频三极管、低频三极管；按适用范围的不同，可分为普通三极管、带阻三极管、带阻尼三极管、达林顿三极管等。

1）塑封普通三极管

塑封普通三极管是指在普通电路中起放大、开关作用的三极管，其封装材料为塑料。这类三极管在电路中应用最多。常用的塑封普通三极管有 SOT - 23、SOT - 89、SOT - 263 等封装类型，常见的型号有 1AM（NPN 三极管）、W04（NPN 三极管）、W2A（PNP 三极管）等。对于普通三极管来说，一般情况下体积越大，可承受的 C - E 极电流也就越大，即额定功率越大。图 2 - 28 所示为常用塑封普通三极管封装。

图 2 - 28 常用塑封普通三极管封装

图 2 - 29 常见金属封装三极管

2）金属封装三极管

金属封装三极管是指三极管的封装采用金属材料，即外壳为金属材料。这类三极管主要用于高频和大功率电路中。如图 2 - 29 所示为常见的金属封装三极管。

3）三极管的主要参数

三极管的主要参数包括电流放大系数、特征频率、集电极最大允许电流、集电极最大允许耗散功率、最大反向电压和反向电流等。

（1）电流放大系数。

电流放大系数是指三极管电流的放大能力，一般用 β 表示。β 越大，三极管放大能力越强，稳定性越差；β 越小，三极管放大能力越弱，稳定性越好。一般 β 为 10～200。根据三极管的工作状态不同，电流放大系数又分为直流放大系数和交流放大系数。

直流放大系数是指共发射极电路输出的直流电流与基极输入的直流电流的比值,一般标示为 h_{FE}。

交流放大系数是指共发射极电路在交流状态下,三极管的集电极电流和基极输入电流的变化量的比值,一般标示为 β。

(2)特征频率。

三极管的工作信号频率会影响放大系数 β,频率升高,β 下降,β 下降到 1 时的频率称为特征频率。特征频率下工作的三极管没有放大交流电流的能力。在高频率电路中,选用三极管的工作频率应在特征频率的 $\dfrac{1}{3}$ 内。

(3)集电极最大允许电流。

通过三极管集电极的电流会对三极管的放大系数 β 产生影响,电流增加,β 下降。下降到额定值的 $\dfrac{2}{3}$ 时的集电极电流为集电极最大允许电流。集电极电流超过集电极最大允许电流时,三极管的电流放大系数 β 会不稳定。为了避免元器件损坏,选型时集电极电流需要小于集电极最大允许电流。

(4)集电极最大允许耗散功率。

耗散功率是集电极电流通过集电结提供的,耗散功率升高,集电结的温度升高。温度升高到损毁元器件前的耗散功率称为集电极最大允许耗散功率。小功率三极管集电极最大允许耗散功率小于 1 W,中功率的三极管集电极最大允许耗散功率小于 10 W,大功率三极管集电极最大允许耗散功率大于等于 10 W。使用三极管时,其实际功耗不允许超过集电极最大允许耗散功率,否则会因为温度过高导致三极管损坏。

(5)反向电流。

三极管的反向电流分为集电极与基极之间的反向电流和集电极与发射极之间的反向击穿电流。反向电流体现了三极管的热稳定性,反向电流值越小,稳定性越好。

2.1.6　场效应管

场效应晶体管(field effect transistor,FET)简称场效应管,也称为单极型晶体管。它属于电压控制型元器件,具有输入电阻高、功耗低、无二次击穿现象、安全工作区域宽、热稳定性好等优点。

普通晶体管(三极管)是一种电流控制元器件,工作时多数载流子和少数载流子都参与运行,故也称为双极型晶体管;而场效应管是一种电压控制元器件,工作时只有一种载流子参与,故也称为单极型晶体管。三极管和场效应管都可以实现信号的控制和放大,但由于构造和工作原理完全不同,两者有着很大的差别。表 2-25 所示为三极管与场效应管的区别。

表 2-25　三极管与场效应管的区别

项　目	元 器 件	
	三 极 管	场 效 应 管
导电结构	既用多子,又用少子	只用多子
导电方式	载流子浓度扩散及电场漂移	电场漂移
控制方式	电流控制	电压控制
类型	PNP、NPN	P 沟道、N 沟道
放大系数	β 为 50~100 或更大	跨导 g_m 为 1~6 ms
输入电阻	$10^2 \sim 10^4\,\Omega$	$10^7 \sim 10^9\,\Omega$
抗辐射能力	弱	强
噪声	大	小
热稳定性	差	优
制造工艺	复杂	简单
应用电路	C 级与 E 级不能倒置使用	部分型号 D、S 级可以倒置使用

场效应管通常分为两种:结型场效应管(JFET)和绝缘栅型场效应管(MOS),它们之间的不同之处在于导电方式不同,结型场效应管导电方式均为耗尽型,绝缘栅型场效应管的导电方式可分为耗尽型和增强型。

1) 结型场效应管

结型场效应管的基体是一块 N 型硅材料,从基体两侧分别引出源极和漏极。基体另外两侧各附一片 P 型材料,引出栅极,使基体和栅极之间形成两个PN 结。当栅极形成开路时,基体成为电阻,阻值可以达到上千欧。

2) 绝缘栅型场效应管

在 N 型硅片两侧附制 P 型材料,分别为源极和漏极。在源极与漏极之间,加入二氧化硅起绝缘作用,绝缘层上加一层金属铝形成栅极。栅极有绝缘作用,所以称为绝缘栅型场效应管。此类场效应管栅极电流趋于 0,输入阻抗高,多用于做集成电路。

3）场效应管的主要参数

（1）开启电压 U_T：也称阈值电压，它是指增强型绝缘栅型场效应管中，场效应管从不导电状态转为导电状态时栅-源极间所加的临界电压。

（2）夹断电压 U_P：绝缘栅型场效应管中，使漏源间截止时的栅极电压。

（3）饱和漏源电流 I_{DSS}：绝缘栅型场效应管中，栅极电压等于 0 时的漏源电流。

（4）跨导 g_m：栅源电压 U_{GS} 对漏极电流 I_D 的控制能力，即漏极电流 I_D 的变化量与栅源电压 U_{GS} 的变化量的比值，是衡量放大能力的重要参数。

（5）最大漏极耗散功率 PDSM：最大耗散功率是指场效应管性能不损坏的情况下所允许的最大漏极耗散功率。

2.1.7　集成电路

集成电路是一种采用尖端生产工艺，把电阻、电容、晶体管等元器件制作在一小块半导体基片上并连通，然后将一个或几个半导体基片封装在一个管壳内，形成具有电路功能的微型结构。

2.1.7.1　集成电路的分类

集成电路的分类如下。

（1）按功能结构分类：分为模拟、数字和数/模混合集成电路三大类。模拟集成电路其输入信号和输出信号成比例关系，又称线性电路，多用来产生、放大和处理各种模拟信号。而数字集成电路用来产生、放大和处理各种数字信号。

（2）按制作工艺分类：分为半导体、膜、混合集成电路三大类。半导体集成电路采用半导体作为基材，在基材上制作包括电阻、电容、晶体管等电子元器件。膜集成电路采用玻璃或者陶瓷片等绝缘材料作为基材，以"膜"的形式制作电阻、电容等无源元器件。混合集成电路是在无源膜电路上外加半导体集成电路或者分立元器件的二极管、三极管等有源元器件构成的。

（3）按集成度高低分类：分为小规模、中规模、大规模、超大规模集成电路四大类。小规模的集成电路是集成了 1～10 等效门/片或者 10～100 元器件/片的数字电路；中规模的集成电路是集成了 10～100 等效门/片或者 100～1 000 元器件/片的数字电路；大规模的集成电路是集成了 100～10 000 等效门/片或者 1 000～10 万元器件/片的数字电路；超大规模的集成电路是集成了

10 000 以上等效门/片或者 10 万以上元器件/片的数字电路。

2.1.7.2 数字集成电路

数字集成电路是在半导体芯片上制作元器件和线路使其成为数字逻辑电路或系统。

数字集成电路主要用来处理和存储二进制信号(数字信号),分为组合逻辑电路和时序逻辑电路两大类。组合逻辑电路由门电路、编译码器等组成;时序逻辑电路由触发器、计数器、寄存器组成。

组合逻辑电路用于处理数字信号,通常也称为 Logic IC;时序逻辑电路由时钟信号驱动,可处理时序且带有记忆功能,主要用于产生或存储数字信号。

最常用的数字集成电路产品型号主要有 TTL 和 CMOS 两个系列。TTL集成电路是用双极性晶体管为基本元器件集成在硅片上制作而成的,其种类、产量最多,应用也最为广泛。CMOS 集成电路以单极性晶体管为基本元器件集成。表 2-26 所示为集成电路的分类。

表 2-26 集成电路分类

系　列	子系列	名　　称	型　号	功　耗	工作电压/V
TTL 系列	TTL	普通系列	74/54	10 mW	4.75~5.25
	LSTTL	低功耗 TTL	74/54LS	2 mW	
CMOS 系列	CMOS	互补场效应管型	40/45	1.25 μW	3~8
	HCMOS	高速 CMOS	74HC	2.5 μW	2~6
	ACTMOS	先进的高速 CMOS 电路,"T"表示与 TTL 电平兼容	74ACT	2.5 μW	4.5~5.5

2.1.7.3 模拟集成电路

模拟集成电路是指输出信号和输入信号成比例,内部放大元器件工作在线性区的集成电路,故也称为线性集成电路。其种类主要包含集成运算放大器、集成功率放大器和集成稳压器。

1) 集成运算放大器

集成运算放大器是一种高放大倍数的直流放大器,简称运放。一般运放由输入级、中间级、输出级和偏置电路四个部分组成,其工作在放大区时,输入与输出呈线性关系。常用运放可分为单运放、双运放、四运放。表 2-27 所示为集成运算放大器的结构及其作用。

表 2-27 集成运算放大器的结构及其作用

结　构	内部电路	作　用
输入级	差分放大	消除零点偏移
中间级	共发射极	提高电压增益
输出级	互补对称功放	可降低输出电阻,提高带负载能力
偏置电路	偏置电流源	向各级提供稳定的静态电流

2)集成稳压器

集成稳压器具有体积小、使用简单等特点,又称稳压电源。常见的集成稳压器有单片开关式、三端可调式、三端固定式等类型。

三端集成稳压器由输入端、输出端和公共端三个引脚组成。如图 2-30 所示为常见的三端集成稳压器。

三端集成稳压器有固定输出和可调输出两种不同的类型。

图 2-30 常见的三端集成稳压器

三端固定稳压器的输出电压为固定值,不能调节。常用的产品型号为 78XX 和 79XX 系列,78XX 输出的是正电压,79XX 输出的是负电压。

三端可调稳压器的输出电压为可连续输出的直流电压。常见的产品型号为 XX117/XX217M/XX317L 等系列,这三种系列可调稳压器的可调范围为 1.2~37 V,最大输出电流分别为 1.5 A、0.5 A、0.1 A。

3)集成功率放大器

集成功率放大器简称集成功放。集成功放的主要作用是完成电(信号)与声(信号)的转换过程,集成功放可以将前级电路输入的微弱电信号进行功率放大,包括电压和电流,从而推动扬声器工作。

2.1.7.4 集成电路的封装

所谓封装是指将集成电路用绝缘的塑料或陶瓷材料安装的技术。按照封装的外形,集成电路的封装方式大致可以分为 SOP 封装、DIP 封装、QFP 封装、PGA 封装、BGA 封装等。

(1) SOP(small out-line package)封装为小外型封装。这种封装的集成电路引脚均匀分布在两边,其引脚数目大多在 28 个以下。图 2 - 31 所示为 SOP 封装。

图 2 - 31　SOP 封装

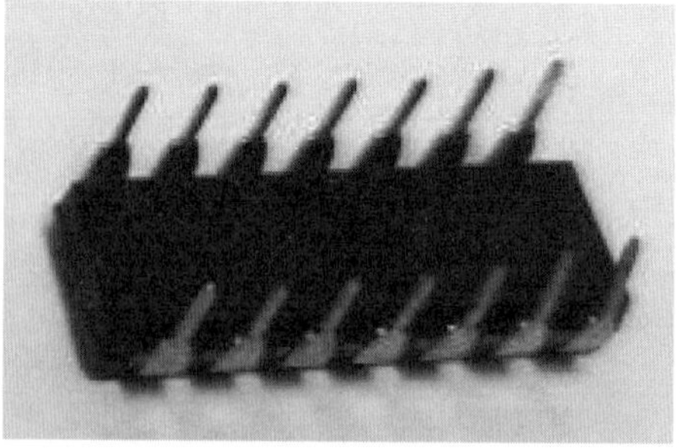

图 2 - 32　双列直插式封装

　　(2) DIP(dual in-line package)封装是指双列直插式封装,此类器件焊接简便,大多数分布简单的电路均选用这种封装的器件。如图 2 - 32 所示为双列直插式封装。

　　(3) QFP(quad flat package)封装为方形扁平式封装,其集成电路引脚均匀分布在四周。如图 2 - 33 所示为 QFP 封装。

图 2 - 33　QFP 封装

图 2 - 34　PGA 封装

　　(4) PGA(pin grid array package)封装为插针网格阵列封装,此封装形式芯片的 I/O 端子以插针形式按阵列形式分布在封装底部。图 2 - 34 所示为 PGA 封装。

　　(5) BGA(ball grid array package)封装为球栅阵列封装,该封装的集成电路芯片的 I/O 端子以圆形或柱状焊点按阵列形式分布在封装底部。如

图 2-35 所示为 BGA 封装。

2.1.7.5　集成电路的主要参数

集成电路的主要参数如下。

（1）静态工作电流：即没有输入信号加载在集成电路信号输入引脚的情况下，电源引脚回路中的直流电流。

（2）增益：反映集成电路内部放大器的放大能力。

（3）最大输出功率：输出信号的失真度达到额定值时，集成电路输出引脚输出的功率。

（4）最大电流电压：集成电路电源引脚与接地引脚之间可以加载的峰值直流工作电压。

图 2-35　BGA 封装

（5）允许功耗：使集成电路不被破坏的最大耗散功率。

（6）储存温度：能完好储存集成电路的最低和最高温度。

（7）工作环境温度：使集成电路能维持正常工作的最低和最高环境温度。

2.2　电气元件

核安全级控制机柜内的电气元件主要包含空气开关、浪涌抑制器、继电器、滤波器、电源、温度调节器、信号倍增器、二极管、光分路器等。

2.2.1　空气开关和浪涌抑制器

1）空气开关

空气开关，又名空气断路器，是一种当通过电流超过其额定电流时就会自动断开的保护开关。主要用于机柜终端线路的过载、短路保护和控制，可同时切断相线与中性线，但对中性线不提供保护功能。

空气开关主要应用在低压配电网络与电力拖动系统中，对电气设备或负载起保护作用。

空气开关按照极数可以分为 1P～4P（也可称 1 极到 4 极），1P 空气开关也称为单极空气开关,标准厚度是 18 mm,可进 1 根线,2P 的标准厚度是 36 mm,可进 2 根线,依次类推。另外按照保护形式可将空气开关分为电磁脱扣器式、热脱扣器式、复合脱扣器式以及无脱扣器式。空气开关按全分断时间可分为一般式和快速式,其中快速式空气开关先于脱扣机构动作,脱扣时间为 0.02 s 内。空气开关按结构形式可以分为塑壳式、框架式、限流式、直流快速式、灭磁式以及漏电保护式。

核安全级控制机柜中选用的空气开关的设计和制造应满足工业用小型断路器标准《低压开关设备和控制设备 第 2 部分:低压断路器》(GB 14048.2—2001)标准的要求。在进行空气开关的选型时,应根据机柜内电流和电压特性以及安装的不同位置,选用合适的型号。

2) 浪涌抑制器

浪涌抑制器,又称为浪涌保护器、电涌保护器,英文简称 SPD(surge protection device),主要用于限制电源中由雷电等引起的瞬态过电压,保护配电系统及电子设备等免受雷电侵袭,为各种电子设备、仪器仪表等提供安全防护,它至少包含一个非线性的元件。浪涌抑制器适用于频率 50/60 Hz,额定电压 220 V/380 V 的电路系统。当电路系统因外部干扰产生尖峰电流或电压时,浪涌抑制器能及时将过电流分流或导入大地,从而避免系统损坏。

按工作原理,SPD 可分为电压开关型、电压限制型和复合型三类。

(1) 电压开关型 SPD:有时也可称为短路型 SPD,当其没有瞬时过电流时表现为高阻抗,而当受到如雷击等外部干扰出现电涌时,其高阻抗立即降低,将过电流导出。其常用器件有放电间隙、气体放电管、可控硅开关等。

(2) 电压限制型 SPD:当该类 SPD 没有瞬时过电流时表现为高阻抗,而随着电流和电压的增加,其阻抗呈下降趋势。其常用器件有压敏电阻、雪崩二极管等。

(3) 复合型 SPD:该类 SPD 由开关型和电压限制型一起构成,其呈现特性可能分别表现如上述两种类型或两种皆有。

核安全级系统为 TT 式供电系统,即系统机柜外壳直接接地,又称保护地接地系统,机柜内部通过 SPD 防止瞬压浪涌。常见的浪涌抑制器如图 2-36 所示。

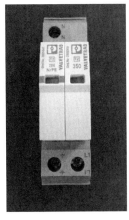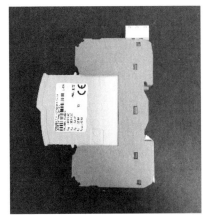

图 2 - 36　浪涌抑制器

2.2.2　继电器

继电器是一种控制电流信号的器件,当继电器输入信号的变化达到其预定的临界值时,会发生阶跃变化,即从当前状态跳转至另一种状态。继电器具有在电路输入系统和电路输出系统间的互动作用。继电器在电路系统中起类似开关的作用,同时具有扩大控制范围、放大信号、综合信号、自动、遥控、监测、电路调节、安全保护、功能转换等作用。

继电器的工作本质就是由一个回路去控制另一个回路,其原理是利用电磁效应产生的磁力来控制触点动作,其结构主要有线圈和触点两部分,其触点有如下三种基本形式。

(1)动合型,又称常开型,以合字的拼音首字母"H"表示,当继电器不通电时触点断开,当电路接通时,触点吸合。

(2)动断形,又称常闭型,以断字的拼音首字母"D"表示,与动合型相反,当继电器不通电时触点闭合,当电路接通时,触点断开。

(3)转换型,以转字的拼音首字母"Z"表示,由两个静止触点和一个动态触点组合而成,当继电器不通电时,动触点与一个静触点闭合形成回路,继电器断电时,动触点与该静触点断开,与另一个静触点闭合,实现电路的转换,因而称为转换型继电器。

继电器的种类较多,其划分方式也各不相同。

(1)根据继电器的作用原理及结构特征划分为电磁继电器、固态继电器、混合式继电器、高频继电器、同轴继电器、真空继电器、热继电器、光继电器、极化继电器、时间继电器和舌簧继电器。

其中电磁继电器又可分为直流电磁继电器、交流电磁继电器、磁保持继电器三种。电磁继电器的原理是器件内有一个线圈,当有电流通过时线圈产生磁场,通过磁场的吸附力使其触点开、闭从而实现功能转换。

固态继电器是与电磁继电器功能相当的由全固态电子器件组成的继电器,在恒温系统、工业电路系统、仪器仪表等多个行业都有广泛的应用。

热继电器利用内部器件的热效应达到继电器功能,可分为温度继电器和电热式继电器两种。

(2)根据继电器触点的开路负载可分为微功率继电器、弱功率继电器、中功率继电器、大功率继电器,根据具体产品的技术条件进行划分。

(3)根据继电器的外形尺寸可分为微型继电器(最长边≤10 mm)、超小型继电器(10 mm<最长边≤25 mm)、小型继电器(25 mm<最长边≤50 mm)。其最长边尺寸是指器件的三个垂直方向的最大尺寸。

(4)根据继电器的动作原理可分为电磁型继电器、感应型继电器、整流型继电器、电子型继电器、数字型继电器等。

(5)根据继电器的物理量可分为电流继电器、电压继电器、阻抗继电器、气体继电器等。

(6)根据继电器在电路中的作用可分为启动继电器、量度继电器、时间继电器、信号继电器、中间继电器等。

(7)根据继电器的防护特征可分为密封继电器、封闭式继电器和敞开式继电器。

2.2.3 滤波器

滤波器是一种由电阻、电容以及电感等元器件组成的有滤波电路的器件,可对电路中的一种特定波形进行过滤或对某种特定波形以外的波形进行过滤,得到特定波形的电路信号或除某些波形以外的电路信号。滤波器是一种选频器件,可用于抑制电路系统电源输入端的谐波失真,可极大地衰减其他频率部分。

广义地讲,所有能过滤电路中特定频率信号或特定频率以外的信号的装置都可称为滤波器。滤波器是信号处理系统中的重要部件,在直流电源系统中滤波器的主要作用是尽量减少系统中的交流信号部分,使得输出的电压波纹波动较小、波形平稳。图2-37为滤波器滤波示意图。

根据划分方式的不同,滤波器的分类也不同,具体如下。

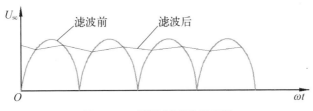

图 2 - 37　滤波器滤波示意图

（1）根据所需处理的信号类型，滤波器可分为数字滤波器和模拟滤波器。数字滤波器与模拟滤波器是相对而言的，数字滤波器主要应用在离散的时间系统中，输入信号可以是电压、电流等信号，是一个通常意义上的波形；而模拟滤波器则广泛应用于自动化系统以及各种测量系统、仪器仪表中。

（2）根据所选的频段种类，滤波器可分为低通滤波器、高通滤波器、带通滤波器、带阻滤波器和全通滤波器。

低频率信号通过低通滤波器时，幅频特性平直，信号几乎无衰减；而低通滤波器对于高频率信号则有极高的抑制作用。图 2 - 38 为低通滤波器滤波示意图，从图中可以看出在通过信号频率为 $0 \sim f_2$ 的范围时，其幅频特性基本平直，电路中信号几乎无损通过，当信号频率大于 f_2 时通过滤波器的信号急速衰减。

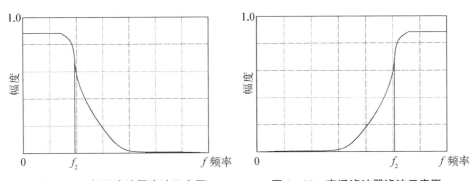

图 2 - 38　低通滤波器滤波示意图　　**图 2 - 39　高通滤波器滤波示意图**

高通滤波器恰好与低通滤波器相反，对低频率信号有极大抑制，而对于高频率信号则几乎可让其无衰减通过。图 2 - 39 为高通滤波器滤波示意图，从图中可以看出当通过信号频率大于 f_2 时，信号通过几乎无衰减，而低于 f_2 的信号受到极大衰减。

低通滤波器与高通滤波器是滤波器最基本的两种类型，其余的滤波器都可看作是这两种滤波器的组合，如：带通滤波器是两者的串联组合，而带阻滤波器是两者的并联组合。

带通滤波器允许一定频率范围内的信号通过,而对于该频率范围外的信号起抑制作用,图 2-40 为其滤波示意图。

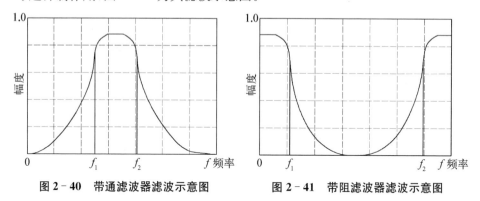

图 2-40　带通滤波器滤波示意图　　图 2-41　带阻滤波器滤波示意图

而带阻滤波器则允许一定频率范围以外的信号通过,对于该频率范围内的信号起到抑制作用,图 2-41 为其滤波示意图。

全通滤波器允许所有频率的信号通过,不对通过信号的幅值进行改变,没有抑制作用,只是改变输入信号的相位,相当于起到一个时间延迟的作用。

(3) 根据所使用元器件的不同,滤波器可分为有源滤波器和无源滤波器。有源滤波器可追踪且抑制谐波,能够对电路系统中幅值和频率较高的信号进行动态追踪补偿。无源滤波器是由电阻、电感和电容组成的器件,电路系统中信号为谐振频率时,电路阻抗较小,信号顺利通过,信号为非谐振频率时,电路阻抗增大使电路达到某一谐波频率并消除该谐波信号。

有源滤波器与无源滤波器的主要区别在于是否需要电源,以及是否能补偿谐波。有源滤波器具有响应时间短、自动调节功能强、能有效追踪和补偿谐波、性能稳定、受电路系统的阻抗等因素影响小等优点。无源滤波器则具有组成器件较简单、价格便宜、使用维护方便等优点,且无源滤波器出现时间较早,技术研究较成熟,在有源滤波器出现之前已广泛应用于各个行业中。但是无源滤波器受电路系统影响较大,如系统阻抗等,能够抑制的谐波频率范围有限,滤波器体积较大、耗材多,运行整体稳定性较差。无源滤波器的整体性能较有源滤波器差,因而有源滤波器的应用越来越多。

(4) 根据安装位置的不同,滤波器可分为面板滤波器和板上滤波器两种。板上滤波器主要安装印制在线路板上,价格便宜但对高频信号过滤效果较差。

2.2.4　电源

电源是在系统中实现电能转换的装置。核安全级控制机柜内的电源模块主要用于实现交流与直流的转换。

　　一般来说,电源负载电流并不恒定,可能会随时间变化。因此电源设计需对具有短时间高功率需求的负载提供支持,且电源不会损坏或断开。负载持续时间较短即可由输出功率管理器通过硬件控制,可以反复应用。如果负载持续时长超过硬件控制器允许的时长,则输出电压会突降。因此电源模块需满足以下规则:脉冲的功率需求必须低于额定输出功率的 150%,平均(均方根)输出电流必须低于指定连续输出电流。通常可用最大占空比曲线验证平均输出电流是否低于额定电流。

　　另外,在电路系统中的减速电机、电感等负载可将电压反馈至电源。这一特性也称为反馈电磁力的回馈电压抗性或阻力。要求无论电源接通还是关断,对于负载反向馈入电源的电压都具有抗性,确保不会发生故障。

　　电源有多种应用方式,如外部输入保护、电池充电、输出电路断路器、并联增强功率、并联冗余、输出的级联式连接、串联运行、电感性和电容性负载、两相运行等,具体如下。

　　(1) 并联增强功率:同种电源可以并联以增强输出功率,图 2-42 为电源并联示意图。并联时将所有电源的输出电压调节为相同负载条件下的相同值(±100 mV),在安装方向与标准安装方向(电源的输入端子在下、输出端子在上)不同或需要输出电流降额的任何其他条件下(如海拔高度、温度大于等于 60 ℃等),不允许并联电源。另外还需注意,当电源并联使用时,漏电流、电磁干扰、浪涌电流及谐波均会增加。

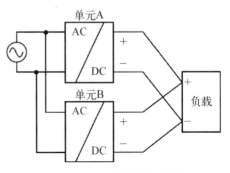

图 2-42　电源并联示意图

　　(2) 并联冗余:电源并联冗余时,可以提高系统的可用性。冗余系统需要一定数量的额外电源,以便在某一电源单元发生故障时支持负载。其最简单的方式是将两台电源并联。这种方式称为"1+1"冗余。一台电源发生故障时,另一台能够自动支持负载而不发生任何中断。高功率需求的冗余系统通常采用"N+1"方法构建。例如,每台额定电流为 10 A 的 5 台电源并联,从而构建 40 A 冗余系统。"N+1"冗余的限制与增强功率的限制相同。

　　但是这种最简单的冗余系统构建方式不能避免电源二次侧的内部短路等故障。此类情况下,发生故障的单元对其他电源来说形成了负载,而输出电压则无法继续维持。通过冗余模块中包含的解耦二极管可以避免上述情形。

因此在构建冗余电源系统时建议：每个电源使用单独的输入保险丝，对每个电源单元实行监控，将所有单元的输出电压设为相同的值（±100 mV）。图 2-43 为并联冗余电路示意图。

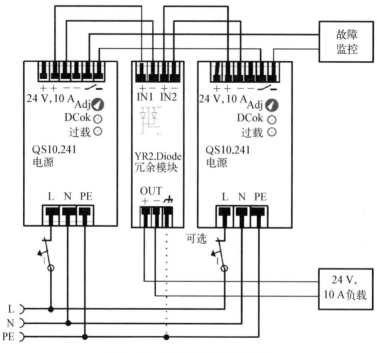

图 2-43　并联冗余电路示意图

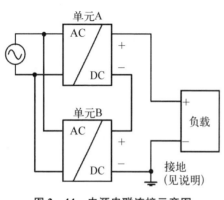

图 2-44　电源串联连接示意图

（3）串联运行：相同类型的电源模块串联运行时可以提高输出电压。在总输出电压不超过 150 V DC 的前提下，可根据需要串联任意数量的电源。超过 60 V DC 的电压已不再视为安全特低电压电路（SELV），因而可能具有危险性。安装此类电压时，必须进行防触摸保护。总输出电压超过约 60 V DC 时，需要进行输出接地。图 2-44 为电源串联连接示意图。

2.2.5　温度调节器

温度调节器通常在电路系统中与各类传感器等配合使用,主要采用微分、积分等算法,实现对温度、湿度等物理参数的测量,达到报警控制、温度调节等功能。所谓温度控制就是将指定设备的温度调节至所要求的范围内,这个过程称为温度控制,控制得到的温度结果称为控制结果。理想的温度调节器就是当监控设备的温度发生变化时,温度调节器能够及时跟踪、检测,并做出相应的处理措施。

温度调节器的动作有多种,如二位置动作(开关动作)、比例动作(P 动作)、积分动作(I 动作)、微分动作(D 动作)和 PID 动作。

(1) 二位置动作(开关动作):该动作即根据被测量部位的温度来进行开关的动作,如电暖器、电熨斗等的温度控制器,开关动作控制简单,易产生振荡。

(2) 比例动作(P 动作):该动作根据温度调节器的设定值和实测值成比例地控制,将预设值定为中心比例带,当温度接近该比例带时,操作量减少,温度趋于平衡稳定。

(3) 积分动作(I 动作):当使用 P 动作时,会发生残留偏差(即预设温度与稳定温度的差),而积分动作可消除该偏差,积分动作即预设值和实测值的差值与发生这个偏差值的时间所围成的面积。积分动作强度通过积分时间来反映,所谓积分时间是指积分动作的输出量与比例动作输出量一致时所需要的时间。积分时间与积分动作的效果成反比,当积分动作输出量过大时,易发生振荡。

(4) 微分动作(D 动作):微分动作是指按照预设值与实测值的差值速度之比的操作量来进行操控的动作。微分动作强度通过微分时间来反映,所谓微分时间是指微分动作的输出量与比例动作输出量一致时所需要的时间。微分动作与微分时间成正比,当微分动作输出量过大时,同样容易产生振荡,不稳定。

(5) PID 动作:PID 动作就是指上述比例动作、积分动作和微分动作的混合组成。

核安全级控制机柜内使用的温度调节器主要适用于控制排气风扇、加热器等,也可以作为一个信号报警装置以反映机柜内部的温度情况。该类温度调节器适用电压范围大,可用于 24～230 V 范围内的电压系统。其安装可采

用螺钉连接的方式，也可固定安装于标准
DIN 导轨上。图 2 - 45 为常用温度调节器
的外形。

2.2.6　信号倍增器

信号倍增器又称为信号分配器、电流分
配器，主要用于模拟量信号的电气隔离和信
号倍增、单路或多路模拟量信号的输入输出
等，可用于实现仪器设备运行状态的实时监

图 2 - 45　柜内温度调节器外形

控。信号倍增器将采集的信号通过其数模转换装置，经无损放大后再输出。

核安全级控制机柜选用的信号倍增器是极其紧凑的器件，能够有效地隔
离 0(4)～20 mA 和 0～10 V 的标准信号，并同时输出到输出通道，输入通道和
输出通道之间有电隔离。

在实际工程运用中，测量和控制需要在
两点处有一个标准的模拟信号，两个设备都
需要收到相同的信号。为防止接收错误信
号，特别是当发生错误、信号互动甚至损坏
时，需要将测量和控制信号彼此隔离，而该
信号倍增器可以有效地实现这一功能。另
外，除了隔离，该信号倍增器可"加倍"模拟
信号，并根据需要实现信号转换。例如，如
果信号源仅具有电压输出但电路系统中需
要电流信号，信号倍增器可将电压信号按比
例转换为所需的电流信号。如图 2 - 46 所
示为常用的信号倍增器的外形。

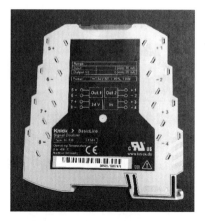

图 2 - 46　信号倍增器的外形

2.2.7　二极管

通常意义上的二极管是指具有正负两个电极的电气装置，二极管单向导
通，多用于电路整流。二极管只允许电流从一个方向流向另一方向，当电流反
向时阻断，因此二极管也可看作是一个电子逆止阀。二极管是电路系统中最
常用的元器件之一，主要起到电路整流、稳压、检波等作用，许多电路都需要用
二极管来调制。

二极管内部有一个 P 型半导体和一个 N 型半导体,两者形成一个 PN 结,PN 结两边有自建电场,两端由引线接出。当二极管外部没有电压时,此时两边的自建电场和电流扩散相等,处于一种平衡状态。当施加正向电压时,平衡打破,载流子浓度差引起电流扩散,使得二极管导通。而当施加反向电压时,PN 结两边的自建电场进一步加强,在不超过二极管的临界电压值时,二极管内几乎没有电流。

二极管具有如下特性。

(1) 正向性:现在的大部分二极管都是由半导体材料构成的,在二极管内部有一个 PN 结,当外加电压时由于 PN 结两边载流子的浓度不同引起电流的扩散。对二极管施加正向电压,起始电压较小时,正向电流不足,PN 结无法导通,这一区域称为二极管的死区,而这一范围的电压称为死区电压。而随着电压升高 PN 结导通,电流迅速增大,在二极管的正常使用范围内,其两端电压几乎保持稳定,该电压称为二极管的正向电压。

(2) 反向性:外加的反向电压在二极管承受范围内时,二极管内反向电流极小,二极管可视为截止状态。该反向电流称为二极管的反向饱和电流,该参数易受温度影响。

(3) 击穿:当施加在二极管的反向电压超过二极管的承受范围时,二极管内反向电流会急速增大,该现象称为击穿。二极管达到击穿时的电压值称为二极管的反向击穿电压。二极管被击穿后将不具有电流截止性。如果二极管被击穿后器件没有过热,在停止施加反向击穿电压后有可能恢复,反之二极管损坏。在电路系统的使用中,应尽量避免施加电压超过二极管的临界电压值。

反向击穿又可分为齐纳击穿和雪崩击穿两类。当二极管内掺杂浓度较高、势垒区域较窄,二极管两端施加反向电压较大时,会破坏势垒区域的共价键结构,使得其失去对内部电子的束缚,电流迅速升高,这种现象称为齐纳击穿。而雪崩击穿是指二极管外部施加反向电压过大时,外部产生的电子与PN 结内共价键结构中的电子发生撞击,从而产生电子-空穴对,产生的电子-空穴对在电场中加速后撞击又产生新的电子,导致二极管内部载流子如滚雪球一样急速增加,这种现象称为雪崩击穿。无论是齐纳击穿还是雪崩击穿,如果不及时停止施加反向击穿电压,都有可能会对二极管造成损坏。

二极管种类较多,根据频率,二极管可分为通用频带(一般整流)二极管和高频二极管,其中通用频带二极管又包含整流二极管、开关二极管、肖特基势垒二极管、恒压(齐纳)二极管。另外还有稳压二极管、发光二极管、变容二极管、检波二极管、双向触发二极管、光敏二极管、双基极二极管等。以下介绍几类典型的二极管。

（1）稳压二极管：该类二极管是在反向击穿电压下工作，实现其稳压功能的特殊类型二极管，主要用于电路中的浪涌保护、过压保护、电弧抑制以及各类稳压电路中，在各类电路系统中应用广泛。

（2）开关二极管：该类二极管主要用于电路系统中实现"开""关"的功能。该类二极管单向导通，正向电阻极小，反向电阻极大，当二极管导通时相当于开关闭合，反之断开，因此可作为电路中的电子开关使用。该二极管的工作原理也是所有二极管的通用原理，但开关二极管的主要特点是其在高频情况下的应用。开关二极管的势垒电容极小，在高频电流通过时仍可保持良好的开关性能。

开关二极管主要应用于电视机、收音机及其他常用家电设备的开关电路以及各类高频整流电路等。它具有响应时间短、体积小、使用寿命长、性能稳定等优点。开关二极管可分为普通开关二极管、高速开关二极管、硅电压开关二极管等。

（3）发光二极管：发光二极管通常简称为LED，也是一种半导体二极管，当二极管通电时可以发出可见光。发光二极管的工作原理与普通二极管相同，只是由于使用的材料不同，当二极管PN结内电子与P区空穴复合时，会使二极管的自身材料辐射发出荧光。发光二极管使用的材料不同，其辐射能量不同，发出的光波长不一、颜色各异，常见的发光二极管发光包括红光、黄光和绿光。

随着技术的不断进步，发光二极管的技术越来越成熟，其应用范围也越来越广，从低功率的指示灯、显示屏到室外的显示屏、信号灯和特殊光源等都有应用。其主要应用是LED显示屏、交通信号灯、汽车用灯、液晶屏背光源、装饰用灯、照明光源等。

发光二极管的工作电压通常较低，工作电流较小，其抗冲击性和抗震性能良好，使用寿命较长，可以很方便地通过改变电压电流的大小控制其发光强度。

（4）变容二极管：变容二极管是一类特殊二极管，当其外部施加正向偏压时，产生大量电流，PN结电容变大，产生扩散电容效应，而施加反向偏压时，产生过渡电容效应。

（5）检波二极管：检波二极管主要用于将高频信号中的低频信号检出来，其效率较高、频率特性良好，在半导体收音机、电视机以及其他通信设备的电路中有着广泛的应用。检波二极管的电容低,常工作于高频率信号电路中。

核安全级控制机柜使用的二极管有多种类型,除了在印制线路板上使用的小型贴装件或通孔件外,还有安装在支架上的模块化的二极管。

2.2.8 光分路器

光分路器又称为分光器,是光缆链路中一个重要的无源器件,它具有多个输入和输出端口,可将一个光路信号分成多路传输。光分路器按照分光原理可以分为熔融拉锥型和平面波导型(即 PLC 型)两种。

熔融拉锥型光分路器是将两根或两根以上的光纤进行侧面熔接而成,该工艺方法将需要熔接的光纤去除涂覆层,然后按照一定的方法靠拢,通过高温加热使其熔融,同时向两侧拉伸光纤,最终使其在熔接区域形成双向锥体式的特殊波导结构。通过调节熔融光纤的扭转角度和拉伸长度,可以得到不同的分光比例。PLC 型则是通过半导体工艺如光刻、腐蚀、显影等制作而成。它是一种微光学元器件型的产品,通过在介质或半导体基板上形成光波导从而实现光分路功能。

其实两种光分路器的分光原理是相似的,都是通过改变光纤之间的消逝场相互耦合(即其耦合度、耦合长度)以及改变光纤的纤维半径,从而实现不同的光量分支。

熔融拉锥型光分路器制作简单、价格便宜、容易与外部光纤连接成一体。而与之相比,PLC 型光分路器具有以下优点:

(1) 对光波长损耗不敏感,可用于各种波长信号的传输;

(2) 分光均匀,可以将光信号平均分配;

(3) 结构紧凑,一般体积较小,方便安装,不需要特别预留很大的空间;

(4) 可以在同一个 PLC 光分路器上集成多个通道,可达到 32 路以上;

(5) 分路越多,其相对成本较熔融拉锥型的优势越明显。

在核安全级控制机柜中使用的光分路器主要是 PLC 型,有盒式和机架式两种结构。以机架式光分路器为例,如图 2-47 所示,该光分路器厚度为 2 U(1 U=44.45 mm),通过螺钉固定安装在机柜支架上,安装方便。

图 2-47 机架式 PLC 光分路器

机柜内的光分路器有多个输入和输出端,用于柜内光信号的耦合、分支以及分配等,实现原始信号数据的采集、分配等功能。

2.3 机加工件

核安全级控制机柜机加工件主要包括机柜、机箱及插件盒、SVDU、风扇盘、模块盒以及各类相关附件等。机柜内部以"U"为度量单位,其中"U"是一种由美国电子工业协会(EIA)规定的单位,是 unit 的缩写,表示一种机架式服务器外部尺寸,1 U=44.45 mm。

所有产品加工质量要求参照 HAF003 执行,抗震等级需全部满足抗震Ⅰ类要求。如果说核安全级控制系统中的模块、电气元件是系统的血肉,那么机加工件就是系统的骨骼,关系着整个系统的承重、抗震、防护、电磁屏蔽等一系列指标。这些机加工件在设计时,必须满足各个标准及相关的技术要求,才能保证整个系统的正常、稳定运行。

1) 机柜

机柜是用于容纳电子、电气设备的独立式机壳,其主要采用焊接的固定方式,需满足内部设备的支撑、防尘、散热、抗震、电磁屏蔽性能等多个功能。机柜结构应当安全可靠,整体结构一致,同类机柜具有良好的互换性,不同功能机柜可通过调整机柜内部通用支架以满足安装要求。机柜及其内部结构需保证其电连续性,接地电阻要求不超过 100 mΩ。机柜的具体性能要求如下。

搬运方式:顶部吊环吊装或通过机柜底部金属托架使用叉车运输。

进线方式:上进线或下进线。

主体材料:冷轧钢板 Q235B 及"热浸镀锌钢板 DX51D+Z 锌层 Z120"。

使用环境:温湿度要求满足 GB/T 18663.1—2008 的 C2 等级。

防护等级:满足 GB 4208—2008 的 IP30 等级。

结构强度:振动冲击满足 IEC 60721-3-3—1997 的 3M2 等级。

电磁屏蔽性能:满足 IEC 61000-5-7—2001 的 2 级性能等级。

2) SVDU

安全显示站(safety visual display unit, SVDU)在核安全级系统中用于向操纵员提供与反应堆保护系统、事故后检测系统等有关的各种安全相关的参数信息,同时支持操纵员通过 SVDU 向相关的安全系统发出控制指令。

该设备结构采用一体机结构的方式,要求具备足够的结构强度、良好的散热以及电磁兼容防护等性能。为保证 SVDU 的接口、散热处、按键处等重要位置的屏蔽,需采取必要的防静电和接地措施。其设备具体性能要求如下。

主体材料:6061 铝合金。

使用环境:温湿度要求满足 GB/T 18663.1—2008 的 C2 等级。

防护等级:满足 GB 4208—2008 的 IP20 等级。

结构强度:振动冲击满足 IEC 60721 - 3 - 3—1997 的 3M7 等级。

电磁屏蔽性能:满足 IEC 61000 - 5 - 7—2001 的 2 级性能等级。

3) 机箱及插件盒

机箱主要用于支撑其内部的相关元器件,起到一定的保护和屏蔽作用。其具体性能要求如下。

主体材料:6063 和 5052 铝合金材料。

使用环境:温湿度要求满足 GB/T 18663.1—2008 的 C2 等级。

防护等级:满足 GB 4208—2008 的 IP20 等级。

结构强度:振动冲击满足 IEC 60721 - 3 - 3—1997 的 3M7 等级。

电磁屏蔽性能:满足 IEC 61000 - 5 - 7—2001 的 2 级性能等级。

机箱前后都可插拔,前端采用插件盒方式,后端采用欧卡的方式,主体材料同样使用 6063 和 5052 铝合金材料。

另外机箱表面裸露金属必须进行导电氧化,对机箱外露部位以及插件盒面板进行黑色喷塑处理。机箱和插件盒具有通用性,同类物料应具有良好的互换性和兼容性。

4) 风扇盘

风扇盘分为柜顶风扇盘和 2U 风扇盘,柜顶风扇盘安装在下进线机柜顶部,用于机柜内部散热,2U 风扇盘安装在机箱下方,通过机柜角规固定,用于机箱散热。风扇盘材料为铝合金或镀锌钢板,外壳需进行屏蔽设计,防护等级满足 GB 4208—2008 的 IP20 等级,同时对其缝隙和与机柜对接处进行电连续处理。

所有机加零件必须严格按照图纸要求进行加工,未标注尺寸公差按照 GB/T 1804—2000 中 m 级要求执行,形位公差按照 GB/T 1184—1996 中 k 级要求执行。零件表面进行喷塑处理,涂层要求进行物理性能检验和盐雾试验,要求能够满足在正常核电环境条件下使用 20 年。

2.4　金工件

核安全级控制机柜中常用的金工件主要是指各类紧固件,如螺钉、螺栓、螺母、弹簧垫圈、平垫等。各类紧固件涉及多个标准,具体包括以下几个方面的内容。

(1) 尺寸方面:该类标准具体规定紧固件的基本尺寸,包括螺纹的基本尺寸、外螺纹尺寸、倒角等内容。

(2) 公差方面:该类标准具体规定紧固件的尺寸公差和形位公差。

(3) 机械性能方面:该类标准具体规定紧固件机械性能要求的项目和内容,有的标准则规定紧固件材料性能和工作性能方面的内容。

(4) 表面缺陷方面:该类标准具体规定紧固件表面缺陷的分类和具体的要求等内容。

(5) 表面处理方面:该类标准具体规定紧固件的表面处理种类和具体要求等内容。

(6) 试验方面:该类标准具体规定上述几点性能要求的试验方法等。

(7) 验收检查、标志与包装方面:该类标准具体规定紧固件验收时的检查项目、抽样方案以及标志方法和包装要求等内容。

(8) 其他方面:如紧固件术语、紧固件重量等方面的标准。

2.4.1　螺钉

螺钉是一种最常用的紧固连接件,由头部和螺杆组成。螺钉头部有多种类型,如球面圆柱头、圆柱头、六角头、滚花头等;螺钉头部设有开槽,槽型有十字槽、一字槽、菊花槽、内六角槽、米字槽、Y 形槽等;螺杆根据其外螺纹规格又可分为公制螺纹和英制螺纹两种,公制螺纹常用的规格主要有 1～20 mm,英制螺纹常用的规格主要有 2♯、4♯、6♯、8♯、10♯、12♯;$\frac{1}{4}$ in(1 in＝2.54 cm)、$\frac{7}{32}$in、$\frac{5}{16}$in、$\frac{3}{8}$in、$\frac{1}{2}$in、$\frac{3}{4}$in 等。

2.4.1.1　螺纹

螺纹是指在螺杆表面螺旋形的、具有特定截面类型的螺旋线,根据围绕的基体形状可分为圆柱形螺纹和圆锥形螺纹。螺纹由牙型、公称直径、大径、小径、螺距、导程、旋向等基本要素构成。

1) 牙型

螺纹的牙型是指在螺纹横截面上的轮廓形状,即螺纹的牙顶以及两边牙侧所构成的形状。常见的螺纹牙型有普通型、管螺纹、梯形、锯齿形等,其中普通型螺纹又分为粗牙螺纹和细牙螺纹两种,粗牙螺纹是最常用的连接螺纹,细牙螺纹则多用于小型的精密件或薄壁零件中。普通型螺纹和管螺纹主要用于连接紧固零件,因而又称为连接螺纹;梯形螺纹和锯齿形螺纹由于其设计的特殊性,主要用于传递运动和动力或传递单向压力,故又称为传动螺纹,如机床传动丝杆、千斤顶螺杆等。

大部分螺纹的牙型都是在其基本牙型上进行修改设计而成的,基本牙型的两侧延伸相交所形成的三角形称为原始三角形,如图 2 - 48 所示。

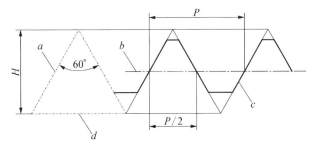

a—原始三角形;b—中径线;c—基本牙型;d—底边;H—原始三角形高度;P—螺距。

图 2 - 48　螺纹基本牙型示意图

普通螺纹有粗牙螺纹和细牙螺纹之分,二者主要特点如下。

粗牙螺纹主要用于连接螺纹,它比细牙螺纹的螺距更大,螺纹升角也更大,其锁紧性能较差。相同大小的粗牙螺纹在同样长度内的螺牙数量更少,横截面积更大,在使用中能够承受更大的冲击,因而其抗疲劳性能更好,拆装更加方便,不易滑丝。

细牙螺纹特点与粗牙螺纹相反,其螺纹升角较小,自锁紧固性能较好,适用于需要防止松动的部位,在一些机械传动件、轴承部位等使用较多。细牙螺纹螺距小,相较粗牙螺纹而言同样长度可旋入更多螺纹,能更有效地阻止液体泄漏,多使用于需要防漏的场合。细牙螺纹因其细小的螺距还可作为微调的传动装置用。基于细牙螺纹的特点,它常应用于需有预紧力的场合、精度要求高的零件、结构空间较小的部位以及传动部位等。

一般情况下,螺杆优先采用粗牙螺纹,有特殊需求如部件尺寸较小等情况时可选用细牙螺纹。

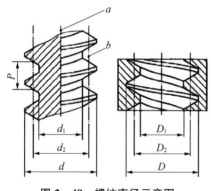

图 2‑49　螺纹直径示意图

2）直径

螺纹直径包括公称直径$(D、d)$、大径$(D、d)$、小径$(D_1、d_1)$、中径$(D_2、d_2)$等。我们常说的螺纹直径尺寸是指其公称直径,对于普通螺纹来说,公称直径就是它的大径。其中,内螺纹直径用大写字母表示,外螺纹直径用小写字母表示。图 2‑49 为螺纹直径示意图,其中 a 指螺纹轴线,b 指螺纹中径线,P 指螺距。

3）螺距和导程

螺距是指相邻的两个螺纹牙相同牙侧与中径线的两个交点之间的距离,用字母 P 表示。图 2‑50 为其示意图,其中 P_2 是指牙槽螺距,即相邻的两个牙槽最低点的轴向距离,牙槽螺距仅对对称螺纹(即相邻牙侧角相等的螺纹)适用。

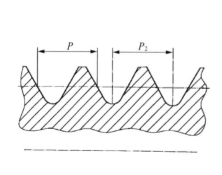

图 2‑50　螺纹螺距示意图

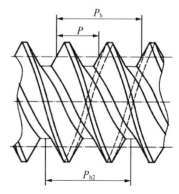

图 2‑51　螺纹导程示意图

导程是指螺纹沿轴线旋转一圈时,螺纹的轴向位移值,用 P_h 表示。对于单线螺纹而言,其导程与螺距相等,多线螺纹导程则等于螺距乘以其线数。图 2‑51 为螺纹导程示意图,其中 P_{h2} 指牙槽导程,即相邻牙槽对称线的轴向距离,同样该参数仅对对称螺纹适用。

4）旋向和线数

螺纹分为右旋螺纹和左旋螺纹,右旋螺纹是指沿轴向顺时针旋入的螺纹,左旋螺纹指逆时针旋入的螺纹。螺纹线数有单线和多线之分,单线螺纹是指只有一个旋入起始点的螺纹,多线螺纹则有多个旋入起始点。图 2‑52 为螺纹旋向及线数示意图。

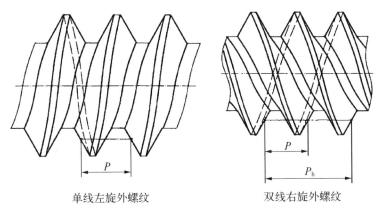

单线左旋外螺纹　　　　　　双线右旋外螺纹

图 2 - 52　螺纹旋向及线数示意图

2.4.1.2　螺钉分类

螺钉种类多样、应用广泛,在各行各业都有其身影,是一种不可或缺的紧固零件。以下介绍几种常用的螺钉类型。

1）六角头螺钉

六角头螺钉有内六角和外六角两种,常用做紧固件连接、紧固零件,使用方便,应用范围广。其主要技术要求如下。

材料:钢、不锈钢或有色金属;螺纹公差等级:5 g/6 g;公差等级:A。

图 2 - 53 为内六角圆柱头螺钉的示意图。内六角圆柱头螺钉一般连接强度较大,在各类机械结构中使用较多,其拆装需配合相应规格的内六角扳手。

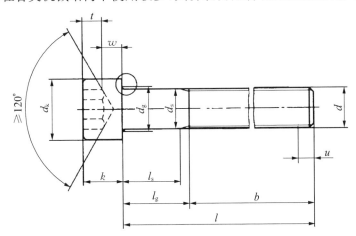

d_k—头部直径;t—扳拧深度;w—板底至支承面之间厚度;k—头部高度;l_s—螺杆长度;l_g—螺钉夹紧长度;b—螺纹长度;d—螺纹公称直径;d_s—无螺纹杆径;d_g—过渡圆直径;u—不完整螺纹长度;l—公称长度。

图 2 - 53　内六角圆柱头螺钉示意图

其性能等级的划分依据国际通用的标准,不论其材质与生产厂商是否相同,只要性能等级一致即可,有特殊要求的可对其材质另作要求。市场上使用较多的为4.8级、8.8级、10.9级和12.9级四种规格,其中8.8级～12.9级的又称为高强度内六角圆柱头螺钉。

2) 盘头螺钉

盘头螺钉有多个种类,用途各不相同。在核安全级控制机柜中,盘头螺钉用做紧固连接零件,适用于顶头允许露出的场合。盘头螺钉应符合相应产品标准如《十字槽盘头螺钉》(GB/T 818—2016)对成品材料和机械性能的规定。在核安全级控制机柜中还常常使用盘头组合螺钉,盘头组合螺钉技术要求参考标准《十字槽盘头螺钉、弹簧垫圈和平垫圈组合件》(GB/T 9074.4—1988)执行,组合件中的平垫圈按《平垫圈 用于螺钉和垫圈组合件》(GB/T 97.4—2002)规定执行,组合件中的弹簧垫圈按《组合件用弹簧垫圈》(GB/T 9074.26—1988)规定执行,组合件的检查验收与包装按《紧固件验收检查》(GB/T 90.1—2002)和《紧固件 标志与包装》(GB/T 90.2—2002)规定执行。十字槽盘头螺钉的主要技术要求如下。

材料:钢、不锈钢或有色金属;螺纹公差等级:6 g;机械性能等级:4.8;允许最大硬度:255 HV[1];公差等级:A;十字槽类型:H 型;表面处理:表面镀锌硬化或氧化。

图 2-54 为十字槽盘头螺钉的外形示意图。

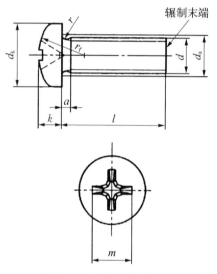

d_k—头部直径;r_f—头部球面半径;r—头下圆角半径;k—头部高度;a—最末一扣完整螺纹至支承面距离;l—公称长度;d—螺纹公称直径;d_a—过渡圆直径;m—十字槽翼直径。

图 2-54 十字槽盘头螺钉外形示意图

3) 十字槽沉头螺钉

该类螺钉头部是一个90°的锥体,连接零件时可沉入零件被连接表面下,使其平整,常用于不允许有露出的场合,如插件盒侧面需与机箱配合装配的部位,需紧固零件表面制出相应的锥形沉孔,其技术要求参考标准《十字槽沉头

---

① HV,维氏硬度,表示材料硬度,详见 246 页的解释。

螺钉 第 1 部分：4.8 级》（GB/T 819.
1—2016）。主要的技术要求如下。

材料：钢；螺纹公差等级：6 g；机械
性能等级：4.8；公差等级：A；十字槽类
型：H 型；表面处理：不经处理。

如图 2 - 55 所示为十字槽沉头螺钉
的外形示意图。

4）自攻螺钉

自攻螺钉主要用于器件与钢板之间
的连接，其螺纹类型有普通螺纹、自攻螺
纹、纤维板钉螺纹以及其他特殊类型的
螺纹。自攻螺钉大多数采用渗碳钢加工
制造，部分使用热处理钢制造。

在核安全级控制机柜中，自攻螺钉
主要用于机柜支架与柜体的连接，为方
便使用一般需提前在被连接件上加工预
制孔，其技术要求参考标准《十字槽盘头
自攻锁紧螺钉》（GB/T 6560—1986）。主要的技术要求如下。

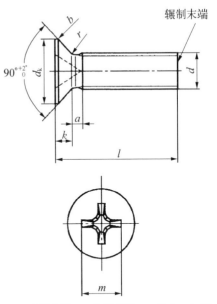

d_k—头部直径；k—头部高度；a—最末一扣完
整螺纹至支承面距离；r—头下圆角半径；d—
螺纹公称直径；m—十字槽翼直径。

图 2 - 55 十字槽沉头螺钉外形示意图

螺杆尺寸：按照《自攻锁紧螺钉的螺杆 粗牙普通螺纹系列》（GB/T
6559—1986）要求执行；机械性能等级：A、B；公差等级：A；十字槽类型：H
型；表面处理：镀锌钝化。

图 2 - 56 为十字槽盘头自攻螺钉的示意图。

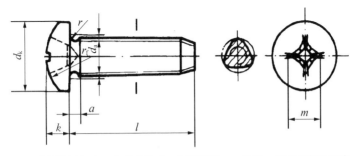

d_a—过渡圆直径；d_k—头部直径；k—头部高度；a—最末一扣完整螺纹至支
承面距离；r—头下圆角半径；d—螺纹公称直径；m—十字槽翼直径。

图 2 - 56 十字槽盘头自攻螺钉示意图

5) 滚花头不脱出螺钉

滚花头不脱出螺钉多用在震动较大、要求螺钉不脱出的场合,滚花头可方便手工拆装,在预制电缆连接头等部位常有应用。不脱出螺钉主要是为了解决掉落后不易寻找的问题,在一些需要经常拆卸的连接部位有着广泛应用。图 2-57 是常用的开槽盘头不脱出螺钉示意图。不脱出螺钉的螺钉头部直径 d_k 大于螺纹公称直径 d,螺纹公称直径 d 大于 d_s,螺钉头部起到连接束缚作用,束腰部分可防松脱,螺纹部分起到连接作用。螺钉的防松脱功能主要是通过将束腰部分卡在连接孔中来实现的。

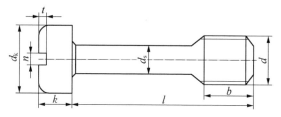

d_k—头部直径;n—开槽宽度;t—开槽深度;k—头部高度;l—公称长度;d_s—无螺纹杆径;b—螺纹长度;d—螺纹公称直径。

图 2-57　开槽盘头不脱出螺钉示意图

不脱出螺钉的技术要求参考标准《滚花头不脱出螺钉》(GB/T 839—1988)要求执行。主要的技术要求如下。

材料:钢或不锈钢;机械性能等级:4.8;公差等级:除另有规定外,其余按 A 级;滚花:直纹;表面处理:不经处理或表面镀锌钝化。

2.4.2　螺母

螺母又称为螺帽,与螺栓、螺柱或螺钉配合拧在一起,用于连接两个零件,起紧固作用。螺母种类繁多,有圆螺母、六角螺母、法兰面螺母、开槽螺母、蝶形螺母、自锁螺母、防松螺母、锁紧螺母、吊环螺母等。

圆螺母一般用在轴类零件上,以防止零件发生轴向位移,常与止动垫圈一起配合使用。

六角螺母外形呈正六角形,其紧固需使用配套的扳手或套装工具等。法兰面螺母是指在其支撑面有一个法兰平面,增加了螺母与紧固部位的接触面积,能够承受更大的紧固力矩,一般应用在重型机械等产品上。如图 2-58 所示为一六角法兰面螺母的示意图。

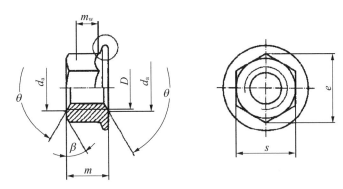

m_w—扳柠高度；m—螺母高度；d_a—沉孔直径；D—螺纹公称直径；s—对边宽度；
e—对角宽度。

图 2-58 六角法兰面螺母示意图(β 为 15°~30°，θ 为 90°~120°)

蝶形螺母顾名思义，其形状类似蝴蝶，适用于对连接强度要求不高的部位，可以方便进行手动拆装。蝶形螺母根据其翼形的不同又可分为方翼蝶形螺母和圆翼蝶形螺母两种。图 2-59 为圆翼蝶形螺母示意图。

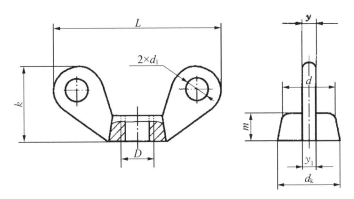

k—螺母全高；L—螺母全长；d_1—孔径；D—螺纹公称直径；m—螺母高度；y_1—圆翼底部厚度；d_k—螺母底部直径；d—螺母底部直径；y—圆翼顶部厚度。

图 2-59 圆翼蝶形螺母示意图

锁紧螺母又称为防松螺母，其原理是利用螺母与螺栓之间的摩擦力进行自锁。一些重要的零件在装配时需采用必要的防松措施，一般是采用点胶的方式或者使用锁紧螺母进行紧固。但是在运动的零部件中，锁紧螺母的紧固效果会削弱。

核安全级控制机柜中使用的六角螺母技术条件按照《1 型六角螺母》(GB/T 6170—2015)规定执行，主要的技术条件如下。

通用技术条件：按《紧固件 螺栓、螺钉、螺柱和螺母通用技术条件》(GB/T 16938—2008)要求执行；材料：钢、不锈钢或有色金属；螺纹公差等级：6H；机械性能等级：6、8、10；公差等级：A；表面处理：电镀锌、热浸镀锌或钝化处理等。

2.4.3 垫圈

垫圈是形状呈扁圆环形的一类紧固件，主要分为平垫圈和弹簧垫圈两大类。平垫圈置于螺母、螺钉或螺栓的支撑面与零件表面之间，可避免零件表面损伤，增大被连接件与紧固件之间的接触面积，降低零件上的单位面积压力，起保护被连接零件表面的作用。弹簧垫圈则广泛应用于经常拆卸的零件上，依靠其本身的弹性和斜口处的摩擦，起到阻止螺母或螺钉回松的作用。表2-28所示为常用的垫圈型号。

表2-28　常用垫圈型号

序　号	名　称	依　据　标　准
1	平垫圈	《平垫圈 A级》(GB/T 97.1—2002)
2	小外径平垫圈	《小垫圈 A级》(GB/T 848—2002)
3	加大垫圈	《大垫圈 A级》(GB/T 96.1—2002)
4	弹簧垫圈	《标准型弹簧垫圈》(GB/T 93—1987)
5	轻型弹簧垫圈	《轻型弹簧垫圈》(GB/T 859—1987)

图2-60、图2-61为平垫圈、弹簧垫圈示意图。

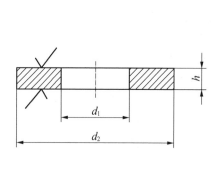

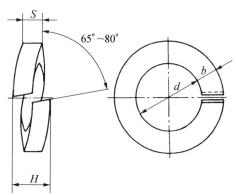

d_1—内径；d_2—外径；h—厚度。

H—自由高度；S—高度；d—内径；b—宽度。

图2-60　平垫圈示意图

图2-61　弹簧垫圈示意图

2.4.4　销钉

销钉在机械部件中主要作用是装配定位,也可作为连接部件。常用的销钉有圆柱销、圆锥销、开口销等。

开口销常用于锁定其余零部件,如带孔销、销轴等,其稳定可靠、拆装方便。圆柱销一般用于定位或连接,根据不同的装配要求选取不同的直径公差。销孔通过铰制而成,销钉拆装次数过多后会使得其配合精度降低、紧固性变差,只能传递较小的载荷。圆锥销锥度为 1∶50,其定位精度较高,在受到横向作用力时自锁,销孔同样需铰制,常用于定位、紧固及传动等功能,拆装方便。此外,还有内螺纹圆柱销、内螺纹圆锥销等,适用于精度要求较低的场合。

图 2-62 为开口销的示意图。

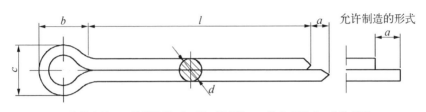

c—头部直径;b—头部长度;d—开口销直径;a—伸出长度;l—公称长度。

图 2-62　开口销示意图

2.4.5　铆钉

铆钉是用于将有事先预制好铆钉孔的两个被连接件铆接在一起的紧固件,通过铆钉自身的形变或过盈连接被铆接的零件。铆钉的种类多样,不必拘泥于形式,常用的铆钉有 R 形铆钉、风扇铆钉、抽芯铆钉、击芯铆钉、树形铆钉、半圆头铆钉、平头铆钉等。

R 形铆钉又称膨胀铆钉,通常是塑料材质,由塑料子钉和母扣一起组成。该类铆钉安装方便,无需专门的工具,将安装底座放置在预制的光滑孔中,按下头部,铆钉的特殊结构会使其受力后膨胀,从而将被连接件锁紧。R 形铆钉常用于连接塑料零件、轻质板材、电路板以及其他轻薄零件。

抽芯铆钉是一种单面铆接的铆钉,需使用专门的铆接工具(如拉铆枪等)。在建筑、汽车、船舶、家电等产品上,抽芯铆钉有着广泛的应用。击芯铆钉则是另一种单面铆接铆钉,使用方便,在狭小空间或不能使用铆枪的环境中只能使用这种铆钉。采用击芯铆钉铆接时,使用锤子等工具直接敲击钉芯即可,操作方便。

半圆头铆钉主要应用于横向载荷较大的铆接场合,沉头、半沉头、120°沉头铆钉适用于承受载荷不大的场合,平头铆钉适用于载荷一般的场合。此外还有其他多种铆钉,适用于不同的场合。

图 2-63 为半圆头铆钉示意图。

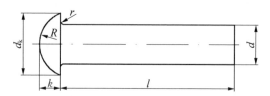

d_k—头部直径;k—头部高度;R—头部半径;r—头下圆角半径;d—公称直径;l—公称长度。

图 2-63 半圆头铆钉示意图

2.5 电线和电缆

电线和电缆在核安全级控制机柜的正常运行及安全停堆方面起着举足轻重的作用。设备供电、信号测量、控制及各种通信系统都需要通过电缆网系统的综合布线连接才能实现其功能。

2.5.1 电(线)缆的分类和特点

电(线)缆的种类繁多,目前有上千种品种,上万种规格。根据电(线)缆的结构、性能及其使用途径等,将电(线)缆主要分为五大类。

1) 电力电缆

电力电缆指用于电能传输的电缆,主要用在电力系统中,有架空裸电缆、架空绝缘电缆、仪器设备内使用的电缆等。一般电力电缆传输电压高(1 000 kV 甚至更高)、电流大(最大几千安培),具有耐高压、绝缘性好的特点。该类电缆的性能要求高,对生产工艺有着严格的要求,各个工序都需按照规范严格执行,保证其导电能力(高压输电时的电场均匀性、绝缘可靠性以及其整体结构的散热平衡性等)。电力电缆一般使用铜质或铝质导体,绝缘材料采用交联聚乙烯、聚氯乙烯等制成,可以敷设在地下、室内甚至江河、海底等,安全性能好。

2) 通信电缆及光缆

通信电缆的结构尺寸较小,但制作工艺要求高、精度高,应用于通信行业,从过去简单的电话线发展为现在的电缆、同轴电缆、光纤、数据电缆等。通信电缆主要用于传输电视、广播、数据以及其他通信信息,光缆则是传输光信号的电缆产品。光缆由光导纤维材料制成,传输光波信号,其传输损耗小、不受外界磁场干扰,重量轻、体积小。

3) 裸电线及裸导体制品

该类电缆外层无绝缘层及保护层,通体为纯金属导体制成,如铜汇流条、电力机车线等,裸电线及裸导体制品具有结构简单、制作工艺较简单、便于施工和检修等优点。

4) 电气装备用线电缆

电气装备用线电缆是在电力系统中将电力输送到电气设备作为输送线路的电(线)缆,以及作为电气设备内部信号传输、控制使用的电(线)缆。该类电缆种类繁多,应用于多个领域中,如交通、地质勘探、矿业、医用电缆等,是使用范围最广、品种系列最多、工艺技术最为复杂的一类电缆。一般电气装备用线电缆的工作电压不高,如汽车、飞机、船舶、矿业等使用的电(线)缆。但是由于其使用环境不同,性能要求也各不相同,不同的电气装备用线电缆之间的差异性较大,如耐热性、绝缘性、柔软性等。

5) 电磁线

电磁线是以绕组的形式应用在磁场中,通过电磁感应切割磁场线从而产生电流或通过电流产生磁场,实现电能和磁能转化的电缆。按电缆绝缘层材料,电磁线可分为丝包线、薄膜绕包线、漆包线等,应用于各种电机、电器、仪控仪表以及变压器中的绕组线圈。

2.5.2　电(线)缆的特点

电(线)缆根据使用场合、性能要求的不同,其结构、材料、制造方法也有不同。总体看来,电(线)缆的技术特点如下。

(1) 性能的综合性:电(线)缆使用选型时,必须根据其用途、使用环境等综合因素考虑电(线)缆的电性能(导电性、绝缘性、信号传输性等)、物理性能、机械性能以及一些其他性能(导体金属的绕柔性、耐辐射、耐腐蚀性能等)。开发这些性能需要用到一系列的知识,如金属学、金属加工、高分子材料、电力学、热力学等。

(2) 应用的广泛性:电(线)缆种类繁多,包括传输电力的电力电缆,传输信号的通信电缆,用来实现电磁转换的电磁线等,在电力系统、航空航天、船舶、矿业等各个行业都有着广泛的应用。

（3）材料的多样性：电(线)缆的开发应用历史其实就是电缆材料的开发应用史。越来越多的材料应用在了电缆上，包括金属材料、纤维材料、橡胶、塑料、无机材料等。

（4）生产过程的连续性：电(线)缆由于其特殊的结构性，是由内到外一层层组成的，所以其生产顺序只能按照其结构从内到外依次进行，生产工序不能并行更不能颠倒，不能像其他机械设备一样可以多个工序并行。

（5）生产设备用途的专用性：电(线)缆的生产加工设备不同于其他行业的设备，针对不同的工序电缆生产加工有着专用的生产设备。按照电(线)缆的工艺特点，其生产设备功能一般有轧、压、拉、挤、绞、绕、涂等。

（6）质量要求的严格性：电(线)缆是与安全息息相关的产品，其质量至关重要。而电(线)缆的生产工艺特点决定了其每一道工序的质量都是紧密相关的，上一步的生产质量必然会影响下一步。电(线)缆产品的生产具有连续性，不能像其他的一些产品一样可以更换其中的不良部件，其生产过程中一旦一个工序出现了问题，那么整根电(线)缆都将报废或作截断处理。

2.5.3　电缆结构

电(线)缆的结构大体由以下部分组成：用于传输电能或电磁信号的导电材料，一般情况下由铜、铝、铜包钢等导电性能良好的金属制成；包覆在导体外围，保证导体芯线与外界隔离的绝缘层。这两个部分是电(线)缆的最基本组成部分。屏蔽层，即为将电缆中的电场、磁场与外界的电磁场隔离开来或是电缆与电缆之间进行隔离而制成的保护层，一般使用半导体或金属材料制成。另外，某些电缆还具有填充结构，对绝缘线芯之间的间隙进行填充的主要目的是使电缆外形圆整。

2.5.3.1　导体

根据电阻率，一般情况下材料可分为如下三种类型。

导体：电阻率在 $10^2\,\Omega\cdot mm^2\,/\,m$ 以下的材料。

半导体：电阻率在 $10^3\sim10^8\,\Omega\cdot mm^2\,/\,m$ 范围内的材料。

绝缘体：电阻率在 $10^8\,\Omega\cdot mm^2\,/\,m$ 以上的材料。

目前常用的导体材料有金、银、铜、铝等，从其导电性能和价格综合考虑，使用最多的是铜，其次是铝。以铜的导电常数为基准，各导体的性能比较如表2-29所示。

表 2-29　导体的性能比较

名　称	符　号	比重/(g/cm³)	导电常数/%	备　注
金	Au	19.3	70.8	不氧化、价格昂贵
银	Ag	10.5	109	导电性最优、价格昂贵
铜	Cu	8.89	100	导电性次优、价格普及
铁(钢)	Fe	7.86	17.8	导电性不良、抗张好
铝	Al	2.7	61.2	质量轻

电(线)缆中的导体是其发挥功能的关键性结构,用于传输电能或信息等,不同的导体对于电(线)缆的质量有着极大的影响。

根据标准《电缆的导体》(GB/T 3956—2008)中规定,电缆导体分为以下四大类。

(1)实心导体,一般由单根导线构成,导体材料为不镀金属或镀金属的退火铜线、铝或铝合金线,其截面形状为圆形或成型截面。

(2)绞合导体,截面有圆形、扇形等多种形状,线芯经过绞合后,可大大提高线缆的柔性,导体稳定性也有了很大的提高,是应用最多的电缆导体类型。

(3)软导体,常作为一般移动电缆的导体。

(4)特软导体。软导体和特软导体均由不镀金属或镀金属的退火铜线构成。

2.5.3.2　绝缘层

导体与绝缘层是组成电缆产品(裸线缆除外)必须具备的两个基本构件。电缆绝缘层主要承受电压作用,使导体与周围器件或相邻导线间相互隔离。电缆的绝缘层质量决定着电缆的可靠性、安全性以及使用寿命。目前电缆的绝缘层主要有油浸纸绝缘层、热塑性塑料绝缘层、橡胶绝缘层以及矿物绝缘层等。

绝缘层材料通常需要考虑其物理性质(密度、黏度、吸水性、透气性等)、机械性质(抗张强度及伸长率、弯曲强度、硬度等)、热性质(软化点、热传导率、热膨胀系数、收缩率等)、化学性质(抗溶剂性、燃烧性、耐候性等)、光学性质(透明度、雾度等)、电气特性(导电率及电阻率、容积电阻、介电强度、介电常数、功率因子、散逸因子、屏蔽效果)等。

常用的绝缘挤塑材料有聚乙烯、聚氯乙烯以及交联聚乙烯等,其具体性能如下。

（1）聚乙烯（PE）：是一种经聚合得到的热塑性树脂材料，其热性质较好，耐低温、耐大部分的酸碱腐蚀，电气特性良好。同时，聚乙烯的损耗低、介电强度大，通常高压电（线）缆的绝缘层采用聚乙烯制成。

（2）聚氯乙烯（PVC）：是氯乙烯单体分子在特定的条件下聚合而成的材料。聚氯乙烯分子结构稳定，材料耐酸碱腐蚀、耐老化，在建筑行业、管材、绝缘护套等方面都有广泛的应用。聚氯乙烯有软质和硬质两种结构：软质聚氯乙烯通常用做保护膜材料、电（线）缆绝缘材料等；硬质聚氯乙烯则常作为管线管材、建筑材料等使用。聚氯乙烯具有阻燃特性，因此常用在有防火要求的环境中，也是阻燃电（线）缆绝缘层的主要制造材料之一。

（3）交联聚乙烯（XLPE）：是聚乙烯经交联反应后生成的一种材料。经交联反应后，其不管是物理性能还是化学性能都有了显著提高，且耐热等级也有明显提高。交联聚乙烯电（线）缆较聚乙烯电（线）缆，有比重轻、耐热等级高、耐酸碱性好、绝缘性能更好等优点。但是交联聚乙烯制造工艺复杂，成本较高，故普及度不广。

核安全级控制机柜中选用的电缆为低烟无卤阻燃电缆，绝缘层材料是在20世纪末发展起来的无卤低烟聚烯烃类材料，其材料性能满足标准《热塑性无卤低烟阻燃电缆料》（JB/T 10707—2007）中要求。

2.5.3.3 屏蔽层

导体外部包裹的屏蔽线称为屏蔽层，一般为编织铜网或铝（铜）箔，是将电、磁场限制在电缆内部，并与外部电、磁场隔离开免受其影响的材料层，可避免外部干扰信号进入内部，从而降低传输信号损耗。另外，屏蔽层通常需要接地，因此也可以起到一定的接地保护作用，如果电（线）缆发生破损时，导体泄漏出来的电流可以沿屏蔽层流入接地网中，从而起到一定的保护作用。屏蔽可以分为主动屏蔽和被动屏蔽两种方式：主动屏蔽是为了防止噪声源的辐射，将噪声源进行屏蔽；而被动屏蔽是指为了防止噪声源对敏感设备的影响，将敏感设备进行屏蔽。电（线）缆的屏蔽层不允许多点接地，因为不同的接地点电位不一致，会在屏蔽层内形成电流，从而影响信号传输，无法起到屏蔽作用。

根据标准《额定电压 1 kV（U_m＝1.2 kV）到 35 kV（U_m＝40.5 kV）挤包绝缘电力电缆及附件》（GB/T 12706.1—2002）中规定，额定电压 $U_0/U(U_m) \geqslant$ 3.6/6(7.2) kV 的绝缘电缆应有导体屏蔽结构、绝缘屏蔽结构和金属屏蔽结构。导体屏蔽为非金属材料，由挤包半导体混合物组成。绝缘屏蔽由非金属半导电层和金属层组成，又称外半导电屏蔽层。金属屏蔽由一根或多根金属带、金属编织、金属丝的同心层或金属丝与金属带的组合结构组成。

2.5.4　电缆选择

电缆的额定电压、电阻和阻抗、工作电容是选择电缆需考虑的基本电性能参数。

1) 电缆的额定电压

电缆的额定电压是选择电缆时首要考虑的基本参数,它必须大于或等于电缆运行的系统额定电压,但是电缆的最高运行电压不得超过其额定电压的 15%。

根据《额定电压 1 kV(U_m＝1.2 kV)到 35 kV(U_m＝40.5 kV)挤包绝缘电力电缆及附件》(GB/T 12706—2008)的规定,电缆的额定电压表示为U_0/U(U_m)。其中U_0表示电缆的导体与地或金属屏蔽层之间的额定工频电压;U表示电缆导体之间的额定工频电压;U_m表示输电系统的最高电压,即正常运行条件下,系统在任何时间和任何点上出现的电压的最高值,它不包括因故障以及突然切断大负荷而造成的瞬时电压变化。

为方便选取电缆,标准 GB/T 12706—2008 中将输电系统分为 A、B、C 三类,几类输电系统电缆的电压等级如表 2-30 所示。

表 2-30　几类输电系统的电缆额定电压

输电系统电压等级/kV	选用电缆的额定电压/kV		
	A 类	B 类	C 类
	U_0/U(U_m)	U_0/U(U_m)	U_0/U(U_m)
1	0.6/1(1.2)	0.6/1(1.2)	0.6/1(1.2)
3	—	1.8/3(3.6)	3/3(3.6)
6	—	3.6/6(7.2)	6/6(7.2)
10	6/10(12)	6/10(12)	8.7/10(12)
15	8.7/15(17.5)	8.7/15(17.5)	12/15(17.5)
20	12/20(24)	12/20(24)	18/20(24)
30	18/30(36)	18/30(36)	26/30(36)

A 类系统是指中性点直接接地或通过较小电阻接地的系统。该系统任意

一点接地或与接地导体接触时,能在 1 min 内与系统断开,一般的高压或超高压输电系统均属于 A 类。

B 类系统允许在单相接地故障时短时间内的过载运行,接地故障时间不应超过 1 h,但如果符合有关电缆的标准规定,则可按另外的标准要求。

C 类系统是指除 A 类、B 类以外的所有输电系统,又可称为长时间接地故障运行系统。

2) 电缆的电阻

导体两端的电压与电缆电流比即为电阻,电缆电阻也是衡量电缆性能的重要参数。电缆电阻的大小与导体的长度、材料、运行温度、电流性质(直流还是交流)、导体截面积大小、形状以及电缆的敷设状态息息相关。

3) 电缆的阻抗

三相交流输电系统中,三芯电缆或呈正三角形布置的单芯导线上的阻抗称为正序(负序)阻抗。

4) 电缆的工作电容

电缆导体与金属屏蔽层之间形成了一个标准的圆柱形电容器,而电缆电容电流会限制电缆的传输容量和电缆长度,电缆的工艺质量便可通过电容测量来衡量,电容也是电缆的一个比较重要的参数。

2.5.5 核安全级控制机柜电(线)缆

核安全级控制机柜要求使用的电(线)缆为低烟无卤阻燃类型的电缆。机柜内部及柜间的电缆往往成束敷设在线槽内,电缆在长期运行时会发热,为了阻止火灾发生或降低火灾发生的概率,需选用阻燃电缆。发生火灾时,电缆引燃会产生大量的浓烟,导致现场人员惊慌失措无法辨识方向,造成人员的伤亡,为防止上述情况的发生应选用低烟电缆。卤族元素具有氧化性,当含卤族元素的电缆燃烧时会释放卤素气体,卤素气体与水蒸气结合产生腐蚀性有害气体卤化氢,对设备及建筑物造成腐蚀,且卤酸气体具有强烈的毒性,对现场的人员有很大的危害,因此需选用无卤电缆。

按照《电缆或光缆在特定条件下燃烧的烟密度测定 第 2 部分:试验步骤和要求》(GB/T 17651.2—1998)中规定,最小透光率不小于 60% 即为低烟电缆。

根据《取自电缆或光缆的材料燃烧时释出气体的试验方法 第 1 部分:卤酸气体总量的测定》(GB/T 17650.1—1998)中规定,电缆材料燃烧时卤酸释放量小于 5 mg/g 时称为无卤电缆。表 2 - 31 中为其具体试验方法和要求。

表 2 - 31　无卤混合料的试验方法和要求

试 验 名 称	试 验 结 果	要 求 参 数	参 考 标 准
酸气含量试验	溴和氯含量 （以 HCL 表示）	≤0.5％	GB/T 17650.1—1998
氟含量试验	氟含量	≤0.1％	GB/T 17651.2—1998
pH 值和 电导率试验	pH 值	≥4.3	GB/T 17651.2—1998
	电导率	≥10 μs/mm	GB/T 17651.2—1998

阻燃电缆是在其绝缘层中加入阻燃物质,使电缆燃烧困难,从而起到一定的阻止火势蔓延的作用,当火源熄灭后,电缆可自行熄灭。然而阻燃电缆并不是绝对不燃烧,不能起到防止火灾的作用。按照《电缆和光缆在火焰条件下的燃烧试验》(GB/T 18380—2008)中垂直安装的成束电(线)缆燃烧试验规定,电缆试样可分为四种类别,试样由若干等长的电缆试样组成,每根电缆试样的最小长度为 3.5 m,具体如下。

A 类电缆试样:电缆试样段总体积中所含非金属材料为 7 L/m。

B 类电缆试样:电缆试样段总体积中所含非金属材料为 3.5 L/m。

C 类电缆试样:电缆试样段总体积中所含非金属材料为 1.5 L/m。

D 类电缆试样:电缆试样段总体积中所含非金属材料为 0.5 L/m。

将试样在试验箱内进行试验,按照不同的供火时间和燃烧温度,其结果判定可参照表 2 - 32。

表 2 - 32　垂直安装的成束电(线)缆火焰垂直蔓延试验阻燃性能分类

阻燃 类别	参照标准	供火 时间	火焰 温度	试样容量	及 格 判 定
ZA 类	GB/T 18380.33—2008	40 min	815 ℃	7 L/m	碳化高度不大于 3.5 m
ZB 类	GB/T 18380.34—2008	40 min	815 ℃	3.5 L/m	碳化高度不大于 3.5 m
ZC 类	GB/T 18380.35—2008	20 min	815 ℃	1.5 L/m	碳化高度不大于 3.5 m
ZD 类	GB/T 18380.36—2008	20 min	815 ℃	0.5 L/m	碳化高度不大于 3.5 m

ZA 类阻燃要求最为严格,效果最好,ZB 类阻燃要求较为严格,ZC 类阻燃

要求一般,适用于大多数场合。核安全级控制机柜中一般选用对阻燃要求较为严格的 ZB 类阻燃电缆。

核安全级控制机柜中常用的电(线)缆有电力电缆、控制电缆、仪表电缆和光缆等,具体介绍如下。

2.5.5.1 电力电缆

电力电缆导体允许的长期工作温度为 90 ℃,要求正常使用寿命至少 40 年。下面以两芯有屏蔽层的电缆为例介绍电缆结构如图 2-64 所示。

表 2-33 所示为电力电缆(有屏蔽层)的导体结构及电气性能参数。

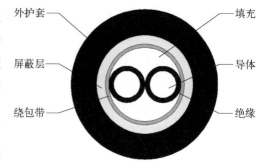

图 2-64　电力电缆结构示意图(有屏蔽层)

表 2-33　电力电缆(有屏蔽层)的导体结构及电气性能参数

导体面积 /mm²	导体标称结构 No. /mm	绝缘厚度/mm 平均	绝缘厚度/mm 最小	20 ℃时导体直流电阻(Ω/km)	绝缘电阻/MΩ·km 20 ℃	绝缘电阻/MΩ·km 60 ℃	绝缘电阻/MΩ·km 90 ℃
4.0	7/0.85	0.7	0.53	4.70	698	6.98	0.698
6.0	7/1.04	0.7	0.53	3.11	591	5.91	0.591
10	7/1.35	0.7	0.53	1.84	473	4.73	0.473
16	7/1.7	0.7	0.53	1.16	387	3.87	0.387

表 2-34 所示为电力电缆(有屏蔽层)的相关参数。

表 2-34　电力电缆(有屏蔽层)参数

规格 /mm²	导体直径 /mm	绝缘线芯外径 /mm	护套厚度/mm 平均	护套厚度/mm 最小	电缆最大外径 /mm	电缆最小弯曲半径 /mm	热载荷/ (MJ/m)	成品参考重量/ (kg/km)	电缆最大拉力/N 导体法	电缆最大拉力/N 护套法
2×4.0	3.55	3.95	1.8	1.43	14.0	112	3.0	274	540	524
2×6.0	3.12	4.52	1.8	1.43	15.5	124	3.4	338	810	577
2×10	4.05	4.45	1.8	1.43	20.0	160	3.6	425	1 350	610
2×16	5.1	6.5	3.0	1.60	23.0	176	5.4	617	2 160	800

2.5.5.2　控制电缆

控制电缆导体允许的长期工作温度为 90 ℃,要求正常使用寿命至少 40 年,屏蔽层为镀锡铜丝,编织密度不小于 80%。

表 2 – 35 所示为控制电缆的导体结构及电气性能参数。

表 2 – 35　控制电缆的导体结构及电气性能参数

导体面积 /mm²	导体标称 结构 No. /mm	绝缘厚度/mm		20 ℃时导体直流电阻(Ω/km)	绝缘电阻/MΩ·km		
		平均	最小		20 ℃	60 ℃	90 ℃
0.75	7/0.37	0.7	0.53	≤24.8	1 300	13.00	1.300
1.0	7/0.43	0.7	0.53	≤18.2	1 171	11.71	1.171

表 2 – 36 所示为控制电缆的相关参数。

表 2 – 36　控制电缆参数

规格 /mm²	导体直径 /mm	绝缘线芯外径 /mm	护套厚度/mm		电缆最大外径 /mm	电缆最小弯曲半径 /mm	热载荷/ (MJ/m)	成品参考重量/ (kg /km)	电缆最大拉力/N	
			平均	最小					导体法	护套法
2×0.75	1.11	3.51	1.8	1.43	11.0	66	1.9	132	101	373
4×0.75	1.11	3.51	1.8	1.43	13.0	72	3.4	172	203	422
6×0.75	1.11	3.51	1.8	1.43	13.5	81	3.0	230	304	496
8×0.75	1.11	3.51	1.8	1.43	14.5	87	3.4	267	405	548

2.5.5.3　仪表电缆

以有总屏蔽层和分屏蔽层的电缆为例,其总屏蔽层内含两组分屏蔽导线,分屏蔽层含两根单芯导线,单芯导线横截面积为 1.0 mm²,图 2 – 65 为其结构示意图。

表 2 – 37 所示为仪表电缆的导体结构及电气性能参数。

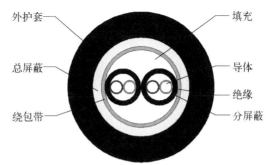

图 2 – 65　仪表电缆结构示意图(有总屏蔽层和分屏蔽层)

表 2-37 仪表电缆的导体结构及电气性能参数

导体面积 /mm²	导体标称结构 No. /mm	绝缘厚度/mm		20 ℃时导体直流电阻(Ω/km)	绝缘电阻/MΩ·km		
		平均	最小		20 ℃	60 ℃	90 ℃
1.0	32/0.2	0.6	0.44	≤20.0	1 042	10.42	1.042

如表 2-38 为仪表电缆的相关参数。

表 2-38 仪表电缆参数

规格 /mm²	导体直径 /mm	绝缘线芯外径 /mm	护套厚度/mm		电缆最大外径 /mm	电缆最小弯曲半径 /mm	热载荷/ (MJ/m)	成品参考重量 /(kg /km)	电缆最大拉力/N	
			平均	最小					导体法	护套法
1×2×1.0	1.30	3.5	1.2	0.92	11.0	88	1.2	101	135	210
2×2×1.0	1.30	3.5	1.4	1.09	17.0	136	3.8	229	270	410
3×2×1.0	1.30	3.5	1.5	1.18	18.0	144	3.2	278	405	470
4×2×1.0	1.30	3.5	1.5	1.18	19.0	152	3.7	332	540	515

2.5.5.4 光缆

光缆分为多模光缆和单模光缆,其区别主要如下。

(1) 单模光缆纤芯较细,典型的单模光缆纤芯直径为 8 μm 和 10 μm,包层直径为 125 μm;多模光缆纤芯粗,常用的多模光缆纤芯直径为 50 μm 和 63.5 μm,包层直径为 125 μm。

(2) 单模光缆使用激光光源,控制更精确,功率高,传输距离长,成本也相应更高;多模光缆使用 LED 光源,产生的光较分散,传输距离短,成本较低。

(3) 单模光缆的模态色散较小,传输带宽更高;多模光缆支持多个传输模式,模态色散大,传输带宽低。

光缆的运输/储存/使用温度为−20~60 ℃,安装温度为−5~50 ℃,使用寿命要求为 30 年。核安全级控制机柜中使用的光缆为单模光缆。以 BOC- G-ZY-8B6a2 型号的光缆为例,该光缆为国际电信联盟规定的 ITU-T G.657 光缆(即弯曲衰减不敏感光纤)中的 G657A 类光缆,适用于波段为 1 260~1 625 nm 的光纤通信,具有优异的熔接和连接特性,并且能够承受很小

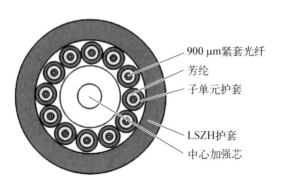

图 2 - 66　单模光缆结构示意图

的弯曲半径,图 2 - 66 为其结构示意图。

表 2 - 39 所示为 G657A 光缆的几何特性参数。G657A 光缆的光学特性如表 2 - 40 所示。

表 2 - 39　G657A 光缆几何特性参数

几何参数名称	单　位	产品规范要求
翘曲度	m	≥4
包层直径	μm	125±0.7
芯/包同心度偏差	μm	≤0.5
包层不圆度	%	≤1
外涂层直径	μm	244±4
涂层不圆度	%	≤3
外涂层/包层同心度偏差	μm	≤10
内涂层/包层同心度偏差	μm	≤10

表 2 - 40　G657A 光缆光学特性

光学参数名称	单　位	产品规范要求
1 310 nm OTDR 衰减	dB/km	≤0.35
1 550 nm OTDR 衰减	dB/km	≤0.21
1 310 nm 衰减不连续性(台阶)	dB	≤0.03
1 550 nm 衰减不连续性(台阶)	dB	≤0.03

（续表）

光学参数名称	单　位	产品规范要求
1 310 nm 衰减不均匀性	dB	$\leqslant 0.05$
1 550 nm 衰减不均匀性	dB	$\leqslant 0.05$
零色散波长/nm	nm	$1\,300 \sim 1\,324$
1 550 nm 色散	$ps/(nm \cdot km)$[①]	$\leqslant 17.5$
1 625 nm 色散	$ps/(nm \cdot km)$	$\leqslant 22$
零色散波长处最大色散斜率	$ps/(nm^3 \cdot km)$	$\leqslant 0.091$
单根光纤偏振模色散最大值	$ps/(km^{1/2})$	$\leqslant 0.15$
1 310 nm 的模场直径	μm	$(8.4 \sim 8.8) \pm 0.4$
1 550 nm 的模场直径	μm	10 ± 0.8

2.6　辅料及其他

辅料是指在产品的装联过程中起到辅助作用的工艺性材料。各种辅料都是为了满足产品的工艺特性而选定的。不同于产品设计过程中选定的结构用料、工程器件、电子元器件等,在产品成品中可以清晰见到辅料的保留痕迹,辅料可分为两类:一类在最终的产品中会留下永久的痕迹,另一类不会留下任何痕迹。

在核安全级控制机柜的电子装联过程中,同样需选用低烟无卤阻燃材料制成的辅料,其烟雾及阻燃标准、等级与机柜内使用的电缆要求一致。根据辅料的使用位置及作用,可大致将其分为电缆相关类、接线端子相关类及生产耗材类。

2.6.1　电缆相关类辅料

与电缆相关的辅料包括电缆端头、扎带、缠绕管、热缩管、电缆标记号、梅花套管、螺纹紧固剂等。

---

①　$ps/(nm \cdot km)$,色散单位,表示在光纤中传输 1 km,波长相差 1 nm 的两个光波前后相差 1 ps（$1\,ps = 10^{-12}\,s$）。

1) 电缆端头

电缆端头主要有带塑料的管状端头、叉状电缆端头以及 O 形电缆端头等,主要用于电缆末端与设备的连接。在进行电子装联时,应根据接线处的具体情况选用相应类型的电缆端头。带塑料的管状端头主要用于接线端子处,与多芯软电缆配合使用,可根据线缆及接线端子型号选取相应型号的管状端头,通过配套的压接工具压接后接入接线端子中。管状端头有单线和双线两类,单线的管状端头只能同时压接一根电缆,而双线管状端头可以同时压接两根电缆。叉状电缆端头主要用于电缆与螺钉的连接,O 形电缆端头同样用于电缆与螺钉处的连接,两者的区别是叉状电缆端头用于可拆卸、不可拆卸螺钉两种安装形式,而 O 形电缆端头只能用于可拆卸螺钉安装形式,相比较而言,叉状电缆端头使用更加方便,但是 O 形电缆端头连接更加安全、可靠,不会从螺钉处掉落,故对振动有更高的要求时可选用 O 形电缆端头。

在核安全级控制机柜中使用的接线端子为压接型接线端子,使用压接钳通过压接方式使电缆与设备相连。选用的电缆端头的技术要求按照标准《电力电缆导体用压接型铜、铝接线端子和连接管》(GB/T 14315—2008)规定执行。主要要求包括导体连接良好、绝缘可靠、有足够的机械强度、能够承受电气设备试验标准规定的交流以及直流的耐压试验。图 2 - 67 为 O 形电缆端头的外形及尺寸示意图。

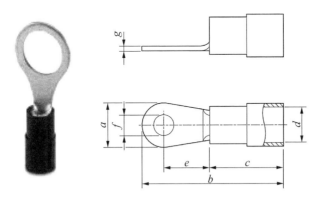

a—厚度;b—长度;c—绝缘套管长度;d—绝缘套环内部尺寸;e—中心与绝缘套管之间的距离;f—内径;g—材料厚度。

图 2 - 67　O 型电缆端头实物及尺寸示意图

2) 扎带

扎带又称扎线带、束线带,用于绑扎、紧固线缆线束,通常采用聚酰胺 66

(PA-66)材料制成,阻燃等级符合 UL 94 标准 V2 等级,其绝缘性良好、安全无毒、综合机械性能良好。扎带是机柜内最常用的辅料之一,各种扎带如图 2-68 所示。

图 2-68　扎带　　　　　　　　　　图 2-69　缠绕管

3）缠绕管

缠绕管主要用于保护线缆线束,防止其绝缘磨损。缠绕管通常采用聚乙烯(PE)材料制成,其耐磨性、抗老化性、抗腐蚀性、绝缘性能良好,能对线缆线束起到良好的保护作用同时可整理线缆线束、改进弯曲使其更加美观。缠绕管如图 2-69 所示。

4）热缩管

从其名字就可以看出来,热缩管就是一种当加热达到其形变温度时会发生收缩的材料。它是由一种特殊的高能电子束轰击交联的聚烯烃(PO)材质制成的热收缩套管,也称作辐射交联热收缩材料或高分子形状尺寸记忆功能材料。热缩管主要用于绝缘保护,套在被保护物外层,加热后收缩,如同穿上一件紧身衣服紧紧包覆在被保护物外,并显露出物理外形。热缩管在通信、仪器仪表、军工、矿业、家用电器等多个领域都有广泛应用。

热缩管重量轻、性能较好,目前使用最多的热缩材料有薄壁单层热缩管、薄壁单层透明热缩管、薄壁双层带胶热缩管、耐油热缩管、耐高温热缩管、标识热缩管、模缩套管、热收缩压接端子以及热收缩屏蔽焊锡环等。

在核安全级控制机柜中应用的热缩管主要是薄壁单层热缩管、薄壁单层透明热缩管和标识热缩管三种。薄壁单层热缩管和薄壁单层透明热缩管都具良好的物理以及化学性能,且壁厚薄、韧性好、绝缘效果好,常用于机柜装联过程中的电缆绝缘保护、焊接端子处保护、电缆和接插件之间的保护、消除应力以及防水、密封等。其中薄壁单层透明热缩管尽管包覆在物体表面,仍可清晰地看到内部物体的情况,常用于需要后续可视化检查的焊点处。标识热缩管可以通过对应的打印机在其上打印出需要的标识信息(该打印信息可以长期保留),其主要是作为一种标记材料使用,常常用于电缆上对电缆端接处的元器件进行标识。标识热缩管的标记效果良好,热缩后不易发生转动、滑落等情况。

核安全级控制机柜中的热缩管收缩温度为 84～120 ℃,收缩比例为 2∶1,由低烟无卤阻燃材料制成,阻燃等级通过 UL 认证,具有阻燃、绝缘、耐磨、内层熔点低、防水、性能稳定等诸多优点,通常用于包覆裸露焊点、引脚、线缆线束等以起到绝缘保护作用。低烟无卤阻燃热缩管如图 2 - 70所示。

图 2 - 70　低烟无卤阻燃热缩管

5)电缆标记号、梅花套管

电缆标记号通过扎带固定在电缆上,用于标识直径较大的单芯或多芯电缆,而梅花套管直接穿套在电缆上,主要用于直径较小的单芯电缆。由于直接与电缆接触,其材料要求同样符合低烟无卤阻燃要求。

6)螺纹紧固剂

螺纹紧固剂主要应用于螺装连接,且没有安装平、弹垫的螺装部位,施加螺纹紧固剂可以增强其紧固性。核安全级控制机柜内使用的螺纹紧固剂有多种型号,可针对不同的连接部位使用,有易拆卸和可拆卸两种,不同规格的螺钉使用不同的螺纹紧固剂。

2.6.2　接线端子相关类辅料

使用在接线端子上的辅料,主要有终端固定件、端板、补偿板、端子标记条、端子条标记槽、桥接件等。

1)终端固定件

终端固定件用于固定接线端子、终端接线单元,安装在 DIN[①] 导轨上,采

---

① DIN,是德国工业标准 Deutsches Institut für Normung 的简称。

用聚酰胺(PA)类材料制成,阻燃等级符合 UL 94 标准 V2 等级。如图 2－71 所示为一种终端固定件。

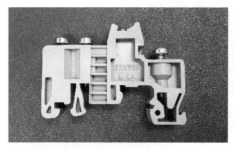

图 2－71　终端固定件

图 2－72　双层螺钉接线端子的配套端板

2）端板

端板用于安装在接线端子排外侧,遮挡接线端子的金属裸露部位,其采用聚酰胺(PA)类材料制成,阻燃等级符合 UL 94 标准 V0 等级。端板的型号需与安装的接线端子相匹配。图 2－72 所示为一种双层螺钉接线端子的配套端板。

3）补偿板

补偿板用于空间狭小的双层接线端子末端,使端子组在相邻排列时消除端子排层间的错位,其材料和阻燃要求与端板一致。图 2－73 所示为一类双层螺钉接线端子的补偿板。

图 2－73　双层螺钉接线端子的补偿板

4）端子标记条、端子条标记槽

端子标记条用于标识端子排中单个端子的位号,其型号应与要标识的接线端子匹配,采用聚碳酸酯(PC)材料制成,不含卤素,阻燃等级符合 UL 94 标准 V0 等级。端子条标记槽用于标识一组端子排的位号,固定在终端固定件上,其型号与终端固定件匹配,采用 ABS 树脂制成,不含卤素,阻燃等级符合 UL 94 标准 HB 等级。端子标记条上的标记信息可以由使用者根据需标记端子位号在相应的端子标记条打印机上打印,也可提前与供应商联系,由供应商打印。端子条标记槽上的标记信息要先打印在标签纸上,经打印机裁剪后贴在端子条标记槽表面处。图 2-74、图 2-75 所示为一种端子标记条和端子条标记槽。

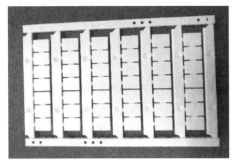

图 2-74 端子标记条

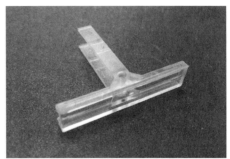

图 2-75 端子条标记槽

5）桥接件

桥接件在接线端子安装中用于短接接线端子，有中心式桥接件和边插式桥接件两种。其使用方便，操作者可根据需短接的数量剪切桥接件，由于剪切边有金属裸露，需使用分组隔片加以隔离。桥接件的导电材料主要为铜，绝缘材料阻燃等级符合 UL 94 标准 V0 等级。图 2-76 所示为一种插拔式中心桥接件。

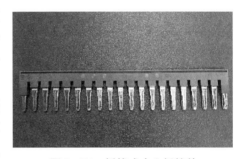

图 2-76 插拔式中心桥接件

2.6.3 其他物料

核安全级控制机柜还使用到了一些其他物料，如生产耗材、指示灯、门限开关、接线端子等。

1）生产耗材

该类辅料主要包含打印机色带、保护膜、聚酰亚胺胶带、螺纹紧固胶、硅橡胶、焊锡丝、硝基胶等，使用过程中根据具体情况决定使用量。

2）指示灯

指示灯在核安全级控制机柜内部有多处应用，如按钮指示灯、开关指示灯、门灯指示灯等。以门灯为例，一般选用双色指示灯，通过显示不同的颜色表示机柜柜门的开、合状态。如图 2-77 所示为一种双色指示灯。

图 2-77 双色指示灯　　　　　　　　图 2-78　门限开关

3）门限开关

门限开关是一种限位开关，又称为行程开关，它安装在机柜的门框之上，当柜门关闭时，连接杆驱动开关的接点使其闭合或者断开，从而起到开关的作用。在核安全级控制机柜中，门限开关主要是对柜门闭合状态起到示警的作用，通过机柜门板的闭合触碰门限开关，控制其通断，使得机柜指示灯显示不同的颜色，以提示柜门的闭合状态。图 2-78 所示为一种门限开关。

4）接线端子

接线端子可实现电路的分接、合并、转接等功能，在各个行业有着广泛的应用。接线端子是由连续的金属密封在绝缘塑料外套中组成的。接线端子两端设有接线孔，方便接入电缆，可通过螺钉压紧或其他装置卡紧。

以菲尼克斯生产的接线端子为例，常见的接线端子可以分为直通式接线端子、双层螺钉接线端子、悬臂式保险丝端子和悬臂式刀闸端子，以及双层二极管接线端子等。

直通式接线端子：该类端子是最常用的一类接线端子。其优点如下：紧凑型的设计可节省空间，可在狭小的空间内方便地对设备进行接线；面对大的连接空间无需套管即可连接刚性和柔性的导线；电缆入线角使横截面积在额定值以下的导线能使用套管和塑料卡套；多导线连接具有良好的灵活性和最高的接线密度；可通过关闭的螺钉轴给螺丝刀提供最佳的导引。

如图 2-79 所示为直通式接线端子。

端子间的短接可通过插拔式桥接件连接，端子两侧设计有标识条卡槽，可通过配套的端子标记条进行标识，如图 2-80 所示。

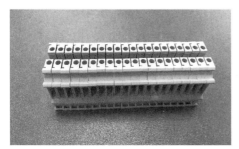

图 2‑79　直通式接线端子

图 2‑80　直通式接线端子短接及标识

图 2‑81　双层螺钉接线端子

双层螺钉接线端子：该端子与直通式接线端子类似，只是该端子具有上下两层结构，可方便接线，同时最大程度地节约空间，因为每层都有双通道桥接井，因此所有的电位分配工作都可快速地完成。图 2‑81 所示为双层螺钉接线端子。

悬臂式保险丝端子和悬臂式刀闸端子：两种接线端子外形相同，只是悬臂式保险丝端子中有一个 G 型保险丝，如果保险丝出现故障，后续电路依旧有微弱电流。悬臂式保险丝端子的特点：机构紧凑，双通道桥接井可以轻松完成所有的电位分配工作，保险杆的两侧都设有测试孔，专为与安全有关的控制器研发。悬臂式刀闸端子可根据功能需要进行设计，其对接线点进行连续标记，双通道桥接井可以使并行的两个电位分开跳接，在电路系统中可作为开关使用。图 2‑82、图 2‑83 所示分别为悬臂式保险丝端子和悬臂式刀闸端子。

图 2‑82　悬臂式保险丝端子

图 2‑83　悬臂式刀闸端子

COMBI 插拔式连接端子：该接线端子主要使用在模块之上，方便接插，能便捷地应用于测试信号接线的插拔式组态。该端子具有两种导线进线方向的插头，可桥接，固线夹和连接器锁扣也可卡接在一起，图 2 - 84 所示即为 COMBI 插拔式连接端子。

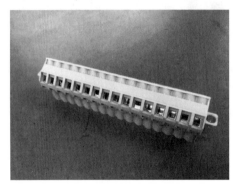 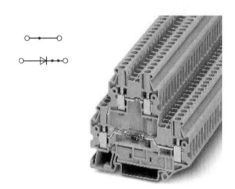

图 2 - 84　COMBI 插拔式连接端子　　图 2 - 85　双层二极管接线端子及接线示意图

双层二极管接线端子：该端子在其连接电路中接有一个二极管，双层二极管和指示灯端子都可进行大量不同的开关任务，通过二极管端子可实现狭小空间内的续流二极管回路、带灯显测试回路、显示分断状态回路等。端子内集成二极管的导通方向有很多种：顶部到底部、底部到顶部、从左侧底部到右侧底部、从顶部到左侧底部及从右侧底部到左侧底部，以及为从顶部到左侧底部及从顶部到右侧底部 5 种方式。图 2 - 85 所示为从左侧底部到右侧底部的双层二极管端子及接线示意图。

第3章
印制电路板板级焊接技术

核安全级控制机柜板级产品制造主要涉及手工焊接技术、波峰焊接技术、表面贴装技术、连接器压接技术、三防涂覆技术和老化技术。

本章主要介绍核安全级控制机柜印制电路板焊接所涉及的印制电路板、焊接工艺材料、表面贴装焊接设备、焊接工艺技术以及焊接后的连接器压接、三防涂覆工艺和老化等内容。

3.1 印制电路板

印制电路板（printed circuit board，PCB）又称印刷线路板、印制板。它是通过预定的设计，在绝缘基板上有选择性地加工（印制、钻孔、蚀刻等），制造出印制元器件或印制线路以及两者结合的导电图形（焊盘、过孔、铜膜导线等），以固定各类元器件和实现各类元器件之间电气连接的组装板。印制电路板是实现电子产品小型化、轻量化和自动化的重要组成部件，在电子工业领域中有着广泛的应用。

印制电路板的主要功能如下：为分立元器件、集成电路、连接器等各类电子元器件的固定和装配提供机械支撑；提供各类电子产品所要求的电气特性，实现各类电子元器件之间的电气连接或绝缘；具备阻焊图形和完整清晰的识别字符和元器件符号，以方便电子产品大规模生产过程中的插（贴）装、检查、维修。

3.1.1 印制电路板的结构材料

组成印制电路板的主要结构材料包括覆铜板、树脂、半固化片、铜箔、油墨等。本节主要针对上述印制电路板的主要结构材料做详细介绍。

3.1.1.1 覆铜板

覆铜板(copper clad laminates,CCL)又称基板材料,它是将增强材料(木浆纸或玻纤纺织布)浸以树脂,在高温高压下将高纯度的导体(铜箔)黏结在一起制成的不同规格厚度的复合原材料。

印制电路板基板材料按增强材料可以分为纸基板、玻璃纤维布基板、复合基板、高密度互联技术板材(即 HDI 板材)、特殊基材五大类,具体分类如表 3-1 所示。

表 3-1 基板材料分类

增 强 材 料	非 阻 燃 型	阻 燃 型
纸基板	XPC、XXXPC	FR-1、FR-2、FR-3
玻璃纤维布基板	G-10、G-11	FR-4、FR-5
	PI 板(GPY)、PTFE 板、BT 板、PPE(PPO)板、MS 板等	
复合基板	CEM-2、CEM-4	CEM-1、CEM-3、CRM-5
HDI 板材	涂树脂铜箔(RCC)	
特殊基材	金属基板、陶瓷基板、热塑性基材等	

1) 纸基板

纸基板是以纤维纸作为增强材料,浸入树脂溶液(酚醛树脂、环氧树脂等)干燥加工后,覆上涂胶的电解铜箔,经高温高压后制成。纸基板优点是原材料成本低,由于其材质比较软,所以加工成本也比较低;缺点是硬度差,在潮湿环境中容易吸收潮气和水分,经高温加热膨胀后冷却容易变形。

2) 玻璃纤维布基板

玻璃纤维布基板是由玻璃纤维布和环氧树脂混合压合而成的,主要应用于表面贴装产品中,能实现双面和多层印制电路板层与层之间的电路导通,主要优点为强度高、耐热性好、介电性好,广泛应用于移动通信、数字电视、卫星、雷达等产品中。

3) 复合基板

复合基板是以木浆纤维纸或棉浆纤维纸为增强材料,同时添加玻璃纤维布作为表面增强材料,两种材料均采用阻燃环氧树脂制作而成。复合基板主要分为单面半玻纤 22F、CEM-1 以及双面半玻纤板 CEM-3 等。其中CEM-1(环氧纸基芯料)和 CEM-3(环氧玻璃无纺布芯料)具有良好的机械加工性能,特别适合冲孔工艺。

4）HDI 板材

HDI 是 high density interconnection technology 的缩写，意思是高密度互联技术。HDI 板材简单来说是指采用增层法及微盲孔等技术所制成的多层板。传统 PCB 板材的钻孔因钻刀技术的影响，当孔径达到 0.15 mm 时成本已经非常高且无法再改进。HDI 板材不采用传统的机械钻孔，而是利用更为先进的激光钻孔技术，钻孔孔径可达到 3～5 mil（即 0.076～0.127 mm，1 mil＝0.025 4 mm），线路的宽度通常可达到 3～4 mil（即 0.076～0.102 mm），所以 HDI 板材的焊盘及线路尺寸得以大幅度地减小，单位面积内可以获得更多的线路分布。

HDI 板材有利于先进构装技术的应用，目前流行的电子产品，如手机、数码相机、笔记本电脑、汽车电子产品等，大多数采用 HDI 板材。

5）特殊基板

特殊基板由特殊材料，如金属、陶瓷、热塑性材料等为底层或内芯，并覆盖绝缘层及铜箔而制成。

3.1.1.2　树脂

树脂是一种可以在加热状态下发生高分子聚合反应并最终成形固化的一种材料，其主要作用是将铜箔黏合在增强材料表面。

印制电路板常用的树脂有酚醛树脂、环氧树脂、聚四氟乙烯、聚酰亚胺、三嗪树脂和双马来酰亚胺树脂等，其主要特性有电气绝缘性、耐热性和耐化学腐蚀性。

树脂在制备过程中有三种状态，通常称为 A -阶段、B -阶段和 C -阶段。

1）A -阶段

A -阶段是指树脂还处在未固化状态，属于液体状态。

2）B -阶段

B -阶段是指半固化片经过热风或红外线加热烘干，使树脂内部的部分分子发生交联，处于半固化状态：低温呈固体状态，高温则呈液体状态。

3）C -阶段

C -阶段是指 B -阶段树脂发生高分子聚合反应（高温高压）后形成的最终不可逆的阶段，属于固体状态。

3.1.1.3　半固化片

半固化片又称黏结片，是由树脂（B -阶段结构）和载体合成的片状黏结材料，在高温高压作用下开始流动并且快速固化和完成黏结，是印制电路板制造过程中的重要组成材料。

半固化片的特性指标和型号对印制电路板的绝缘性能、尺寸大小的稳定性、板厚精度、耐湿热性等特性有着直接的影响。表3-2所示为半固化片的主要特性指标，表3-3显示了半固化片的主要型号。

表3-2　半固化片的主要特性指标

特性指标	意　义	作　用
树脂含量（RC）	胶片中除玻璃布外，树脂成分所占的质量百分比	直接影响树脂填充导线间的能力和介质层的厚度
流动度（RF）	压板后，流出板外的树脂占原来固化片总重量的百分比	影响树脂的流动性和介质层的厚度
凝胶时间（GT）	指从B-阶段半固化片受高温后软化，黏度降低，经过一段时间后因吸收热量而发生聚合反应，黏度逐渐增大固化成C-阶段的过程中树脂可以流动的时间	反映树脂在不同温度时的固化速度，影响压板后的质量
挥发物含量（VC）	半固化片经干燥后，失去的挥发成分的重量占原来重量的百分比	影响压板后的质量

表3-3　半固化片的型号

规　格	理论厚度/mm	树脂含量/%	经线（根）/英寸	纬线（根）/英寸
7628	0.195 1	40	44	31
2116	0.118 5	54	60	58
3313	0.103 4	57	60	62
1080	0.077 3	66	60	47
106	0.051 3	72.5	56	56

3.1.1.4　铜箔

铜箔是指在一定的温度作用下，与半固化片结合形成印制电路板的导体线路，主要作为多层板顶层和底层的导体线路。铜箔主要分为压延铜箔（wrought foil）和电解铜箔（ED-foil）。

1）压延铜箔

压延铜箔是由高纯度铜经过数次机械辊轧而成的，其两面都比较光滑，对基板材料的附着力较差。

2）电解铜箔

电解铜箔通过化学溶液电镀而成，其一面较光滑，另一面是较粗糙的结晶面，较粗糙的一面经过处理后对基板材料具有较强的结合力。表3-4所示为常用铜箔的种类。

表 3 - 4　常用铜箔的种类

铜箔代号	常用的工业代号	公　制		英　制	
		单位面积质量/(g/m²)	标称厚度/μm	单位面积质量/(oz/ft²)	标称厚度/mil①
Q	1/4 oz(9 μm)	75.9	8.5	0.249	0.34
T	1/3 oz(12 μm)	106.8	12.0	0.350	0.47
H	1/2 oz	152.5	17.1	0.500	0.68
M	3/4 oz	228.8	25.7	0.750	1.01
1	1 oz	305.0	35.2	1	1.40
2	2 oz	610.0	68.6	2	2.70
3	3 oz	915.0	102.9	3	4.05
4	4 oz	1 220.0	137.2	4	5.40

注：① mil,长度单位,1 mil＝0.025 4 mm。

3.1.1.5　油墨

印制电路板油墨是将各种高分子化合物按特定的比例配置,经搅拌和精细过滤后,再配置相应的硬化剂组成的一种浆状胶体。

油墨的主要成分包含固化剂、树脂、填充剂、着色剂、辅助溶剂等,其主要作用是防焊、保护线路及标示字符。

印制电路板油墨的主要性能要求如下。

(1) 物理性能要求:附着力经 3M 胶带拉扯测试、硬度经 5H 铅笔测试、耐热性经焊锡耐热测试(喷锡耐热 260 ℃/10 s,3 次)、耐燃性达到 UL94 V0。

(2) 化学性能要求:耐酸性不小于 30 min(10% H_2SO_4,20 ℃),耐碱性不小于 30 min(10% NaOH,20 ℃),耐溶剂性不小于 30 min(三氯乙烷,20 ℃)。

(3) 字符油墨性能要求:绝缘阻抗值不小于 $1×10^{14}$ Ω。

(4) 阻焊油墨性能要求:耐电压值不小于 1 000 V DC/mil,体积电阻不小于 $1×10^{15}$ Ω,表面电阻不小于 $5×10^{14}$ Ω,介质损耗不大于 0.025(1 MHz),介电常数不大于 3.4(1 MHz)。

3.1.2　印制电路板的分类

印制电路板的种类有很多,但目前还没有统一的划分标准,一般有按结构分类、按硬度分类和按用途分类。下面主要介绍按结构与硬度的分类。

3.1.2.1 按印制电路板的结构分类

表 3-5 所示为按印制电路板结构的分类。

表 3-5　印制电路板的结构分类

序号	印制电路板结构	注　释	示　意　图
1	单面板	单面板是一种一面有覆铜,另一面没有覆铜的印制电路板	
2	双面板	双面板是顶层(top layer)和底层(bottom layer)都有覆铜的印制电路板	
3	多层板	具有三层或三层以上的导线层,层与层之间用介质材料绝缘,各层之间用金属化孔来形成连接的印制电路板	

图 3-1 显示了单面板的基本生产流程。

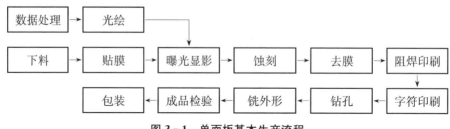

图 3-1　单面板基本生产流程

如图 3-2 所示为双面板的基本生产流程。

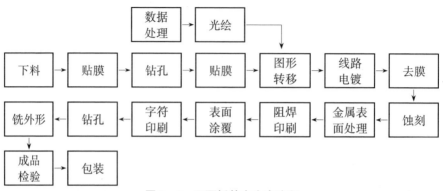

图 3-2　双面板基本生产流程

图 3-3 显示了多层板的基本生产流程。

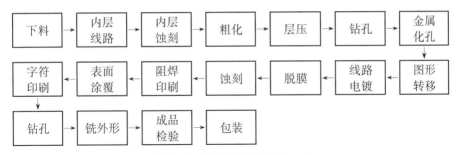

| 下料 | → | 内层线路 | → | 内层蚀刻 | → | 粗化 | → | 层压 | → | 钻孔 | → | 金属化孔 |

图 3-3　多层板基本生产流程

3.1.2.2　按印制电路板材质的硬度分类

印制电路板按材质的硬度可以分刚性印制电路板、挠性印制电路板、刚-挠结合印制电路板三种类别。

1) 刚性印制电路板

刚性印制电路板具有一定的机械强度,组装成部件后具备一定的抗变形能力,一般主要在电子设备中使用。图 3-4 所示为刚性印制电路板。

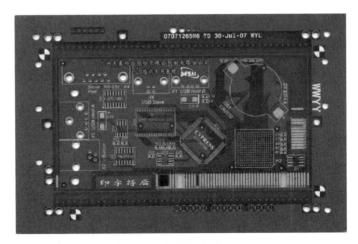

图 3-4　刚性印制电路板

2) 挠性印制电路板

挠性印制电路板也称柔性线路板,是以聚酰亚胺或聚酯薄膜等软质绝缘材料为基材而制成的印制电路板,具有质量小、厚度薄、高度可靠性和绝佳的弯折性能等优点。由于外形可以弯曲,所以挠性印制电路板一般适用于超小型化电子产品中,如手机、数码相机等。图 3-5 所示为挠性印制电路板。

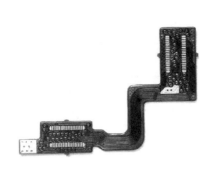

图 3-5　挠性印制电路板　　　　图 3-6　刚-挠结合印制电路板

3）刚-挠结合印制电路板

刚-挠结合印制电路板是挠性基材与刚性基材相结合而制成的一种印制电路板,且挠性基材与刚性基材上的导电图形是互相连通的。图 3-6 所示为刚-挠结合印制电路板。

3.1.3　核安全级控制机柜印制电路板的性能要求

因大部分的电子元器件都需要通过焊接的方式与印制电路板进行连接,故印制电路板是电子产品中最核心的基础部件之一。随着表面贴装水平的不断提升,电子产品生产技术的小型化、轻量化、功能多样化已是大势所趋,特别是无铅化焊接温度的提高,对印制电路板的电气、耐热等性能提出了更高的要求。为了做好印制电路板的质量管控并结合核安全级控制机柜的特性,以下将对核安全级控制机柜印制电路板相关的质量及性能要求做详细的介绍。

3.1.3.1　FR-4 等级基板材料的基本性能要求

根据核安全级控制机柜的设计对印制电路板的性能要求(材质强度、抗热性能、防潮性能、电气性能等),从众多印制电路板材料中选取 FR-4 刚性环氧玻璃纤维材质作为核安全级控制机柜印制电路板的基板材料。以下主要介绍 FR-4 刚性环氧玻璃纤维材质的基本性能要求。

FR 表示难燃性(flame retardant)或抗燃性(flame resistance),4 则表示耐燃材料等级,该等级表示树脂材料经过燃烧状态后必须能够自行熄灭。所以 FR-4 是指材料的一种规格等级而并非一种材料的名称。目前印制电路板所使用的 FR-4 等级的材料种类非常多,材料性能也大相径庭,表 3-6 所示为核安全级控制机柜印制电路板的基本性能要求。

表 3 - 6　核安全级控制机柜印制电路板的基本性能要求

序号	性　能　指　标	要　　求
1	垂直层向弯曲强度 A	常态：E - 1/150，（150 ± 5）℃ 时，≥ 340 MPa
2	平行层向冲击强度	≥230 kJ/m
3	浸水后绝缘电阻（D - 24/23）	≥5.0×10^8 Ω
4	垂直层向电气强度	于（90 ± 2）℃ 变压器油中，板厚 1 mm 时，≥15.1 MV/m
5	相对介电常数	≤5.5
6	介电损耗	≤0.04
7	吸水性（D - 24/23，板厚 1.6 mm）	≤19 mg
8	密度	1.7～1.9 g/cm^3
9	阻燃等级	FV - 0

3.1.3.2　印制电路板的耐热性能要求

电子元器件通常是通过回流焊接的方式焊接在印制电路板上，而且焊接温度较高，无铅产品的焊接温度更是达到 230～250 ℃，高温对印制电路板的基材和焊盘胶合的可靠性而言是非常严峻的考验。故产品所选用的印制电路板材料必须满足在高温状态下，一定的时间内不能出现起泡、分层、变形等不良现象，需要有较高的耐热性能和稳定性能，通常这些性能可以通过以下技术参数进行量化评估。

1）玻璃化转变温度

印制电路板在加热的过程中，其状态会随着温度升高而发生一定的变化。当温度较低时，材料为刚性固体状态，在外力作用下变形很微小；而当温度持续升高，达到一定值时，印制电路板中的高分子聚合物会由玻璃态转变为高弹态，印制电路板也会由固体状态融化为橡胶态，这个临界温度值就是玻璃化转变温度（T_g），也叫 T_g 值。T_g 越高的印制电路板在焊接过程中，电子元器件所受到的热应力会越小，其损坏的风险就会越低。根据《刚性及多层印制线路板用基材规范》（IPC - 4101B）中的规定，印制电路板行业将基板材料的玻璃化转变温度分为三大类：一般级 T_g（110～150 ℃），中等级 T_g（150～170 ℃）和高等级 T_g（>170 ℃）。

核安全级控制机柜印制电路板设计中包含 FPGA、QFP、BGA 等外形较大的集成电路元器件,为提高印制电路板在高温焊接时的耐热性能,一般要求选用玻璃化转变温度为中等及以上级别的印制电路板。

2) 热膨胀系数

热膨胀系数(coefficient of thermal expansion,CTE)是指物质在热胀冷缩效应下,几何特性随温度的变化而发生变化的规律性系数。任何物体在受热条件下体积都会发生膨胀或者收缩。在温度变化下,印制电路板内部结构会产生一定的形变以及由形变带来的应力作用,而且这些应力作用是无法避免的。当膨胀所产生的应力超过材料承受极限时,材料会因为应力的原因出现损坏。例如当多层板经高温加热后,若印制电路板的金属化孔和印制电路板基材的膨胀系数差异较大,则金属化孔与印制电路板基材之间会出现裂纹甚至可能在应力影响下完全剥离。

综上所述,热膨胀系数同样也是印制板材料的重要物理特性之一,对印制电路板主要有以下影响。

(1) 对印制电路板可靠性的影响,主要是在焊接时,对焊接点处的剪切内应力的影响。

(2) 对印制电路板内部层与层之间对位精度的影响。

(3) 对印制电路板导通孔可靠性的影响。

如表 3-7 所示为印制电路板的热膨胀系数要求。

表 3-7　印制电路板热膨胀系数要求

Z 轴热膨胀系数 C_{TE}	$\alpha_1/(\text{ppm}^{①}/℃)$	≤60
	$\alpha_2/(\text{ppm}/℃)$	≤300
	$(0\sim60)℃(\%)$	≤3.5

注:① ppm 指百万分之一。

3) 热分解温度

热分解温度(T_d)是指印制电路板在热作用下发生热分解反应的温度。印制电路板在受热情况下,内部的树脂成分会因化学链断裂而开始分解,质量也开始下降,而且这种状况是不可逆的,热分解温度即使印制电路板质量减少5%时的温度。

相同玻璃化转变温度的印制电路板,其热分解温度可能并不相同,因此在无铅焊接过程中,不仅要选择玻璃化转变温度较高的印制电路板,同样还要选择热分解温度较高的印制电路板。依据《刚性及多层印制线路板用基材规范》

(IPC - 4101B)中的规定,核安全级控制机柜印制电路板的热分解温度要求 $T_d \geqslant 325 \ ℃$。

4）耐热裂时间

耐热裂时间(T_{260}、T_{288}、T_{300})是指采用热机械分析法（TMA 法）将印制电路板逐步升温到 260 ℃、288 ℃ 和 300 ℃ 三个定点温度,然后观察印制电路板在这三种温度环境下能够抵抗 Z 轴因膨胀而裂开所需的时间。依据《刚性及多层印制线路板用基材规范》(IPC - 4101B)的规定,核安全级控制机柜印制电路板的耐热裂时间分别如下：$T_{260} \geqslant 30 \ min$,$T_{288} \geqslant 5 \ min$;当印制电路板材质要求为高 T_g($T_g \geqslant 170 \ ℃$)时,$T_{300} \geqslant 2 \ min$。

综上所述,印制电路板耐热性能主要是由玻璃化转变温度(T_g)、热膨胀系数(C_{TE})、热分解温度(T_d)以及耐热裂时间这四个具体参数来进行评估的,研发人员在印制电路板硬件设计时需要对上述四种重要参数提出具体要求,以保证研发设计产品的性能可靠性。

3.1.3.3 核安全级控制机柜印制电路板的电气性能要求

随着电子产品数字集成化的程度越来越高,对于印制电路板的电气性能要求也随之提高。印制电路板不仅要求有良好的耐热性能,同样还要求有优异的电气性能。电气性能要求主要表现在三个方面：印制电路板介质中信号损失和功率损耗、印制电路板介质信号传输速度以及传输信号的阻抗损失。

1）印制电路板介质中信号损失和功率损耗

信号在印制电路板基板材料的介质层中正常传输时,通常都会出现信号损失和功率损耗,信号损失和功率损耗的大小不仅随着传输信号频率的增加而增大,还会因为印制电路板介质层的介电常数和损耗正切角的增加而增大。

（1）信号传输的损失。

信号在介质层传输过程中引起的信号损失称为介质损失,它与频率、印制电路板介质材料的介电常数以及介质层的损耗正切角三者成正比关系,而且当信号的介质损耗转变为热能后,会使印制电路板不断升温,进而导致更大的信号介质损耗。

（2）信号传输功率的损耗。

信号必须通过一定的功率驱动才能实现在印制电路板中的传输,而且信号在传输过程中必定会出现功率的损耗。信号传输的功率损耗除了与信号的驱动电压和信号的频率大小成正比关系,同时还与印制电路板介质材料的介电常数以及介质层的损耗正切角成正比关系。

2）印制电路板介质中信号传输速度

信号在印制电路板中传输时，由于信号传输速度过慢会出现信号传输时间延时和滞后等现象。信号传输速度与介电常数成反比，介电常数越大传输速度则越小。

3）印制电路板传输信号的阻抗损失

印制电路板的特性阻抗应与印制电路板上装配的元器件的阻抗互相匹配，如果不匹配则无法保证信号传输的完整性。按电子电路设计的印制电路板的组成通常有四种结构，分别为微带线、嵌入状微带线、带状线以及双带状线。

印制电路板的介电常数以及介质层的损耗正切角是评估印制电路板电气性能的重要参数，通常高频信号和高速数字信号传输的产品必须选择低介电常数和低介质损耗正切角的印制电路板，依据 IPC‑4101B 要求，核安全级控制机柜印制电路板基材的介电常数 $\varepsilon_r \leqslant 5.4$，介质层的损耗正切角 $\tan\delta \leqslant 0.02$。

3.1.4　核安全级控制机柜印制电路板可靠性要求

为保证核安全级控制机柜印制电路板焊接组件长期使用的稳定性，尽可能地延长产品的使用寿命，需对印制电路板进行相关的可靠性试验。

依据《刚性印制板通用规范》(GJB 362B—2009)要求，表3‑8所示为核安全级控制机柜印制电路板可靠性试验的主要内容。

表3‑8　核安全级控制机柜印制电路板可靠性试验

印制电路板可靠性试验名称	试　验　条　件	试　验　要　求
附着力测试	3M 品牌 600♯胶带，1/2 in①宽度	胶带上没有阻焊、金属镀层且金属镀层和阻焊层没有松动及分离现象
热应力测试	(287±5)℃，10 s，5 次浸锡	无分层、起泡、裂纹等异常现象
表面剥离强度测试	剥离长度应不小于 25 mm，剥离速度为(50±5)mm/min	最小剥离强度为 1.2 N/mm
模拟返工测试	232～260 ℃，焊接 4 s，解焊4 s，5 次循环	无分层、镀层裂缝、镀层与导体分离

---

① in，长度单位，英寸，1 in=2.54 cm。

（续表）

印制电路板 可靠性试验名称	试　验　条　件	试　验　要　求
耐湿和绝缘电阻测试	相对湿度：（90～98）％，25～65 ℃，升降温 2.5 h，高温保持 3 h，试验周期为 16 h，10 次循环，试验电压为 100 V	测试电压为 500 V，导体之间的绝缘电阻应不小于 500 MΩ；起泡、白斑和分层应不使相邻导体间距的减小超过 25％
介电质耐压测试	耐湿和绝缘电阻测试后进行介电质耐压测试，测试电压 1 000 V dc，持续时间 30 s	无火花、放电或击穿现象
温度冲击测试	−55～125 ℃，30 分钟/循环，共 1 000 个循环	试验后进行连通性/非连通性测试，应无不合格
耐溶剂性测试	依据标准配备异丙醇/溶剂油（25±5）℃、三氯乙烷/二氯甲烷（25±5）℃、乙二醇一丁醚/单乙醇胺/去离子水（63～70）℃ 三种溶液，持续时长 1 min，刷 10 次，三回	要求标识的缺失、褪色、模糊和移位应不影响识别
表面装盘的黏度强度测试	232 ～ 260 ℃，1 次循环，50 mm/min	表面装盘应能承受 345 N/cm²
非支撑孔的黏合强度测试	232 ～ 260 ℃，5 次循环，50 mm/min	表面装盘应能承受 345 N/cm²
可焊性测试	无水乙醇浸 1 min，助焊剂浸 1 min，孔可焊性试验温度为 235 ℃，焊接时间为 5 s；表面可焊性试验温度为 235 ℃、焊接时间为 5 s	① <3.0 mm 厚的印制电路板，孔径<1.5 mm 的镀覆孔，冷却后孔中皆应填有焊料，孔径不小于 1.5 mm 的孔，孔壁及顶部连接盘表面已润湿，焊料与孔壁接触小于 90°； ② ≥3.0 mm 厚的印制电路板，焊料可以不攀升到孔口；对于试样表面 95％应润湿，小针孔、半润湿等轻微缺陷不应集中在一个区域
耐焊接和返修次数测试	① 按成品板焊接顺序进行试验； ② 试验温度：155～250 ℃，65 cm/min，6～7 min，共 10 个循环	试验后按 GJB 362B—2009 进行连通性和非连通性测试，应无不合格

3.2 表面组装工艺材料

印制电路板表面组装工艺材料是指表面贴装过程中所用到的生产辅助化工材料,表面组装生产工艺材料主要包含焊锡膏、助焊剂、焊锡丝、清洗剂、三防涂覆材料等,以下主要针对上述几种工艺材料做简单介绍。

3.2.1 焊锡膏

焊锡膏(solder paste)是随着表面贴装生产工艺的出现而产生的一种焊接工艺材料,它是具有一定黏度和良好触变性的膏状体。在常温下,焊锡膏因为具有一定的黏度所以可以将被焊电子元器件按要求黏附在印制电路板的焊盘表面上,当加热温度上升到一定数值的时候,锡膏内部的溶剂和部分添加剂开始挥发,同时锡粉合金也开始熔化,最终使得被焊元器件的焊接面和印制电路板表面的焊盘结合,冷却后形成电气等性能良好的焊点。

3.2.1.1 焊锡膏的主要成分

焊锡膏的主要成分是锡粉合金和助焊膏(松香、树脂、活性剂、稀释剂、稳定剂等),如图 3-7 所示。

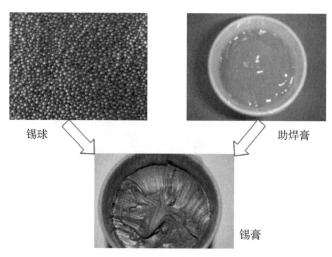

锡球 助焊膏

锡膏

图 3-7 焊锡膏的组成成分

1) 锡粉合金

锡粉合金是焊锡膏的重要组成部分,有铅锡粉合金主要是由锡(63%)和铅(37%)按比例配比而成。后来随着无铅化及 ROHS 绿色生产的推进,有铅焊锡膏渐渐淡出了表面贴装生产工艺,取而代之的是对环境及人体无害的无铅焊锡膏,并且已经被业界广泛使用。

无铅焊料粉末同样也是由多种金属粉末组成,其中按锡(96.5%)-银(3.0%)-铜(0.5%)配比的锡粉合金使用最为广泛,主要是因为锡-银-铜锡粉合金具有良好的耐热疲劳性和蠕变性。

表 3-9 所示为锡粉合金成分和表面组态。

表 3-9　锡粉合金成分及表面组态

序号	合 金 成 分	液相温度/℃	固相温度/℃	表面组态
1	Sn96.5/Ag3.0/Cu0.5	217	220	
2	Sn95.8/Ag3.5/Cu0.7	218	218	
3	Sn96.5/Ag3.5	221	221	
4	Sn99.3/Cu0.7(Ni)	227	227	
5	Sn42/Bi57.0/Ag1.0	137	137	

（续表）

序号	合金成分	液相温度/℃	固相温度/℃	表面组态
6	Sn89.0/Zn8.0/Bi3.0	197	197	
7	Sn42.0/Bi58.0	138	138	
8	Sn63.0/Pb37.0	183	183	

2）助焊膏

助焊膏属于助焊剂的一种，它的形态为膏状物体，表3-10所示为助焊膏的成分及其作用。

表3-10　助焊膏的成分及作用

组　　成		作　　用
助焊膏	松香	焊接后形成一层紧密的有机膜，防止再次氧化
	活性剂	在焊剂中加入的活性物质以提高助焊能力
	黏结剂	提供元器件贴装所需要的黏性
	润湿剂	增加焊接的润湿性
	溶剂	溶解助焊膏内各固体成分
	触变剂	改善焊膏的触变性
	其他添加剂	改进焊锡膏的防霉、防潮、抗腐蚀性、焊点的光泽度及阻燃性

3.2.1.2　焊锡膏的技术要求

焊锡膏的技术要求具体如下。

（1）焊锡膏制作完成后应装在密闭的焊锡膏罐中,且在 2～10 ℃条件下存储,其有效期为 6 个月。

（2）焊锡膏开封使用前应先使用自动搅拌机搅拌 1～3 min,并在室温条件下放置 4 h 回温处理。

（3）焊锡膏使用环境要求:温度为 20～30 ℃,相对湿度为 30%～75%。

（4）具有良好的印刷性(流动性、脱膜性)。

（5）印刷后长时间(≥4 h)内其黏性等性能应保持稳定。

（6）焊接后形成的焊点能有足够的强度,不会因为振动等因素导致焊点失效。

（7）焊接后形成的焊剂残留物应无腐蚀性,具有较高的绝缘电阻且容易清洗。

3.2.2　助焊剂和清洗剂

助焊剂是一种具有化学及物理活化性能的物质,具有去除被焊金属表面的氧化物或其他已形成的表面膜层以及焊锡本身外表面形成的氧化物的功能,同时还可以保护金属表面在焊接高温环境中不再被氧化、减小熔锡的表面张力,以达到被焊金属表面能够沾锡和保证焊接质量的目的。

助焊剂是焊接过程中不可缺少的辅助材料。其主要由松香、树脂、活性剂、添加剂等材料混合而成。

1) 助焊剂的组成

助焊剂通常以松香为主要成分,同时混合树脂、活性剂、添加剂和有机溶剂等组成混合物。

2) 助焊剂的分类

（1）依据《软钎剂　分类与性能要求》(GB/T 15829—2009)的相关标准,助焊剂主要分为树脂类、有机物类和无机物类三大类,如表 3 - 11 所示。

表 3 - 11　助焊剂的分类

助焊剂类型	助焊剂主要成分	助焊剂活性剂	助焊剂形态
树脂类	松香(树脂)	未加活性剂; 加入卤化物活性剂; 加入非卤化物活性剂	① 液态 ② 固态 ③ 膏状
	非松香(树脂)		
有机物类	水溶性		
	非水溶性		

（续表）

助焊剂类型	助焊剂主要成分	助焊剂活性剂	助焊剂形态
无机物类	盐类	加入氯化铵； 未加入氯化铵	① 液态 ② 固态 ③ 膏状
	酸类	磷酸； 其他酸	
	碱类	胺及（或）氨类	

（2）按助焊剂的状态区分，助焊剂可分为液态、膏状、固态三大类，表 3－12 所示为助焊剂的状态分类及应用范围。

表 3－12　助焊剂的状态分类及应用范围

助焊剂状态类别	应 用 范 围
液态助焊剂	波峰焊、手工焊接、浸焊、搪锡
膏状助焊剂	SMT 焊锡膏
固体助焊剂	焊锡丝内芯

（3）按活性的大小助焊剂可分为低活性(R)、中等活性(RMA)、高活性(RA)和特别活性(RSA)四大种类。表 3－13 所示为助焊剂活性分类及应用范围。

表 3－13　助焊剂活性分类及应用范围

助焊剂活性类别	标　识	应 用 范 围
低活性	R	高端电子产品,可实现免清洗
中等活性	RMA	民用电子产品
高活性	RA	用于可焊性较差的元器件
特别活性	RSA	可焊性差或镍铁合金类材料

（4）按助焊剂中不挥发物含量大小可分为低固态助焊剂、中固态助焊剂和高固态助焊剂。表 3－14 所示为助焊剂按不挥发物含量的分类及应用范围。

表 3－14　助焊剂按不挥发物含量的分类及应用范围

助焊剂按不挥发物含量的分类	不挥发物含量大小	应 用 范 围
低固态	$\leq 2\%$	高端电子产品和精密仪器
中固态	$2\%\sim5\%$	通用电子产品
高固态	$5\%\sim10\%$	民用电子产品

3）清洗剂

清洗剂主要用于清洗电子产品，清洁印制电路板焊接（回流焊接、波峰焊接、手工焊接等）后的助焊剂残留物以及组装工艺过程中的污染物。

清洗剂主要分为有机溶剂清洗剂、水基清洗剂和半水清洗剂三大类。

（1）有机溶剂清洗剂：碳氢化合物类、乙醇类、酮类等。

（2）水基清洗剂：自来水、工业用水、脱氧水、去离子水、超纯水。

（3）半水清洗剂：N-甲基吡咯烷酮、乙二醇醚等。

3.2.3　焊锡丝、焊锡条

焊锡丝是用于手工焊接的一种丝状焊料，一般分为实心焊锡丝和有芯焊锡丝。有芯焊锡丝有单芯和多芯之分，多芯焊锡丝最多可以达到3～5芯。

焊芯中的助焊剂是固体助焊剂，其类型主要有免清洗型、活性型、松香型、中等活性型及水清洗型。焊芯中固体助焊剂含量占锡丝总质量的1.2%～1.8%。焊锡丝的外包装一般采用卷轴包装，通常每卷质量为1 kg。图3-8所示为常见的焊锡丝。

图3-8　常见的焊锡丝

焊锡丝的质量要求主要有以下几点：

（1）焊锡丝表面应光滑、有光泽、无氧化及发黑现象；

（2）内芯助焊剂应均匀且连续；

（3）焊锡丝助焊剂含量、丝径要求如表3-15所示。

表3-15　焊锡丝助焊剂含量及丝径要求

焊锡丝丝径/mm	允许偏差/mm	助焊剂含量要求/%
0.5	±0.03	0.5～1.5
0.8	±0.05	
1.0	±0.10	
1.2	±0.10	

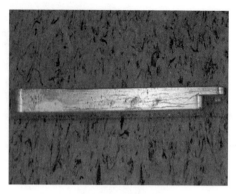

图 3-9 焊锡条

焊锡条主要用于波峰焊接,每根焊锡条的质量通常为 1 kg。图 3-9 所示为焊锡条。

焊锡条的质量要求主要有以下几点:

(1) 焊锡条表面应光滑,无氧化、裂纹、发黑等不良现象;

(2) 焊锡条的合金成分及杂质含量应符合《无铅钎料》(GB/T 20422—2018)或《电子焊接用电子级锡焊合金及带助焊与不带助焊剂固态焊料要求》(IPC-J-STD-006)等相关要求;

(3) 焊锡条的物理性能,包括固相线温度、液相线温度、电阻率等可以不作为检测判定要求。

3.2.4 三防涂覆材料

电子产品的三防从广义上讲是指防潮、防霉菌、防盐雾。三防涂覆材料是一种特殊配方的涂料,用于保护电子产品中印制电路板及其他相关设备免受外部环境(潮湿、盐雾、霉菌及腐蚀性气体)的侵蚀,从而延长设备的使用寿命。通常大部分三防涂覆材料会添加荧光剂,涂覆后印制电路板组件在紫外灯照下会呈现蓝色,图 3-10 所示为涂覆三防材料后的印制电路板在紫外灯下的成像。

图 3-10 三防涂覆后的印制电路板在紫外灯下的成像

1) 材料分类

三防涂覆材料具有良好的耐高低温性能,且固化后会形成一层致密的保护膜，具有良好的绝缘性、防潮性及防盐雾性。三防涂覆材料按其化学组成成分可分为丙烯酸树脂、环氧树脂、有机硅树脂、聚氨酯、聚对二甲苯等类型。表 3 - 16 所示为各类三防涂覆材料的材料特性及应用范围。

表 3 - 16　三防涂覆材料的材料特性及应用范围

三防涂覆材料类型	标识	材 料 特 性	应 用 范 围
丙烯酸树脂	AR	脆性材料，遇高低温冲击易开裂	适用于对光学以及成本要求比较高的产品
聚氨酯	UR	材料综合性能优异	适用于电源、变频、家电、汽车电子等高防腐产品
聚对二甲苯	XY	通过真空设备，气相层积在印制电路板上	高频电路产品
环氧树脂	ER	收缩比大（4%），内应力大	—
有机硅树脂	SR	软性材料，耐高温但防硫化及盐雾差	适用于高频、微波电路产品

2）性能参数

三防涂覆材料的主要性能参数及依据标准如表 3 - 17 所示。

表 3 - 17　三防涂覆材料的主要技术参数及依据标准

三防涂覆材料性能参数	相关依据标准
附着力	《色漆和清漆　漆膜的划格实验》(GB/T 9286—1998)
硬度	《硬度计硬度的标准试验方法（中文版）》(ASTM D2240—2015)
吸水率	《塑料吸水率的标准试验方法（中文版）》(ASTM D570—1998)
液态绝缘电阻	《测试方法手册》(IPC - TM - 650 - CN)
介电强度	《电气涂装印刷线路组件绝缘料》(MIL - I - 46058C)

3）可靠性测试

完成三防涂覆后，需要依据相关标准做可靠性试验测试，以判定三防涂覆材料及涂覆效果的好坏，表 3 - 18 所示为三防涂覆可靠性测试标准及要求。

表 3 - 18 三防涂覆可靠性测试标准及要求

测试项目	测试条件与时间	测 试 标 准
盐雾试验	5% NaCl,>168 h	《电子电工产品环境试验 第2部分:实验方法 实验 KA:盐雾》(GB/T 2423.17—2008)
热冲击	−40 ℃/125 ℃/15 min,100 个循环	《电子电工产品环境试验 第2部分:实验方法 实验 N:温度变化》(GB/T 2423.22—2016)
耐酸碱测试	5% NH_4Cl,5% Na_2CO_3	《漆膜耐化学试剂性测定法》(GB 1763—1979)
霉菌试验	(30 ± 1)℃,(95 ± 5)% RH[①],28 天	《军用设备环境试验方法 霉菌试验》(GJB 150.10—1986)
潮态试验	T 为$(25\sim55)$℃,$F=95\%$,>168 h	《测试方法手册》(IPC - TM - 650 - CN)
腐蚀性气体	H_2S:800 ppm;50 ℃,F[②]$=85\%$,120 h	《电子电工产品环境试验 第2部分 实验方法 实验 Kd:接触点和连接件的硫化氢试验》(GB/T 2423.20—2014)

注:① RH:表示相对湿度,RH 为气体中的水蒸气压与其气体的饱和水蒸气压的比值(用百分比表示);

② F 表示相对湿度。

3.3 板级焊接生产主要设备

核安全级控制机柜生产主要设备包括焊锡膏印刷机、焊锡膏检测机、自动贴片机、回焊炉、波峰炉、自动光学检测仪、自动 X 射线检测仪、手工焊接及返修设备、清洗设备和三防涂覆设备等。

3.3.1 焊锡膏印刷机

焊锡膏印刷机的主要作用是将焊锡膏按要求正确地印刷在印制电路板相应的焊盘或位置上。焊锡膏印刷机可分为手动印刷机、半自动印刷机和全自动印刷机。

1) 手动印刷机

手动印刷机是指装卸印制电路板、印制电路板定位对准和印刷等动作全部由操作员手动操作完成的一种焊锡膏印刷设备。图 3 - 11 所示为手动印刷机。

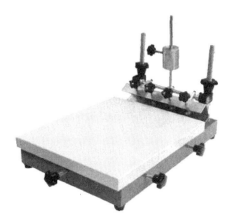

图 3-11　手动印刷机

图 3-12　半自动印刷机

2）半自动印刷机

半自动印刷机在使用时,需要由操作人员手工装卸印制电路板,印刷及网板分离等动作则由印刷机自动完成,完成印刷后的印制电路板会自动退到固定的位置。半自动印刷机适合多品种、小批量且对印刷品质要求不高的产品生产。图 3-12 所示为半自动印刷机。

3）全自动印刷机

全自动印刷机在使用时,印制电路板的装卸、视觉定位对准、焊锡膏印刷等动作都可以通过编制印刷程序完成。完成印刷后,印制电路板通过接驳台自动传送到贴片机入口处。全自动印刷机适合大批量且印刷要求高的产品的生产。核安全级控制机柜印制电路板印刷焊锡膏要求采用全自动印刷机。图 3-13 所示为全自动印刷机。

图 3-13　全自动印刷机

3.3.2　贴片机

随着电子产品的发展,元器件越来越精细,元器件的结构也由以前的双列直插封装(DIP)发展为表面贴装式。大批量的表面贴装元器件仅靠手工作业已无法完成,为有效提高元器件贴装效率,推出了贴片机。它通常配置在点胶

图 3 - 14　贴片机

机或焊锡膏印刷机之后,通过移动的贴装头把表面贴装元器件准确地放置在经过点胶或焊锡膏印刷工序后的印制电路板的焊盘上。图 3 - 14 所示为贴片机。

3.3.2.1　贴片机的主要构成

贴片机通常由以下几个部分构成:机架、基板传送系统、贴片头、供料器、机器视觉识别定位系统、传感系统、计算机控制系统。机架主要用来安装、支撑贴片机的底座。基板传送系统的主要功能是稳定且安全地将印制电路板传送到贴片位置,贴装完成后再将印制电路板传送到下一工序。贴片机的传送系统一般包含搬入、贴装和搬出三段,图 3 - 15 是贴片机传送系统示意图。

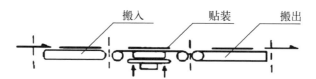

图 3 - 15　贴片机传送系统示意图

贴片头的主要作用是把元器件完整、准确地放置在印制电路板上,是贴片机最复杂且最关键的部分。供料器将片式元器件按照一定规律和顺序供给贴片头,以方便贴片头准确地拾取元器件。机器视觉识别定位系统包含印制电路板定位点的识别、元器件识别和 $X - Y$ 定位系统。传感系统主要包括负压传感系统、贴片头压力传感器、位置传感器、图像传感器和激光传感器。

计算机控制系统主要包括主机、I/O 板、测试/调节回路。

3.3.2.2　贴片机的主要分类

贴片机的种类有很多,按贴片机结构形式可以分为拱架式、转塔式、复合式以及模组式等类型。

1) 拱架式

拱架式贴片机的组件如送料器、印制电路板是固定的。贴片头(安装多个真空吸料嘴)在送料器与基板之间来回移动,将电子元器件从送料器取出,通过对组件位置与方向的调整,然后贴放于基板上。图 3 - 16 所示为拱架式贴片机。

 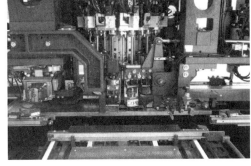

图 3 - 16　拱架式贴片机　　　　图 3 - 17　转塔式贴片机

2) 转塔式

转塔式贴片机使用一组移动送料器,转塔从料站吸取元器件,然后把元器件贴放在位于移动工作台上的电路板上。由于拾取元器件和贴片动作同时进行,贴片速度得到大幅度提高。图 3 - 17 所示为转塔式贴片机。

3) 复合式

复合式贴片机集合了转塔式和拱架式贴片机的特点,图 3 - 18 所示为复合式贴片机。

图 3 - 18　复合式贴片机

4）模组式

模组式贴片机由一系列单独的小贴装单元组成。各单元有独立丝杆传动系统、相机和贴片头。各贴片头可吸取部分的带式包装元器件，贴装印制电路板的某一固定区域，印制电路板以相对固定的间隔时间在机器内转运。各个贴装单元单独运行速度较慢，但因采用连续或平行运行会有很高的效率。图 3－19 所示为模组式贴片机。

图 3－19　模组式贴片机

3.3.3　回焊炉

回焊炉又称为回流炉、再流焊炉。它是一种焊接表面贴装元器件的设备。回焊炉的内部有加热装置，可以按要求将回焊炉炉膛内部区域的空气或氮气加热到焊接元器件所需要的温度，然后再吹向已经贴装完成的印制电路板，让印制电路板上的焊锡膏熔化，最终完成元器件的焊接。

回焊炉的种类有红外炉、热风回焊炉、红外加热风炉、蒸汽焊炉等，核安全级控制机柜要求使用的是强制对流式热风回焊炉，它的优点如下。

（1）能够均匀地提供印制电路板焊接时所需的热量，印制电路板上各区域的温度不会有较大差异。

（2）焊接温度曲线的最高温度和温度速率可以很方便地调整，为焊接过程提供了更好的温区间的稳定性。

图 3－20 所示为强制对流式热风回焊炉。

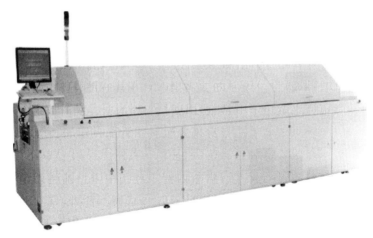

图 3‒20　强制对流式热风回焊炉

回焊炉的内部主要结构为空气流动系统、加热系统、传动系统、冷却系统、氮气保护系统、助焊剂回收装置、废气处理与回收装置、顶盖气压升起装置、排风系统、传送器控制系统、计算机中央处理系统等。图 3‒21 为强制对流式热风回焊炉内部结构示意图。

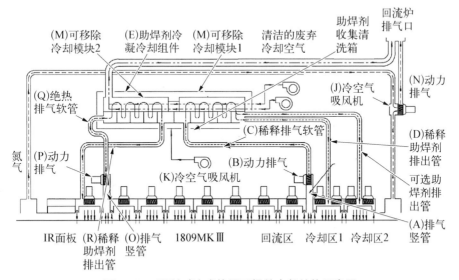

图 3‒21　强制对流式热风回焊炉内部结构示意图

回焊炉的主要技术指标包括温度控制精度、传输带横向温差、最高加热温度、加热区数量和长度、传送带宽度、冷却斜率等。表 3‒19 显示了回焊炉主要技术指标。

表 3-19　回焊炉主要技术指标

技 术 指 标	要　　求
温度控制精度	达到±(0.1~0.2)℃
传送带横向温差	±2℃
最高加热温度	350~400 ℃
加热区数量和长度	加热区长度越长,数量越多,越容易调整和控制温度曲线
传送带宽度	应满足产品最大和最小印制电路板的尺寸
冷却斜率	根据产品的复杂程度和可靠性来确定

3.3.4　波峰焊设备

波峰焊的主要作用是让插件完成后的印制电路板经过预热、喷涂助焊剂后,插件元器件引脚能直接与高温液态锡接触并且完成焊接。图 3-22 所示为波峰焊工作原理图。高温加热作用下,焊锡材料呈液态存储在金属焊锡槽中,波峰焊正常工作时,液态锡会借助泵压作用,使熔融的液态焊锡表面形成类似波峰形状的焊料波,所以叫波峰焊。图 3-23 所示为波峰焊设备。

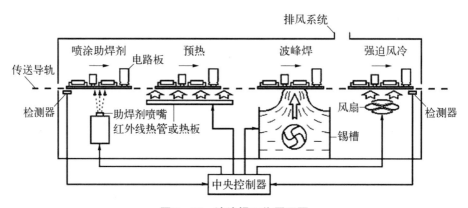

图 3-22　波峰焊工作原理图

波峰焊设备的内部结构包括传输系统、助焊剂涂覆系统、印制电路板预热系统、焊锡锅、冷却系统、光电控制系统、清洁系统、空气压缩系统、气体排放系统、温控系统,有时也包括充氮系统。图 3-24 为波峰焊内部结构示意图。

图 3‑23　波峰焊设备

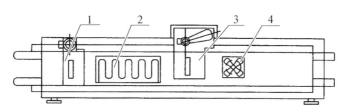

1—涂敷焊剂装置;2—预热装置;3—波峰焊锡槽;4—冷却装置。

图 3‑24　波峰焊内部结构示意图

波峰焊设备的主要技术参数包括印制电路板宽度、印制电路板传输速度、炉温控制精度、传输导轨倾斜角度、预热温区长度和数量、锡炉最高温度等。表 3‑20 所示为波峰焊设备主要技术参数。

表 3‑20　波峰焊设备主要技术参数

波峰焊技术参数	要　　求
印制电路板宽度	一般要求宽度在 350～450 mm
印制电路板传输速度	一般为 0～3 m/min
炉温控制精度	±2 ℃
传输轨道倾斜角度	一般为 3°～7°
预热温区数量及长度	预热区数量要求 2～4 个,长度最小要求为 1 800 mm(2× 900 mm)
锡炉最高温度	一般为 350～400 ℃

3.3.5　印制电路板组件检测设备

随着表面贴装技术(surface mounted technology,SMT)的飞速发展,

SMT 贴装元器件尺寸越来越小,集成电路芯片结构越来越复杂,早期的目视检查和接触式检查已无法满足印制电路板组件的检测。取而代之的是更精细的检测设备,如自动光学检测设备、自动 X 射线检测设备、飞针测试设备、焊锡膏印刷检查设备等。本节主要针对上述 4 种设备做简单的介绍。

1) 自动光学检测设备

自动光学检测(automatic optic inspection,AOI)设备的工作原理和人眼识别物体的原理类似。人眼识别物体时,通过光线反射的量进行明暗判断,反射的量越多则越亮,反之则越暗;AOI 则通过 LED 灯光代替自然光,把光源反射回来的量经过计算机图像处理系统处理后与程序设定的标准量进行比较、分析和判断,最终确定 SMT 焊锡膏印刷及焊接品质的好坏。AOI 主要检查缺陷包括漏件、错位、翻贴、极性错误、桥接等。图 3 - 25 所示为自动光学检测设备。

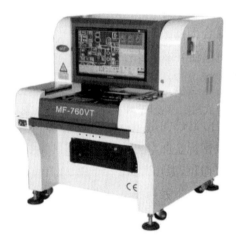

图 3 - 25　自动光学检测设备　　　　图 3 - 26　自动 X 射线检测设备

2) 自动 X 射线检测设备

自动 X 射线检测(automatic X-ray inspection,AXI)也是一种光学检测方法,但 AXI 和 AOI 并不相同。图 3 - 26 所示为自动 X 射线检测设备。

AXI 设备和 AOI 设备的主要不同点如下。

(1) 工作原理不相同。AOI 是利用 LED 光源反射量与标准量比较以确定焊接质量好坏;而 AXI 是利用 X 射线对不同物质的穿透率的强弱进行分层成像,根据成像分析的结果来判定焊接质量的好坏。

（2）检查的内容不相同。AOI 一般检测的是肉眼即可看见的质量缺陷，AXI 检测的多是一些肉眼无法看见的质量缺陷，例如 BGA、QFP 等芯片的底部以及连接器的焊点。

3）飞针测试设备

飞针测试设备是一种新型的电气测试设备，它采用可移动的探针取代在线测试（in-circuit-tester，ICT）的测试针床，再通过马达驱动控制多个探针接触元器件的引脚或焊点来对产品进行电气性能测量。如图 3-27 所示为一台常用的飞针测试设备。

飞针测试与 ICT 同样都属于接触式检测方法，但两者有很大的区别，主要区别如下。

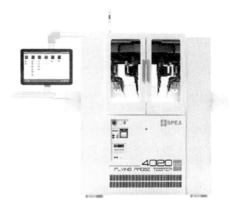

图 3-27　飞针测试设备

（1）ICT 对不同产品的测试需要制作专用固定式针床夹具，而飞针测试设备则不需要制作专用工装，只需要在测试前进行编程即可。

（2）ICT 测试元器件是利用 ICT 针床上的探针接触印制电路板上的测试点进行电气性能测试，而飞针测试设备可以直接通过探针与元器件或焊点接触进行电气性能测试。如图 3-28 所示为飞针测试时的工作图片。

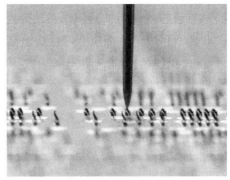

图 3-28　测试中的飞针测试设备

4）焊锡膏印刷检查设备

焊锡膏印刷检查（solder paste inspection，SPI）利用三角测量原理检查焊锡膏印刷后的质量，包含印刷焊锡膏的体积、高度、面积、短路和偏移量。

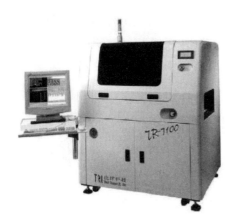

图 3 - 29　焊锡膏印刷检查设备

图 3 - 29 所示为一台常用的焊锡膏印刷检查设备。

3.3.6　手工焊接和返修设备

在印制电路板装焊生产作业过程中,有些元器件因材质和焊接返修等原因,无法使用回流焊接工艺,只能采用手工焊接,这个时候就需要使用手工焊接和返修设备进行生产作业。常用的手工焊接和返修设备包括电烙铁和 SMD 元器件返修工作站。

1)电烙铁

电烙铁的种类很多,按烙铁的加热方式可分为直热式、感应式、恒温电烙铁、智能电烙铁等。电子产品焊接时最常采用恒温电烙铁和智能电烙铁。

恒温电烙铁:恒温电烙铁内部采用带磁性的高居里温度的条状的正温度系数热敏电阻(positive temperature coefficient,PTC)作为恒温发热单元,并配设紧固导热结构。通电时,烙铁上升到一定的温度,PTC 恒温发热单元的磁性消失,使得磁芯触电断开,停止给烙铁供电。当温度降低到一定值时,磁性恢复,触电开关接通,烙铁恢复供电。通过如此循环达到控制烙铁温度的目的。恒温电烙铁分为内热式和外热式,其内部结构如图 3 - 30 所示。

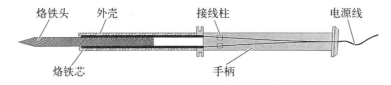

图 3 - 30　恒温电烙铁内部结构示意图

智能电烙铁:核安全级控制机柜手工焊接一般采用智能电烙铁进行作业。智能电烙铁可精确设置温度,在焊接过程中根据热容量的大小进行自动功率补给,保持烙铁头温度的稳定。智能电烙铁如图 3 - 31 所示。

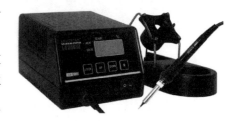

图 3 - 31　智能电烙铁

2）SMD元器件返修工作站

SMD元器件返修工作站通常也称为BGA返修工作台，主要用于返修球栅网格阵列封装（ball grid array，BGA）、芯片封装（chip scale package，CSP）、方型扁平式封装（quad flat package，QFP）等表面贴装元器件。它的工作原理是通过顶部加热、底部加热及光学定位系统完成元器件的拆卸与焊接。因为BGA等焊点在元器件的底部，焊接时无法看见，因此需要配有光学定位系统保证元器件定位的准确性。常见的SMD元器件返修工作站如图3-32所示。

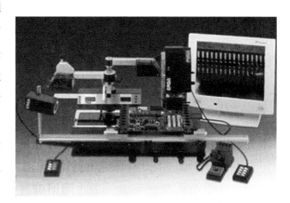

图3-32　SMD元器件返修工作站

3.3.7　清洗设备

清洗设备主要用于印制电路板组装后的清洗、焊锡膏印刷模板的清洗以及焊锡膏印刷不良返工时的清洗。核安全级控制机柜生产中的清洗设备主要包括印刷模板清洗设备和印制电路板组件清洗设备。

1）印刷模板清洗设备

印刷模板清洗设备也称为钢网清洗机。焊锡膏印刷模板在使用过程中会有残留物留在模板上，当残留量过多时会影响焊锡膏印刷的质量，因此印刷模板在使用时必须进行清洗。通常清洗印刷模板的方式主要有手工清洗、全气动钢网清洗机清洗和超声波钢网清洗机清洗。以下主要介绍全气动钢网清洗机和超声波钢网清洗机。

（1）全气动钢网清洗机：全气动钢网清洗机以压缩空气为动力源，与传统溶剂结合使用，清洗时溶剂通过压缩空气自动喷淋在印刷模板上，达到清洗印刷模板的目的。

（2）超声波钢网清洗机：超声波钢网清洗机利用超声波在液体中的空化作用、加速度作用及直进流作用，使污物层被分散、乳化，从而达到清洗目的。

2）印制电路板组件清洗设备

印制电路板组件焊接完成后，表面会有沉积物、杂质等污染物。印制电路板组件表面的污染物包含电子元器件及印制电路板本身的污染、生产制造过程中的助焊剂和松香产生的残留物、人员触摸及高温胶带残留物、工作场所的尘埃等。

随着时间的变化,印制电路板组件表面的污染物会使印制电路板组件的化学、物理或电气性能降低到不合格的水平,直接或间接地制造印制电路板组件潜在风险。例如:残留物中的有机酸可能会对印制电路板组件造成腐蚀。为了有效防止风险发生,印制电路板在完成焊装后需要对表面进行清洗。

图 3-33　印制电路板组件清洗机

清洗的主要目的是破坏污染物与基板之间的化学键或物理键结合,早期通常采用防静电毛刷蘸取清洗剂对印制电路板表面进行清洗。随着印制电路板组装密度不断增加,元器件更趋于小型化,普通的清洗方式已经不能满足产品可靠性和使用寿命的要求,因此需采用专用的印制电路板组件清洗机对印制电路板组件进行清洗。常见的印制电路板组件清洗机如图 3-33 所示。

3.3.8　选择性三防涂覆设备

选择性三防涂覆设备是采用自动喷、涂、点等方式对三防漆等流体进行控制并将三防漆按程序控制要求精确地涂覆于产品印制电路板表面的自动化机械设备。

传统的三防漆涂覆采用手工刷涂、人工喷涂等方式,这些方式最大的缺点是涂覆厚度无法控制,涂覆的均匀性和一致性比较差;此外,传统的涂覆方式会产生较大的污染,不利于操作人员的健康。自动化的选择性涂覆设备不仅生产效率比传统涂覆方式要高,而且能通过程序设定操作参数,解决涂覆厚度和一致性的问题。选择性三防涂覆设备如图 3-34 所示。

图 3-34　选择性三防涂覆设备

3.4　印制电路板装焊工艺技术及其要求

印制电路板的装焊工艺是核安全级控制机柜生产中非常重要的工艺技术,主要内容包括焊锡膏印刷工艺、回流焊接工艺、手工焊接工艺、连接器压接工艺、三防涂覆工艺,以及产品老化工艺。下面将对这几种工艺做详细介绍。

3.4.1　焊锡膏印刷工艺

焊锡膏印刷是印制电路板装焊的第一个工序,也是控制最终焊锡品质的关键步骤,焊锡膏印刷质量的好坏对印制电路板装焊的质量影响非常大,本节主要对焊锡膏印刷工艺做详细介绍。

1)焊锡膏印刷的原理

焊锡膏是一种黏性的膏状触变流体,具有黏度随剪切速度的改变而变化的特性。焊锡膏印刷是利用焊锡膏的触变流体特性而实现的。

采用焊锡膏印刷时,将定量的焊锡膏涂覆在印刷模板表面,印制电路板与印刷模板(钢网)保持一定的距离(非接触式)或完全贴合(接触式);焊锡膏在刮刀的作用力下流过印刷模板,并将印刷模板的切口填满,此时焊锡膏便粘贴在印制电路板上;当印刷模板(钢网)与印制电路板分离时,便在印制电路板上留下了由焊锡膏组成的图像。焊锡膏印刷过程示意图如图3-35所示。

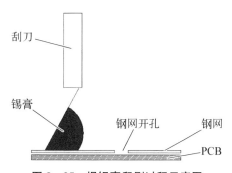

图3-35　焊锡膏印刷过程示意图

2)焊锡膏印刷的方式

焊锡膏印刷的工艺方法可分为如下两种。

涂布印刷:涂布印刷是目前最常用的一种焊锡膏印刷方式,焊锡膏印刷时以钢网作为印刷模板将焊锡膏印刷在印制电路板上。

注射涂布:注射涂布也称焊锡膏喷印技术,喷印技术与涂布印刷最大的区别就是可以不需要钢网就能实现焊锡膏印刷的功能。其主要过程为将锡膏装入锡膏盒,然后利用螺旋压力泵将锡膏连续地压入密闭的喷射舱,再通过压杆活塞使锡膏能够按要求的轨迹喷射在印制电路板的焊盘上。

3）影响焊锡膏印刷质量的主要因素

影响焊锡膏印刷质量的因素有很多，如焊锡膏质量、模板质量与设计、印刷工艺参数、环境温度及湿度、印刷设备精度等。以下介绍影响焊锡膏印刷质量的主要因素。

（1）焊锡膏的质量。

焊锡膏的质量主要考虑焊锡膏的黏度和焊锡膏粉末的颗粒尺寸。必须选择合适的焊锡膏黏度及其粉末的颗粒尺寸，才能保证焊锡膏印刷的最终质量。

焊锡膏是一种流体，具有流动性。黏度越小，则印刷过程中焊锡膏的流动性就越好，印刷时越容易流入钢网孔内；相反，焊锡膏黏度越大，则印刷后填充钢网孔的形状就越好，且能够保证焊锡膏印刷后保持良好的形状、不会形成塌陷。因此焊锡膏的黏度是影响焊锡膏印刷性能的重要参数之一。在实际应用中，一般要根据焊锡膏印刷技术的要求及印刷厚度提前确定适当的黏度才能获得较好的印刷质量。

焊锡膏的合金粉末颗粒尺寸直接影响焊锡膏的填充和脱模。焊锡膏的合金粉末颗粒尺寸通常分为如表 3 - 21 所示的四个等级。

表 3 - 21　焊锡膏的合金粉末颗粒等级

合金粉末类型	合金粉末颗粒尺寸/μm	大颗粒要求	微粉末颗粒要求
1	75～150	>150 μm 的颗粒应少于 1%	<20 μm 微粉末颗粒应少于 10%
2	45～75	>75 μm 的颗粒应少于 1%	
3	25～45	>45 μm 的颗粒应少于 1%	
4	20～38	>38 μm 的颗粒应少于 1%	

细小颗粒尺寸的焊锡膏具有优异的印刷性能，特别适合高密度、窄间距的产品。由于此类产品钢网开口尺寸非常小，只有采用小颗粒合金粉末，才能达到所需要的印刷效果；但小颗粒尺寸的焊锡膏印刷后易坍塌、表面积大容易被氧化。因此焊锡膏印刷需要根据印制电路板的组装密度（有无窄间距）来选择合适的焊锡膏合金粉末的颗粒尺寸。

（2）印刷模板的质量与设计。

印刷模板通常也称印刷钢网，其主要功能是将焊锡膏按生产工艺的要求涂敷在印制电路板的焊盘表面上。

印刷模板是焊锡膏印刷工艺中一种常见的辅助生产治具，它的质量好坏直接影响焊锡膏的印刷效果。目前印刷模板主要有三种制作方法：化学腐蚀、激光切割和电铸成型，三种制作方法如表 3 - 22 所示。

表 3 - 22 印刷模板的制作方法

模板制作方式	模 板 特 点	效 果 图
化学腐蚀	内壁粗糙，通常用于 0.65 mm 以上间距，制作成本比其他制作方式低	
激光切割	内壁较粗糙，有毛刺，需要经过电解抛光才能得到光滑内壁，该方式采用 Gerber 文件加工，制作精度高	
电铸成型	孔壁光滑，特别适合超细小间距钢网的制作，但制作工艺较难控制，制作周期长且价格昂贵	

印刷模板的设计包括模板厚度、开口尺寸、开口形状等方面，模板设计同样也会影响焊锡膏印刷的质量。

模板厚度及开口尺寸决定了焊锡膏印刷的体积。依据《模板设计导则》(IPC - 7525)标准，模板厚度及开口尺寸基本要求如图 3 - 36 所示。

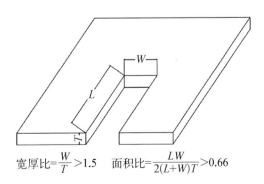

$$宽厚比 = \frac{W}{T} > 1.5 \qquad 面积比 = \frac{LW}{2(L+W)T} > 0.66$$

图 3 - 36 模板厚度及开口尺寸基本要求

模板的开口形状一般有垂直开口、梯形开口(喇叭口向下)和梯形开口(喇叭口向上)三种方式。开口形状也会影响焊锡膏的印刷质量,具体效果如表 3-23 所示。

表 3-23　模板的开口形状

模板开口形状	印刷效果	开口示意图
垂直开口	脱模容易,印刷效果好	
梯形开口(喇叭口向下)	脱模容易,印刷效果好	
梯形开口(喇叭口向上)	脱模差,印刷效果差	

(3) 焊锡膏印刷工艺参数。

焊锡膏印刷工艺参数需要依据印刷机的功能和配置进行设定,焊锡膏印刷的主要工艺参数如下。

印刷速度:印刷速度设置范围通常为 15～40 mm/s,当有窄间距或高密度图形时,印刷速度需要慢一些。

印刷刮刀的压力:印刷时刮刀的压力通常为 2～15 kg/cm²,刮刀压力的大小主要与印刷后焊锡膏的厚度有关。

脱模速度:焊锡膏印刷完成后,印制电路板与模板脱离的速度通常在 0.1～10 mm/s 范围内,脱模速度的大小主要与印刷后焊锡膏填充的形状有关。

模板清洗模式:模板印刷后,焊锡膏会残留在模板上,需要通过清洗来去除模板上残留的焊锡膏以提升印刷质量,通常模板清洗的方法为先湿擦,然后真空擦,最后再干擦。

模板清洗频率:模板的清洗频率主要依据印制电路板上窄间距元器件的多少来设置,最多可以设置每印刷一块印制电路板清洗一次模板。

印刷刮刀材质及角度:刮刀的材质有橡胶和金属两种,通常焊锡膏印刷采用金属材质的刮刀,刮刀的角度为 45°或 60°。

(4) 焊锡膏印刷环境及温湿度。

焊锡膏印刷过程中,环境的温度会对焊锡膏的黏度产生很大的影响,温度过高会降低焊锡膏的黏度,从而影响焊锡膏印刷品质。锡膏印刷环境的湿度大小会影响后续焊点的焊接质量,湿度太大则焊锡膏会吸收空气中的水分,焊接后形成锡珠等不良后果;湿度过小会加速焊锡膏中溶剂的挥发,焊接后形成虚焊等不良后果。一般要求焊锡膏印刷作业环境温度为（23±5）℃，相对湿度为 30%～60%（RH）。

3.4.2　回流焊接工艺

随着电子产品元器件不断小型化，器件的引脚间距越来越窄，传统的焊接工艺已经不能满足生产需要，因此出现了一种新的焊接工艺——回流焊接。回流焊接是依靠热气流对焊点作用后熔化预先分配到印制电路板焊盘上的焊锡膏，使表面组装元器件焊端或引脚与印制板焊盘之间形成机械与电气连接的软钎焊。回流焊接的主要管控要点如下。

（1）根据所选用的焊锡膏和印制电路板的具体情况，设置回流焊接炉温曲线，并使用炉温测试仪定期检测，确保焊接质量的稳定性和可靠性。

（2）印制电路板焊接时按设计的方向进行，通常遵循"短边过炉"的原则。

（3）必须对回流焊接的首件进行质量检查。批量生产过程中需要使用自动光学检测仪（automated optical inspection）等设备实时监控或定时检查焊接质量。

3.4.2.1　回流焊接炉温曲线

炉温曲线是印制电路板焊接时温度与时间的函数。回流焊接炉温曲线如图 3-37 所示。

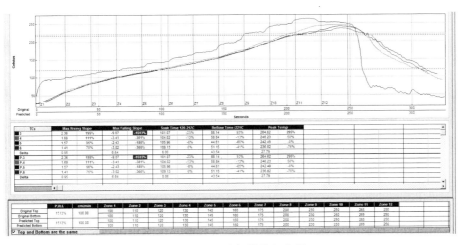

图 3-37　回流焊接炉温曲线

理想的回流焊接炉温曲线由四个区组成，分别是预热区、恒温区（活性区）、回流区和冷却区。绝大多数的焊锡膏都能在这四个基本温区内完成回流焊接过程。

1) 预热区

预热区也叫斜坡区,该温区的作用是对印制电路板和被焊元器件进行预热,同时去除焊锡膏中的水分、溶剂,以防止焊锡膏发生坍塌和焊料飞溅。预热区温度设置时要保证升温较缓慢,对元器件热冲击尽量小,一般温变速率范围控制在 1～3 ℃/s,时间范围控制在 60～90 s。

2) 恒温区

恒温区也称活性区,该温区的作用是保证在达到回流温度之前焊锡膏能完全去除水分,同时焊剂开始活化,清除元器件、焊盘、焊料中的金属氧化物并逐渐挥发。恒温区的温度通常为 150～180 ℃,时间范围控制在 60～120 s。

3) 回流区

回流区的主要作用是将印制电路板装配温度由活性温度提升至熔点温度,此阶段焊锡膏中的合金成分开始熔融,呈现流动状态,从而替代液态焊剂润湿焊盘和元器件。回流区的最高温度要求超过合金的熔点温度 20 ℃以上。

4) 冷却区

冷却区的主要作用是使焊锡膏冷却,温度从熔点降至 70 ℃左右,此阶段焊锡膏开始由液态变成固态,当焊锡膏完全凝固后元器件即被固定在印制电路板上。

3.4.2.2 回流焊接炉温曲线工艺要求

为了达到最佳的回流焊接质量,必须对回流焊接炉温曲线做相应的要求。

目前印制电路板回流焊接工艺有两种,一种为有铅回流焊接工艺,另外一种为无铅回流焊接工艺。由于两种工艺使用的焊锡膏合金成分不同,其熔点温度也不一样,有铅焊锡膏合金熔点温度为 183 ℃,无铅焊锡膏合金熔点为 217 ℃,这两种焊接工艺炉温曲线的要求也不一样。下面就分别介绍两种焊接炉温曲线的工艺要求。

1) 有铅焊接炉温曲线工艺要求

有铅焊接炉温曲线工艺要求如下。

(1) 起始温度 40～120 ℃的升温斜率为 1～3 ℃/s。

(2) 120～175 ℃的恒温时间控制在 60～120 s。

(3) 超过 183 ℃的时间控制在 45～90 s。

(4) 超过 200 ℃的时间控制在 10～20 s,最高温度峰值控制在(220±5)℃。

(5) 冷却斜率控制在 3～5 ℃/s。

（6）回焊炉传送速度控制在 70～90 cm/min。

2）无铅焊接炉温曲线工艺要求

无铅焊接炉温曲线工艺要求如下。

（1）起始温度 40～150 ℃的升温斜率为 1～3 ℃/s。

（2）150～200 ℃的恒温时间控制在 60～120 s。

（3）超过 217 ℃的时间控制在 30～70 s。

（4）超过 230 ℃的时间控制在 10～30 s，最高温度峰值控制在(240±5)℃。

（5）冷却斜率控制在 3～5 ℃/s。

（6）回焊炉传送速度控制在 70～90 cm/min。

3）回流焊接炉温曲线的测试与监测

回流焊接过程中，焊接产品过炉的温度随回流焊接设备内部温区/时间的变化而变化，从设备入口到出口的方向，温度随时间变化的曲线称之为温度曲线。在实际焊接过程中，如果把热电偶固定在印制电路板的某个焊点上，印制电路板随炉内传送带的运动，每隔 1 ms(或规定的时间)采集一次温度数据，然后将每次采集的相邻的两个温度点连接起来，得到此产品的温度曲线。如果测温过程中，将测得的温度数据反馈至 PC 端，则绘制成的曲线称之为实时温度曲线。

温度曲线不当，会引起焊接不完全、虚焊、元器件翘立、锡珠等焊接缺陷。回流焊接设备本身在炉膛内部安装有温度传感器，但所测得的温度数据是指炉内的空气温度，与印制电路板的实际焊接温度有一定的差异。为了更好地管控印制电路板焊接温度，生产中的温度曲线需要通过在线测温系统实时监测和管控。

3.4.3　手工焊接工艺

目前电子产品焊接普遍采用波峰焊以及回流焊工艺，但产品试制、小批量生产以及生产具有特殊要求的高可靠性产品时，有部分焊点需要采用手工焊接工艺。因此手工焊接在电子产品生产过程中仍然是一种必不可少的焊接工艺。

3.4.3.1　手工焊接作业方法

1）电烙铁和焊锡丝的拿取方法

手工焊接作业时使用的主要工具为电烙铁，使用的主要焊接材料有焊锡丝、助焊剂、清洗剂等。为了提高手工焊接作业的效率和生产质量，应采用正确的姿势拿取电烙铁与焊锡丝。

手工焊接操作人员在焊接作业时,要求上身挺直,头部距离作业面20～30 cm。手工焊接操作时电烙铁的拿取姿势通常有三种:反握法、正握法和握笔法,一般选用握笔法。三种拿取姿势如图3-38所示。

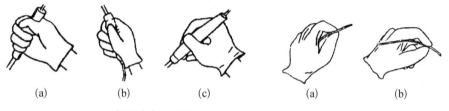

图3-38 电烙铁拿取姿势
(a)反握法;(b)正握法;(c)握笔法

图3-39 焊锡丝拿取方式
(a)连续锡焊时焊锡丝的拿法;(b)断续锡焊时焊锡丝的拿法

焊锡丝的拿取方式通常分两种情况,一种为连续焊锡时的情况,另一种是断续焊锡时的情况。两种情况下的焊锡丝拿取方式如图3-39所示。

2) 手工焊接作业五步法

手工焊接作业时,通常采用五步法完成焊接。五步法包含的五个操作步骤如图3-40所示,分别为准备施焊、加热焊件、熔化焊件、移开焊锡和移开烙铁。

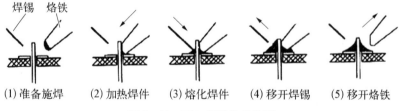

(1)准备施焊　(2)加热焊件　(3)熔化焊件　(4)移开焊锡　(5)移开烙铁

图3-40 手工焊接作业步骤

(1) 准备施焊:给烙铁头加锡,清洁烙铁头,这样有助于热传导,清洁烙铁头时不能使用刀或其他坚硬材质的工具刮烙铁头表面的氧化层。

(2) 加热焊件:烙铁头放在被焊金属的连接点上。

(3) 熔化焊件:将焊锡丝放在烙铁头与被焊金属连接点处,形成热桥。此时助焊剂朝冷方向流动、浸润焊盘,熔化的锡朝热方向流动,在焊盘和引脚界面发生毛细现象,扩散、溶解、冶金结合。

(4) 移开焊锡:先撤离焊锡丝,后撤离电烙铁,否则焊锡丝会凝固在焊点表面。

（5）移开烙铁：冷却、凝固，形成焊点后撤离电烙铁。

3.4.3.2　手工焊接环境、设备要求

手工焊接作业时的工作环境与设备必须符合以下几点要求。

（1）手工焊接操作台面应配备合适的排烟系统用于焊接烟雾的排除，且生产车间具有良好的通风条件。

（2）电烙铁的端头温度、手柄绝缘阻抗、接地阻抗等均符合要求。

（3）使用的焊接设备，如：电烙铁、加热平台等均应定期针对温度等条件进行检定，并保证设备均在有效合格期内。

（4）手工焊接作业中应评估使用防护用品（口罩、防护眼镜等）。

（5）生产过程中所使用的化学制剂应放置在通风良好、干净卫生的地方，禁止火源产生，同时应具备必要的防火设备。

3.4.3.3　手工焊接工艺及技术要求

手工焊接时，必须满足一定的温度和时间才能在焊接界面上形成适当的金属间化合物（intermetallic compound，IMC）厚度。手工焊接时间与元器件种类有关，核安全级产品手工焊接时间应控制在 5 s 以内。手工焊接温度的选择与焊锡丝合金成分有关且不能超出元器件厂家的技术要求，具体温度参数要求如表 3 - 24 所示。

表 3 - 24　手工焊接温度

钎料名称	熔点/℃	焊接温度/℃	烙铁头温度/℃
63Sn37Pb	183	230	330
Sn0.7Cu	227	280	380
Sn3.0Ag0.5Cu	217	270	370

注意烙铁头与焊件和焊盘两者间的接触，不要只将电烙铁与元器件脚接触而远离焊盘或只与焊盘接触而远离被焊元器件。

（1）一般情况下，元器件装焊顺序依据的原则是先低后高，先小后大。

（2）通孔元器件手工焊接时不允许从元器件两面引焊。

3.4.4　BGA 返修工艺

BGA 是一种目前常用的集成电路封装形式，其特点是多 I/O、引脚短、体

积小、集成度高等。因其引脚在元器件本体底部,使得其返修工艺复杂,返修的难度大。本节将详细介绍 BGA 的返修工艺。

1) BGA 返修工艺流程

BGA 返修工艺流程如图 3-41 所示。

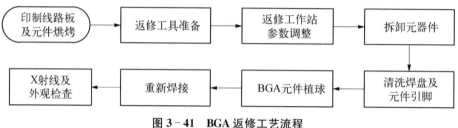

图 3-41　BGA 返修工艺流程

2) BGA 返修工艺步骤

(1) 板卡及元器件烘烤。由于印制电路板组件对潮气敏感,返修前需对印制电路板组件和 BGA 进行烘烤,以去除印制电路板和 BGA 内部的潮气。烘烤时间:24 h,烘烤温度:60 ℃。

(2) 拆卸 BGA。① 将需要拆卸 BGA 的印制电路板组件放置在返修工作站平台上;② 选择合适的热风喷嘴,热风喷嘴尺寸必须大于 BGA 尺寸;③ 选择合适的拆卸 BGA 吸盘并装置在设备上;④ 按照 BGA 的类型或者大小选择适合的炉温曲线;⑤ 拆卸 BGA 前,在 BGA 周围灌入助焊剂,保证拆卸质量;⑥ 将热风喷嘴对准 BGA 进行加热,加热时注意防护周边元器件,如果有影响喷嘴操作的元器件应先将其拆除,待 BGA 返修完成后再复位;⑦ 打开加热电源,设备按照炉温曲线的时间点加热 BGA,并自动吸取 BGA;⑧ 待 BGA 冷却后,关闭真空泵。

(3) 清理焊盘及元器件引脚。① 用笔刷在 BGA 焊盘上均匀抹助焊锡膏。② 用烙铁将焊盘和元器件引脚上残留的锡拖干净,再使用吸锡线辅以烙铁拖平焊盘,保证焊盘平整、干净;烙铁温度:380 ℃(无铅),330 ℃(有铅)。③ 清洗焊盘,使用洗板水或工业酒精对焊盘进行擦洗,清除残留在焊盘上的助焊剂。

(4) BGA 植球。① 使用 BGA 专用植球工装,将膏状助焊剂印刷在 BGA 的焊盘上;② 将 BGA 放置在植球工装上,将植球钢网通过定位销与植球工装定位并锁紧;③ 撒入适量对应型号的锡球,轻轻晃动植球工装,让每个钢网孔都能漏进锡球,利用倾斜植球工装将多余的锡球取走;④ 将 BGA 取下时如有遗漏锡球,可用大小适中的镊子将锡球补上;⑤ 设置加热台的温度(有铅的约230 ℃,无铅的约250 ℃),将植球完成的 BGA 放在加热台焊接区的高温布上,并使用热风筒进行辅助加热。待 BGA 的锡球处于熔融状态,且表面光亮,有明显液态感,锡球排列整齐时,再将 BGA 平移至散热台,让其冷却,焊接完成。

(5) 重新焊接。① 涂抹膏状助焊剂:将印制电路板放置在工作台上,使用毛刷或定制的钢片在焊盘位置涂上一层适量的助焊膏,助焊锡膏量过多会造成短路,过少则容易空焊,所以膏状助焊剂涂布一定要均匀适量。② 对位:通过返修工作站影像定位系统,并以丝印框线作为辅助,将 BGA 对正贴装在印制电路板上,BGA 焊盘与印制电路板焊盘须重合(注意:BGA 表面的方向标志应与印制电路板丝印框线的方向标志对应,以防止 BGA 方向放反)。③ 焊接:将印制电路板放置在 BGA 返修工作站上,确保 BGA 与印制电路板之间的对接无偏差。选取拆焊时的温度曲线,返修工作站开始时加热,待焊接完成自动冷却后即完成返修工作。

(6) X 射线检查。把返修完成后的 BGA 用 X 射线进行检查,重点检查短路、虚焊等不良现象。X 射线检查时焊点大小应一致,具体如图 3 - 42 所示。

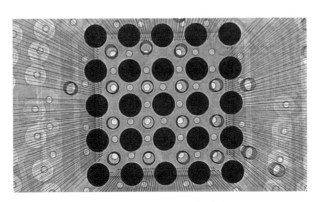

图 3 - 42　X 射线焊点检查

(7) 板面清洗。用洗板水对 BGA 部位进行清洗,保证印制电路板表面整洁。

(8) 外观检查。BGA 返修完成后需要对 BGA 周边元器件进行目检,确保返修过程中没有破坏其他元器件。

3.4.5　连接器压接工艺

印制电路板组件上的电连接器,可以采用压接方式进行连接。压接连接时,连接器引脚与通孔的金属壁通过机械力相互结合,形成牢固的电气连接;

压接通常使用手动或气动的专用压接工具实现。连接器压接类似于一种冷焊连接,相比焊接工艺,压接工艺有以下优点。

(1) 印制电路板上无热应力产生。

(2) 无影响可靠连接的焊锡残渣和锡珠产生。

(3) 无焊锡工艺常见的虚焊、短路、透锡等不良现象。

(4) 连接器压接后,一般不需要再用螺钉等零件与印制电路板固定。

(5) 使用长插针连接器压接时,印制电路板背后伸出的针脚可作为背面插针,实现双面连接。

(6) 有确定的接触阻抗和良好的高频性能。

(7) 压接效率高。

(8) 压接后免清洗,成本较低,环保安全。

连接器压接工艺流程如图 3-43 所示。

图 3-43　连接器压接工艺流程

对印制电路板进行电连接器压接时,必须注意以下要求:

(1) 压接前必须确保压接距离,只有合适的压接距离才能确保连接器完好地压接在印制电路板上。

(2) 连接器经过压接操作后与印制电路板之间应无间隙。

3.4.6　三防涂覆工艺

三防涂覆工艺的作用是防潮热、防盐雾、防霉菌。核安全级控制机柜中的印制板电路板组件必须进行三防涂覆,以保证产品在恶劣的环境条件下可以正常工作。核安全级控制机柜板级产品的三防涂覆是印制电路板组件生产的后端工序,一般是在板卡功能测试完成后进行。

本节主要对三防涂覆工艺、技术参数等内容进行介绍。

3.4.6.1　三防涂覆的工艺方法

三防涂覆的工艺方法主要分为四类:刷涂法、浸涂法、喷涂法、真空雾化法。

1) 刷涂法

刷涂法是指操作人员使用毛笔或毛刷蘸取三防漆对印制电路板组件表面进行刷涂的工艺方法。

刷涂法的优点是不需要专用的设备,操作简单便捷。缺点是过于依靠操作人员熟练度,刷涂的厚度及一致性不稳定。

2)浸涂法

浸涂法是通过将印制电路板组件整体完全浸入三防漆中,浸入一段时间后再取出的方式来实现的。

浸涂法同样也很简单。优点是能有效避免阴影效应,缺点是具有一定的局限性。如果印制电路板上有连接器、大功率等不能涂覆三防漆的元器件时,不能采用浸涂的方式进行三防涂覆处理。否则会因为防护不到位,导致三防漆误涂,影响产品的功能。

3)喷涂法

喷涂法是三防涂覆中使用最广泛的方法。喷涂法分为两种:一种是手工喷涂,一种是选择性自动涂覆设备涂覆。

手工喷涂是人工采用"喷枪"对印制板组件表面进行喷涂,喷涂之前需要对印制板进行防护。选择性自动涂覆设备涂覆则采用专用的三防涂覆设备对印制板进行喷涂。

4)真空雾化法

真空雾化法也称为气相沉积法,是仅针对聚对二甲苯这一类三防漆提出的。因为聚对二甲苯这类物质在高温状态下会变为气体,可以方便地沉积在需要涂覆的产品上。

真空雾化法在涂覆过程中不需要溶剂,并且涂层极为均匀,因为气相沉积的特性,涂覆层可以覆盖到常规涂覆工艺无法到达的狭小区域。

真空雾化法需要使用专门的设备与材料,一次性投入成本高,涂覆时间较长,所以在大批量生产的产品中难以得到广泛的运用。

3.4.6.2　三防涂覆操作步骤

不管涂覆工艺采用刷涂、浸涂、喷涂还是真空雾化工艺,三防涂覆的工艺流程大体是一致的。三防涂覆工艺流程如图3-44所示。

图 3-44　三防涂覆工艺流程

1)印制电路板组件清洗

涂覆前应先清洁印制电路板表面、元器件表面及底部、过孔及引脚之间的助焊剂残留物和其他污染物,确保三防涂覆的涂料与印制电路板组件的结合强度。清洗方法有溶剂清洗、水清洗、半水清洗三种。核安全级控制机柜要求三防涂覆前使用溶剂清洗的方法对印制电路板组件进行清洗。

2) 清洗后检查

印制电路板组件清洗完成后,目视或使用放大镜对印制电路板组件表面进行检查,印制电路板组件表面应清洁干净,不留脏物和污渍。印制电路板组件清洁度的检测一般需要用测量仪器对完成清洗的印制电路板组件进行钠离子污染度测量,另外还要采用梳形试件测试表面绝缘电阻。

3) 干燥

干燥是三防涂覆工艺中非常重要的一个环节。干燥不彻底,会影响三防质量。

4) 三防漆的涂覆

涂覆时要注意控制涂层的厚度、均匀度和致密性。

为了保证三防涂料高效、均匀地涂覆在印制电路板组件表面,一般会采用选择性自动涂覆设备。自动化设备还能提高涂层的均匀性、一致性,并减少涂料浪费和对环境的污染。

5) 固化

(1) 涂覆后热固化。按照热固化相关设备操作规程,设定设备温度与传送链速参数后,将涂覆好的印制电路板组件依次投入隧道炉内加热,固化三防防护剂。

注意:隧道炉温度及链速设定后,需用炉温测试仪测试隧道炉内的实际温度,测试数据与隧道炉内显示的最高温度误差应不超过±5 ℃。

(2) 涂覆后紫外(UV)固化。按照 UV 固化相关设备操作规程,设定设备传送链速参数,打开 UV 灯管控制开关,将涂覆好的印制电路板组件依次投入UV 固化设备内,固化三防防护剂。

6) 检查及返修

(1) 检查。通常通过对涂层的厚度、均匀度及致密性的检测来调整涂覆过程的工艺参数,使其达到相关的标准。

① 厚度:涂覆厚度要求默认按照《印制线路组件用电气绝缘化合物的鉴定及性能》(IPC‐CC‐830B‐CN)、《电子组装件的验收条件》(IPC‐A‐610E)标准操作,漆膜厚度的具体要求如表 3‐25 所示。

表 3 - 25　漆膜厚度要求

AR 型	丙烯酸树脂	0.03～0.13 mm(0.001～0.005 in)
ER 型	环氧树脂	0.03～0.13 mm(0.001～0.005 in)
UR 型	聚氨酯树脂	0.03～0.13 mm(0.001～0.005 in)
SR 型	硅树脂	0.05～0.21 mm(0.002～0.008 in)
XY 型	对二甲苯树脂	0.01～0.05 mm(0.000 5～0.002 in)

使用测厚仪对每张印制电路板组件进行干膜厚测试时,一般选取印制电路板组件的 4 个角和中心点 5 个位置。

② 均匀度及致密性:依据《电子组装件的验收条件》(IPC - A - 610E)标准进行检验,检验在紫外光检测台上进行。

(2)返修。核安全级控制机柜通常采用化学溶剂方法去除三防漆保护膜。化学溶剂会使保护膜膨胀,然后将膨胀后的保护膜刮掉或擦掉。选用溶剂时,要确保选用的化学物质不会损坏印制电路板基板和返修元器件周边邻近的元器件。

① 局部位置处理:使用防焊胶,将待维修的区域围起来(高于溶剂 2～3 mm),构成堤坝,防止溶剂四处溢流而破坏非维修区域的三防漆。

② 整板处理:使用高温防焊胶带,将所有没有涂覆三防漆的元器件包住,防止溶剂浸入。

3.4.7　产品老化工艺

随着电子技术的发展,电子产品的集成化程度越来越高,结构越来越微小,制作工艺越来越复杂,导致产品潜在的缺陷在制造过程中很难被提前识别。优秀的电子产品不仅要求有较高的性能指标,同时还应具有非常好的工作稳定性。产品是否具备良好的工作稳定性和可靠性则需要通过产品的老化试验来检验。

老化工艺模拟严酷的工作环境,通过高温的方式对产品施加环境应力,使电子产品的元器件、焊接和装配等生产过程中存在的潜伏隐患提前暴露出来,以确保产品能经受长时间运行的考验。

1) 高温老化的机理

电子产品在生产制造时,会因为设计不合理、原材料缺陷或加工的工艺方法不当等引起产品的质量缺陷。通常缺陷可分为两类。

第一类缺陷是产品的性能参数不满足设计要求时产生的,此类缺陷一般可以通过重新修改产品的设计方案或改进和重新选择符合要求的元器件来解决。

第二类缺陷是一种潜在的、不容易发现的缺陷,需要在长期使用过程中才会暴露出来。这类缺陷一般需要元器件在额定功率和正常工作温度下工作1 000 h左右才能全部被激活(暴露),而对每种元器件进行1 000 h的测试显然是不现实的,所以需要通过施加高温热应力,模拟严酷的工作环境使其潜伏的故障提前出现,尽快使产品通过失效浴盆特性初期阶段进入高可靠稳定期。失效浴盆曲线如图3-45所示。待老化后再对产品进行电气参数测量,筛选、剔除失效或变质的元器件,尽可能在产品正常使用之前把早期的缺陷与不良识别出来。

老化工艺是对产品的稳定性提前进行的一种必要的检验,以便剔除存在潜在缺陷的元器件,从而确保电子产品整机的可靠度和期望的使用寿命。

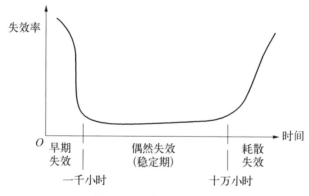

图 3-45　失效浴盆曲线

2) 老化对象

老化工艺的对象主要有硬件产品和整机。

高温老化可以使元器件缺陷、焊接和装配等生产过程中存在的隐患提前暴露,使硬件产品在交付前进行超负荷工作,在短时间内暴露缺陷,如接触不良、元器件参数不匹配、温漂以及调试过程中造成的故障等,从而确保交付硬件产品的性能。

老化工艺可暴露整机设计、制造过程中的缺陷,可剔除早期失效个体(硬件产品、结构件等),避免整机在早期失效阶段交付使用,稳定整机性能,为产品改进提供依据。

3）老化工艺参数要求

产品一般在额定电源电压下进行老化，也可按产品技术要求选择部分时间在电源上限电压和电源下限电压进行老化。

高温老化温度一般按下列温度等级或产品技术条件规定的极限环境温度选取：

45 ℃、50 ℃、55 ℃、60 ℃、70 ℃。

老化时间一般按下列时间选取，有特殊要求的产品也可以按产品技术要求增加老化时间：

48 h、72 h、100 h、168 h、200 h、240 h。

第 4 章
机柜整机级电子装联

核安全级控制机柜是由各种机箱、功能模块、电气元件以及各类零部组件构成。这些部件通过导线、电缆、光纤进行连接,从而组成了一台具有特定功能的控制柜。机柜的装联,主要包括零部组件的机械装配和导线及电缆的电气连接。机柜的装联涉及多种工艺方法,比如:手工焊接工艺、机械装配工艺、导线压接工艺、扎线与布线工艺、标记标识工艺。这些工艺方法贯穿于机柜的整个装联流程。

本章将详细介绍核安全级控制机柜的各类装联要求。

4.1　机柜装配概述

核安全级控制机柜的装配与消费类电子产品、航天航空类产品、军用产品的装配有所不同;其生产制造模式,工艺流程有自身的特点,不同的核安全级控制机柜制造方的生产模式也有差异。本节将从几个方面对核安全级控制机柜的装配进行说明。

1) 核安全级控制机柜的特点

普通的消费类电子产品的一个特点是出货量大,可以进行批量生产。一款热销的手机,其年销量可以达到千万的量级。这一类产品大量采用自动化的流水生产线,装配工艺简单快捷,生产效率高,单一型号的产品生产数量就能达到千万量级。

汽车制造业同普通的电子产品制造不同。汽车的制造涉及多种工艺门类的协作,装配工艺相对复杂。在福特提出了流水线生产的方式以后,汽车的生产效率大幅提升,现代的汽车生产线,大约每 2～3 min 就有一辆汽车被制造出来。汽车制造,一般是根据经销商的订单需求进行排产,热销的汽车型号一个月的最大产能可以达到三万到五万台。

航空、航天、军工产品采用小批量多种类的生产模式。这一类的产品的市场需求数量有限,并且不面向普通消费者,再加上其产品的自身特点,不能够采用完全的自动化流水线进行生产。在现代生产制造技术日益发达的今天,快消电子产品每天以数十万台的数量被制造出来,但是对于军工与航天产品来说,每个月单个型号的产品数量可能屈指可数。

核安全级电气控制机柜面向的客户是核电厂,单个核电机组的核安全级控制机柜交货数量在 100 台左右,且每一台交付的核安全级控制机柜内部结构与接线关系都不完全相同。其产品的规模和自身的结构特点,使核安全级控制机柜的制造具有与其他行业不同的特点:供货周期长,机柜种类多数量相对较少,整个系统一并交付,无法采用全自动化生产线。

2) 核安全级控制机柜装联工艺流程

工艺流程是预先规定好的制造工序的有序组合。工艺流程规定了产品在装配时各个工序的先后顺序,是制造过程中最重要的参考依据。合理的工艺流程可以提高生产制造的效率并减少资源浪费。

为了更好地理解机柜的装配工艺流程,首先需要了解机柜的结构组成。核安全级控制机柜主要包含机柜内部的结构件、功能机箱、机箱内部的功能模块、预制电缆、各类电子电气元件、导线、电缆、光纤、光缆、各类电气连接端子、生产用的辅料。

要把这些部件组合成一台具有一定功能的机柜,电装操作人员需要知道在什么时候进行机箱的装配,什么时候进行预制电缆的制作,什么时候安装机柜内的电气元件,以及什么时候连接机柜内部的电缆。工艺流程的作用就是告诉电装操作人员先做什么后做什么。

不同的核安全级控制机柜的制造方都会有适用于自身情况的工艺流程。本节中所列举的工艺流程只是一种通用的机柜装配流程,如图 4-1 所示。

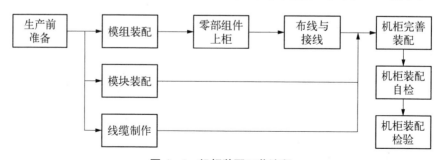

图 4-1 机柜装配工艺流程

机柜的模组装配、模块装配、电缆制作这三个工序是并行的。并行的工序,互不影响,各自独立,它们不会因为其他工序的完成与否而受到限制。而其他的工序,则有先后顺序,上一道工序会对下一道工序造成影响。因此在机柜生产过程中必须严格按照流程进行。

4.2　整机生产环境与设备设施

核安全级控制机柜的集成装配涉及板级产品、模块级产品和整机级产品的生产,对场地与环境的要求较为严格。本节将根据核安全级控制机柜的生产特点,详细介绍其生产环境、场地以及设备设施的要求。

4.2.1　生产厂房的要求

核安全级控制机柜生产周期长,单批次交货数量多,机柜占地面积大,由于测试和生产同时进行,这对生产厂房的结构、面积、布局规划、生产环境、生产设施提出了相应的要求。

4.2.1.1　厂房结构与面积

用于制造核安全级控制机柜的厂房应满足下列要求。

1)厂房的结构

厂房楼层不应过高,如果厂房设置在高层建筑中,则应尽量将机柜的装配车间设置在建筑的低层。当地震发生时,楼层越高的地方,机柜的晃动幅度越大,机柜的倾倒有可能对人员和产品造成伤害。另外,单个项目的机柜可达到上百台的规模,为此需要考虑楼层的承重能力。

2)厂房的面积

厂房在策划时,应该根据项目的机柜数量,估算实际生产所需面积。这些面积包括装配用面积、测试用面积、物料暂存用面积、库房面积、员工休息区域面积、工具设备存放面积等。

3)厂房的用电、用气

厂房供电设计时,需考虑厂房内部用电设备的总功率,以满足各个生产、测试及办公设备的用电需求。表面贴装生产线以及三防涂覆车间应安装相应的高压气源。

4)起重设备

核安全级控制机柜在入库、装配、测试时会涉及机柜的转运工作。厂房在设计时,应考虑在特定的区域安装室内吊装设备。无法安装吊装设备的,应在车间规定的位置放置转运叉车、堆高车等起重设备。

5) 电缆敷设空间

机柜集成测试时需要敷设大量柜间电缆,这些柜间电缆应有专用的走线通道。厂房内需预留地面敷设线缆的空间或架设空中桥架。

6) 厂房的运输条件

厂房园区内部应该允许驶入厢式货车,并设置专门的装卸区域。

4.2.1.2 厂房的布局与规划

合理的厂房规划与布局是生产顺利进行的前提,同时还可以减少搬运时间,从而提高机柜装配整体效率。机柜的生产区域主要包括集成装配区、工程测试区、线缆制作区、板卡调试区、模块组装区、来料收货区、库房等。生产厂房的区域划分,应与机柜的装配工艺流程相结合,形成一个单循环路径。如图4-2所示为一个典型的核安全级控制机柜生产场所的布局图。

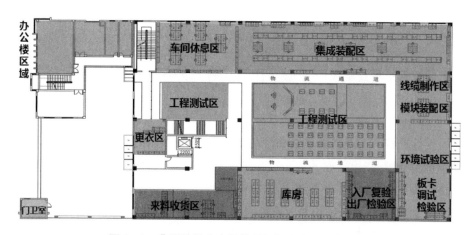

图 4-2 典型的核安全级控制机柜生产场所布局图

1) 集成装配区

集成装配区是机柜装联的主要活动区域。该区域应该布置在车间中部位置,以方便物项的转运和配送,并与其他相关区域如工程测试区、库房等相连接。

2) 工程测试区

工程测试区主要用于机柜的单体测试、工厂测试、工厂验收测试,一般与集成装配区相邻。

3）板卡调试检验区

板卡调试检验区是印制电路板组件程序下载、校准、测试及检验的区域。该区域应尽量设置在模块装配区域附近。

4）模块装配区

在模块装配时，涉及印制电路板组件的静电防护，因此该区域应该相对独立。由于印制电路板组件在装配前，需要放置在电子干燥柜中，为安全考虑，电子干燥柜应安排靠墙安装。所以模块装配区域一般设置在厂房的边缘，以方便电子干燥柜的放置。同时该区域应该配置相应的静电防护设备。

5）线缆制作区

线缆的制作与同机柜的整柜装配相独立，再加上线缆制作工序相对简单，所需工作面积小，故可以设置在厂房边缘但与机柜装配相邻的区域。

6）来料收货区

来料收货区是用于接收和暂存到货采购物项的专用区域。物项需要在该区域进行清点和暂存，并交付来料检验。为方便物料的搬运，该区域应尽量设置在厂房货梯附近。

7）库房

库房是用于存储生产用物料的专用区域。库房应与来料收货区以及入厂复验检验区相邻，方便开展物项的入库工作。

8）其他基础区域

除上述区域外，厂房内还应设置诸如办公区、车间休息区、更衣区等区域。同时必须设置路线合理的安全通道，安全通道应与厂房内所有的工作区域相连接，满足区域中的工作人员在安全事故发生时，能够快速逃生的要求。任何时候，都严禁占用安全通道。

4.2.1.3　厂房环境要求

1）温湿度要求

良好的工作环境是提高生产效率、确保产品质量的重要保障。机柜装配车间内部温度应该保持在 20～30 ℃。

湿度要求和防静电息息相关。对湿度的控制，是板级生产线需要特别重视的，因为板级产品上有大量的静电放电敏感元器件。当室内的湿度过低时，空气中的水蒸气含量比例降低，产生静电的概率增加，可能会导致一些静电敏感类器件受到静电损伤。

湿度升高，会减少静电的产生，但室内的湿度过高又会导致一些湿敏器件或印制电路板受潮气影响,对板级产品的生产造成不良后果。因此,厂房内的湿度一般要求为 30%～75%,在这个范围内,静电的产生得到了有效抑制,同时也不会因为湿度过高导致印制电路板吸潮加速。

2) 防静电要求

在现代电子产品制造工艺中,半导体材料使用广泛。金属氧化物半导体的耐击穿电压只有 50～100 V,而静电产生的电压为几千甚至上万伏特。当静电接触到这些半导体器件时,会发生静电释放,击穿半导体器件内部的电路结构,从而使器件失效。由于静电对元器件的损害有可能无法及时发现,这对产品的稳定性有着非常不利的影响。因此,凡是其中有半导体集成电路的产品的组装都对静电防护有着严格的要求。

核安全级控制机柜装配的生产车间中静电防护要求如下。

(1) 厂房修建时,应该预埋防静电地线。防静电地线和保护地线不同,是专用于静电释放的地线。

(2) 生产车间内,应铺设导静电或静电耗散型地板。

(3) 车间内部的防静电工作台应有效接地,并配备防静电座椅。

(4) 板级产品生产所使用的工具都应具有防静电功能。

(5) 在进入板级产品生产线时,应有专用设备释放人体静电。

(6) 板级产品生产线必须安装风淋系统。

(7) 板级产品生产线不能直接与其他区域相连接时,必须通过风淋室或传递窗。

3) 洁净度要求

洁净度是指环境中所含尘埃数量多少的程度,即单位体积内所含的大于某一直径粒子的数量。洁净度越高则表明空气中所含微粒数量越少,反之则越多。洁净度是制造业,尤其是精密制造、电子芯片、印制电路板组件生产领域极为重要的因素。在芯片级和板级产品的生产过程中,空气中的微粒被视为一种污染源,若不对其进行严格的控制,会导致生产产品质量不良甚至报废。在精密制造车间,如光学仪器仪表的组装车间,空气中的微粒会对产品的光学特性产生不良影响。

核安全级控制机柜中板级产品的生产车间的洁净度应达到 10 万级,即《洁净厂房设计规范》(GB 50073—2013)中规定的 8 级洁净度;整机生产线应满足洁净度 1 万级,即 GB 50073—2013 中规定的 7 级洁净度。

若板级产品生产区域与模块、整机生产区域相邻,则需在不同洁净度要求的区域之间设置专用的人工风淋通道、气闸室、物料传递窗,避免高洁净度要求的区域受到低洁净度要求区域的空气污染。

4）照明要求

对板级产品、模块级产品和整机的装联来说,照明要求和温湿度要求同等重要。板级产品在装联时,印制电路板上的器件密集度较大,如果照明不满足要求容易导致操作人员在识别图纸和器件时出现失误。当电装操作人员在进行机柜的装联时,需要识别图纸上的文字、图表以及导线的颜色和电气元件上的标记等。

一般情况下,要求总装车间内的光照度应达到 500 lx(500 lm/m²)。由于机柜装配时,外部照明光源会被机柜柜体遮挡导致机柜内部可见度降低,故还应该在机柜内部配备辅助照明设备。对板级产品装联区域这一类精密作业区域,光照度至少需要达到 750 lx(750 lm/ m²)。

4.2.1.4　噪声和有害气体控制

核安全级控制机柜的装配车间内部,应该严格按照相关的标准对噪声、有害气体进行控制,确保工作人员在健康的工作环境中进行各项工作。

1）噪声控制

研究表明,当噪声的分贝值达到 60～70 dB 时,会损害人体的神经系统。板级产品、模块和整机产品的装配都必须在相对安静的环境中进行。当工作环境的噪声无法有效控制时,会导致人员的精力不集中,增加误操作风险,进而导致生产效率和质量降低。因此,厂房在设计建造和选址时应该注意以下要求。

（1）工厂选址时,尽量避免在飞机场、铁路轨道等噪声无法避免的区域。

（2）工厂设计时,应该考虑建筑物的噪声防护措施,生产车间应该考虑使用隔声材料,确保室内的噪声控制水平满足相关要求。

（3）工厂在布局时,应将易产生较大噪声的设备与生产区域进行隔离。

（4）生产车间的噪声应该控制在 45 dB 及以下。

2）有害气体控制

在有可能产生有害气体的生产环节必须对有害气体进行有效控制。例如:在板级产品焊接的操作车间应该设置烟雾净化系统,操作人员应在安装有烟雾净化系统风口的操作台上工作,确保焊接产生的有害气体被系统吸收处理;对三防涂覆车间来说,则必须配备完善的空气净化系统,操作人员在进行三防涂覆操作时,应该根据相关的要求,佩戴防毒面具等防护用具,同时三防涂覆车间应与厂房其他区域隔离,通过门禁系统与外部相连。

3) 废物残余回收

核安全级控制机柜装配过程中,所产生的废弃线缆、材料等废料应有专门的存放区域。废弃的有毒有害化学试剂,如洗板水、酒精等应放置在专门的安全贮存区域并远离火源。

4.2.1.5 基础设施

为了满足机柜的装配要求,在厂房内部必须配置与生产相关的基础设置,以满足生产的基本要求。表4-1列出了一些常用的场地基础设施,可供参考。

表4-1 场地基础设施

序 号	名 称	主 要 用 途
1	工业除湿机/加湿器	调控场地湿度
2	专用吸尘仪	吸除多余物
3	防静电桌、椅、工作台	静电防护
4	文件柜	存放生产相关文件、资料
5	工具柜	存放生产所用工具
6	层式货架	暂时存放生产所需物料
7	双层小推车	搬运生产物料
8	单层小推车	
9	手动液压托盘车	搬运机柜、盘台等
10	堆高车	装卸机柜、盘台等
11	温湿度检测仪	温湿度监控
12	电子干燥柜	存放元器件等
13	登高梯	登高装配操作
14	移动工作台	存放装配工具

登高设施与移动工具柜在机柜装配中是必需的。核安全级控制机柜高度一般在2m左右,装配时必须配置登高的辅助设备。选用的登高辅助设备应具有防护扶手,以防止人员跌倒。为方便工具的放置与选用,还应给每台机柜配置可移动的工具柜。

4.2.2 工具与工装

合适的生产工具可以提高生产效率,减少物料的浪费。同时,可以根据机柜装配与测试的特殊要求,开发出适用于生产与测试的工艺装备,简化操作和工艺流程。

表 4-2 中列出了一些常用的装配工具。对于工具的型号与厂家,不同的核安全级控制机柜制造方有不同的选择,表 4-2 中仅列出工具的名称,不涉及具体型号。

表 4-2　机柜装配常用工具

序　号	类　别	名　称
1	标记工具	线号打印机
2		标签打印机
3	测量工具	卷尺/钢板尺/游标卡尺
4		数字万用表
5		力矩测试仪
6		拉力测试仪
7		点温计
8	光纤熔接工具	光纤熔接机
9		光纤切割刀
10		光纤剥线钳
11	断线工具	斜口钳
12		断线钳
13	焊接/压接工具	剥线钳
14		压接钳
15		焊台
16		热风枪
17	机械装配工具	导轨切割机
18		手持式电钻
19		台钻
20		台虎钳
21		丝锥
22		螺丝刀
23		套筒

（续表）

序　号	类　　别	名　　称
24	机械装配工具	棘轮扳手
25		力矩螺丝刀
26		电动力矩起子
27	通用工具	尖嘴钳
28		无齿平口钳
29		防静电镊子
30		剪刀
31		美工刀

4.2.2.1　标记工具

标记类工具主要有三类。一类是用于制作标识各个电气元件及警示说明的标识工具，还有一类是用于制作导线及线缆标识的标识工具，还有一类是专用标记辅料的标识工具。

1）标签打印机

机柜内部的大部分标签都是使用标签打印机打印的。部分线号打印机也具有标签打印功能，但其打印的标签格式和尺寸有限，不能代替标签打印机。标签打印机的易用性是选择标签打印机时应关注的重点。标签编辑软件是标签打印机易用性的关键，优秀的标签编辑软件能够简化标签设计的流程，降低重复性工作。在选择标签打印机时，应该注重考虑以下几点。

（1）标签打印机是否有完善的标签编辑软件。

（2）标签打印机能够打印的最大和最小尺寸标签是否能够满足生产要求。

（3）标签打印机的打印速度是否合适。

（4）标签打印机的打印质量是否满足要求，状态是否稳定。

（5）标签打印机的色带、打印纸的物料成本是否合适。

（6）标签打印机的色带、打印纸的更换是否简单，易于操作。

（7）标签打印机的打印纸粘贴强度是否满足工艺要求。

（8）标签打印机是否支持套色打印。

（9）标签打印机的维护和保养成本。

2）线号打印机

经过多年的发展,线号打印机已从最初的需要使用打印机自带的键盘输入打印内容、设置打印参数,发展到可以连接计算机软件,通过软件批量编辑线号内容和打印参数的阶段。为了方便操作人员打印线号,应该尽量选择可以连接计算机进行操作的线号打印机。如图 4-3 所示为常用的线号打印机。

图 4-3　线号打印机　　　　　图 4-4　端子标识打印机

3）专用打印机

专用的打印材料,如端子排标记、线缆标记条等,无法用一般的打印机进行标识打印,必须配备专用的打印设备。图 4-4 所示为专用的端子标识打印机。

4.2.2.2　测量工具

为了保证机柜的装配质量,各类测量工具必不可少。测量工具主要分为长度测量工具、通路测量工具、力矩测量工具、拉力测量工具和温度测量工具。下面将对这些工具进行简单的说明。

1）长度测量工具

长度测量工具是进行长度测量时使用的工具。常用的长度测量工具有卷尺、钢板尺、游标卡尺等。

2）通路测量工具

通路测量工具是用于测量导线通断的工具。常用的通路测量工具是数字万用表。使用数字万用表进行通路检查时,使用的挡位尽量不要选择"蜂鸣挡",而是应该选用欧姆挡,以降低误判的风险。

3）力矩测量工具

使用机柜装配的力矩工具时,除了用于定期的校准外,还应该在车间每日工作开始时使用力矩测量工具对其力矩值进行校准,主要原因如下。

（1）部分力矩工具,如特定型号的电动力矩螺丝刀,力矩值无法精确调节,必须配合力矩测试工具才能使用。

（2）可以精密调节力矩的力矩工具,在校准有效期内同样存在力矩异常的风险,必须进行日常点检。

4）拉力测量工具

压接连接所使用的各类压接工具检定时需要通过拉力值测定。压接工具的机械结构相对精密,长期使用后会有机械损伤和工具疲劳。例如,当某型号压接工具在压接 10 000 次后,其压接连接的质量就开始呈下降趋势。因此在压接 10 000 次后,就必须对该工具进行保养或者更换。但不同型号的压接钳,其功能的衰减趋势不同,且不能精确地度量。为此,车间内应配备拉力试验设备,以便对压接设备进行定期的检定和测试。建议在每日工作开始前,使用压接工具压接端子后,再对导线进行拉力测试。

5）温度测量工具

这里所说的温度测量工具,除了用于检测生产场地温度的温度计外,还有专门用于测量焊台烙铁头温度的"点温计"。手工焊接工艺中,焊接温度和时间是重要的工艺参数。焊台作为计量工具,需要定期校准;对于具有特殊要求的焊接,其关于烙铁头温度的控制非常严苛。因此,当需要精确控制烙铁头温度时,应使用点温计对烙铁头的温度进行监测。

4.2.2.3 光纤熔接工具

光缆连接时需要对光纤进行熔接操作。光纤熔接是一项高要求的工艺技术,使用的主要工具如下。

1）光纤熔接机

光纤熔接机是一种精密工具,其使用、保管、保养、维修都应该配有专门的人员及工作流程。任何违反规范和流程的操作,都可能造成光纤熔接质量下降,人员或设备损伤。制造方应该建立健全光纤熔接机的使用维护等规章制度,以确保光纤熔接机的使用处于受控状态。

选择光纤熔接机的型号时,尽量选取自动化程度高、功能丰富、焊接质量可靠的光纤熔接机。在光纤熔接的操作中,好的工具是质量的重要保障。

如图 4 - 5 所示为一台常用的光

图 4 - 5 光纤熔接机

纤熔接机。

2）光纤切割刀

光纤切割刀有光纤切割与废纤收纳功能，对光纤熔接具有关键作用。因为光纤熔接对光纤的切割断面有非常严格的要求，当且仅当光纤的切割断面平整度满足要求时，光纤才能熔接成功。光纤切割刀分为手动与电动两种类型。手动光纤切割刀操作简单，但对操作者的技能要求较高，电动光纤切割刀的操作相对复杂，但其切割质量一般不会随着操作者的技能不同而产生波动。操作者应该根据自己的实际情况选用合适的光纤切割刀。

如图 4-6 所示为一台手动光纤切割刀。

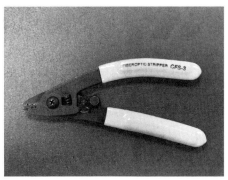

图 4-6　手动光纤切割刀　　　　　　　图 4-7　剥纤钳

3）剥纤钳

剥纤钳又被称为米勒钳，是专门用来剥除光纤外保护层及涂覆层的专用剥线工具。剥纤钳分为"两口"和"三口"两种类型。"两口"和"三口"是指剥纤钳的剥线口数。使用最多的是"三口"的剥纤钳。对于三口的剥纤钳，其三个口分别用于剥除外保护层、内保护层、涂覆层。

如图 4-7 所示为一把三口的剥纤钳。

4.2.2.4　压接和焊接工具

核安全级控制机柜内部的导线连接主要采用压接连接工艺，部分连接采用手工焊接工艺。压接及焊接使用的相关工具如下。

1）斜口钳和断线钳

斜口钳主要用于导线或其他软性材料的剪切。

断线钳主要用于大外径线缆或光缆的剪切。对于小外径的导线，由于其外径小，使用斜口钳就可以满足剪切要求。但对于外径大、质地坚硬的线缆或

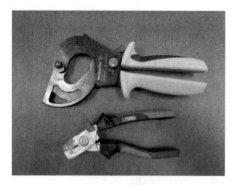

图 4 - 8　断线钳

者光缆来说,必须配备专用的线缆剪切工具进行剪切。断线钳的型号规格多种多样,根据实际需求选用即可。如图 4 - 8 所示为常用的两种断线钳。

2) 剥线钳

根据其剥线原理,剥线钳分为冷剥和热剥两种。冷剥是一种机械剥线方法,通过机械钳口对导线的绝缘皮进行去除。这种冷剥的剥线钳操作方便,环境适应性强,在核安全级控制机柜装联中广泛使用。机械冷剥的剥线钳有损伤导线芯线的风险,在使用时,应该注意挡位与导线线径的匹配。热剥是一种通过高温方式切断导线绝缘皮的剥线方法,这种方法可以有效地避免导线芯线的损伤。但由于热剥工具需要用电,没有机械剥线钳方便,所以在核安全级控制机柜的装配过程中,使用更多的是机械剥线钳。

3) 压接钳

压接钳是无焊压接连接工艺中最重要的工具。压接钳需要根据压接端子或插针、孔的型号进行选择。不同的压接钳对应不同端子的压接操作。

4) 焊台

需要根据实际的焊接情况选择合适的焊台。建议选用带热补偿的大功率智能烙铁,这种电烙铁通过芯片控制热补偿,可以尽量保持烙铁头的温度稳定,具有较强的适应性。

5) 热风枪

热风枪是一种专用的局部加热工具,在机柜装配时多用于热缩管的热缩处理。使用热风枪时,应根据热缩管的热缩温度调节热风枪的参数,但设置温度不能超过周边有可能受到的热波及电气元件的最高耐热温度,否则会造成物项的高温损伤。

6) 下线机

导线下线可采用手工下线或者机器下线的方法。手工下线操作灵活,但效率较低。在确定导线尺寸后,可以使用专用的下线机进行导线的下线。

图 4 - 9 所示为一台常见的下线机。

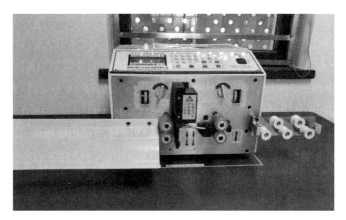

图 4 - 9　下线机

4.2.2.5　机械装配工具

核安全级控制机柜机械装配所使用的工具型号各异,功能各不相同,有些甚至带有一定的危险系数,如电钻、台钻等工具。因此,应该制定相关的安全操作规程并由专人进行操作。涉及机械加工的工作,由专业人员操作,电装人员应尽量避免对产品进行机械加工操作。

1) 导轨切割机

导轨的安装长度根据不同的机柜器件布置会发生变化,需要根据实际情况进行剪切。使用手工锯或者普通的角磨机进行导轨切割的方法不仅危险系数高而且切割质量差。导轨一般都有其生产厂家配套研发的导轨切割专用工具,使用这些工具对导轨进行切割,具有简单、高效的优点。

2) 手持式电钻

由于机柜的布置不同,部分器件无法设置通用的安装孔,需要根据每个机柜的不同布置,临时进行安装孔的配打。配打安装孔可使用台钻或者手持式电钻。但台钻的体积大,无法灵活移动,对部分安装支架来说,可移动的手持式电钻更加便捷,利于操作。

3) 台钻

台钻和手持式电钻的功能基本相同,主要用于对机柜内部的安装孔的配钻。手持式电钻虽然使用方便、灵活,但由于使用时需利用手控制打孔的稳定程度,其打孔的精度和操作安全性相对较低。台钻的使用可以很好地解决这一问题。台钻需要固定在操作台上,因此其打孔的稳定性和精细程度都得到了一定的提高。图 4 - 10 所示为常见的台钻。

图4-10 台钻

4）台虎钳

台虎钳是一种专门用于夹持加工件的专用工具。对于一些硬度较大或者在操作过程中易产生位移的物项，在对其进行钻孔等机械加工操作时，必须使用台虎钳进行夹持和固定。如图4-11所示为常见的台虎钳。

图4-11 台虎钳

5）丝锥

需要配打安装孔的安装面板和支架在打孔后还需要使用丝锥攻出内螺纹。丝锥的规格分为公制、英制和美制三种，选择丝锥的规格时，需要根据机柜的螺钉、螺母的规格进行。由错误规格的丝锥攻出的内螺纹，会导致正常安装无法进行。丝锥根据攻丝对象的不同，可分为头锥和二锥，通孔攻丝一般选择头锥即可。

6）螺丝刀

螺丝刀又称为起子,是一种用于拧紧螺钉的专用工具。为方便机柜的螺装作业,应配备不同型号的螺丝刀。

7）套筒工具

套筒工具主要用于螺母拧紧,根据不同型号的螺母及安装位置,应配备不同型号的套筒工具。

8）棘轮扳手

棘轮扳手因其结构的特殊性,可以在较为狭小的空间中对螺钉和螺母进行紧固,是机柜装配中不可缺少的工具。

9）力矩螺丝刀

力矩螺丝刀用于紧固那些具有力矩要求的螺钉。应根据螺钉的不同规格,选用不同力矩范围的力矩螺丝刀以满足使用需求。对需要批量进行的螺钉拧紧操作,可以选用电动力矩螺丝刀,以降低操作人员的疲劳度。

4.2.2.6　工具的管理

工具的管理是生产装联中的一项重要工作。对工具的管理应该做到以下要求。

（1）对每个电装操作人员来说,应对已有的工具进行整理和收纳,不得将工具随意丢弃或放置,避免工具的遗失。

（2）工具的发放、回收、报废,应建立台账,对工具的领用进行严格的记录。出现工具损坏时,进行登记核实后再发放新的工具。

（3）需要检定、校准、校验的工具,应该单独建立台账,并追踪其使用情况,在工具超出校准日期之前应由专人进行回收,待重新校准后再发放至车间使用。

（4）常用的装配工具除分配给电装操作人员个人外,还应在生产场地设立公用工具柜,存放一定数量的常用工具。由电装操作人员个人保管的工具应收纳整齐,放置在工具箱或工具柜中。工具箱和工具柜内不得放置其他杂物。

（5）发放的工具应粘贴使用者的姓名。公用工具上,应粘贴共用工具的专门标签。涉及关键工艺的工具应划出特定的区域进行放置,并粘贴关键工艺工具的专门标签。

4.2.3　工艺装备

工艺装备简称工装。它是根据特定需求开发的专用的工具、夹具。在机柜装联过程中,遇到装配困难或装配效率低下的步骤时,可以考虑开发专门的工艺装备,用以解决装配问题。

不同的核安全级控制机柜制造方针对不同的操作步骤,都配有具备自身特点的工艺装备。工艺装备对生产制造非常重要。设计合理的工装,可以简化操作流程,提高装配质量,减少装配时间。

对机柜的装配来说,通用的标准工具可以满足大部分的装配需求。但装配过程中,会遇到一些特殊情况,比如在机柜的某些空间内常用的工具无法正常使用;在进行某项操作时,普通的工具用起来效率低;又或者为了优化某一项工艺流程必须使用特制的专用工具。一个产品在设计完成后进行生产制造的过程中,会遇到很多操作层面的问题,这些问题是产品的自身特性造成的。为了解决这些问题,工艺装备就应运而生。

生产工装大多都是对现有装配工具的一个辅助和补充,也是装配过程中经验积累的体现。在不同的装配领域,工装千差万别。一个用于固定电连接器的夹持底座可以是一个工装,一个用于焊接元器件抬高的金属制垫片可以是一个工装,一个用于元器件引脚成型的特制手柄也是一个工装。

4.3　生产准备工作

机柜开始装配前,需要准备文件、设备、工具,需要制作用于标记的标签,领取物料。这些在机柜装配开始前所做的工作,统称为生产准备工作。

生产准备工作可以在早期发现产品的潜在问题,是机柜生产正常进行的基础与前提。

1）文件的准备

机柜装联必需的文件包括布置图、接线图、原理图、电缆连接图、工艺文件。生产开始前,这些文件应该受控入库,并分发至生产车间。

2）物料的准备

在机柜装配开始前,应有专人按照物料清单配齐机柜装配时所需要的物料。这些物料必须经过来料检验合格后才能使用。电装操作人员在领取物料时,应该根据工程文件,仔细核实物料的型号规格、数量、外观等是否正常。

3）工具的准备

核安全级控制机柜装联过程中,需要配套多种工具。部分工具如起子、斜口钳、压接钳、剥线钳等常用的工具应该做到每个电装操作人员人手一套。特殊的工具,如力矩螺丝刀、电动螺丝刀可多人共用。

在生产开始前,电装操作人员需清点自己的工具是否齐备。对于需要检定、校准和校验的工具,还需检查其是否在有效期内。焊台、力矩螺丝刀、数字万用表等常用的计量工具必须经过检定、校准,确保工具处于有效状态。

4) 标记标签的准备

标记标签的制作是机柜装配前的一项相对繁杂的准备工作。在条件允许的情况下应该提前制作这些标记与标签,以减少后续机柜装配的等待时间。

标记标签分为两种:导线线号标签和电气元件及零部组件标签。标签制作完成后,应该将制作的标签按机柜进行分类存放备用,防止不同机柜的标签混装。

5) 产品的试装配

产品试装配的主要对象是各个结构件、机箱、模块等。这些机械加工的部件因为加工误差和尺寸链配合问题,可能会导致其在装入机柜时出现异常情况。为了避免机柜装配时出现不匹配,应该先将机箱、结构件等在机柜上进行试装配。试装配出现匹配问题时,可以在允许的范围内对机柜的结构件进行调节。

产品的试装配可提前发现装配问题,减少返工,是一项必不可少的工序。电装操作人员应该正确对待试装配工作,工艺文件中,也应提出相关的试装配要求。

6) 生产前的人员培训

为了保证参与项目的人员熟悉各类规章制度、标准体系、文件内容、生产注意事项等,参与机柜的装配人员都必须经过相关的培训。这些培训内容包括标准规范的培训、工程文件的培训、工艺文件的培训等。参与培训的人员必须考核合格后,才能从事机柜的装配活动。培训的形式可以根据实际情况来确定,但这个过程是必不可少的。

(1) 标准规范的培训。

不同的核安全级控制机柜制造方内部都有属于自己的工艺标准与工艺规范。这些标准和规范是从事机柜装配活动的准则。机柜装配过程中的任何一个操作都有标准的要求,只有满足这些要求,机柜的装配质量才能够达到既定的目标。

（2）工程文件的培训。

工程文件是机柜工程设计文件的统称。工程文件规定了机柜的原材料选型、机柜内部元器件布置、导线使用的规格以及各个接线点位的接线关系。虽然工程设计具有一致的要求，但是针对不同的核电项目来说，它们的工程文件还是各有不同。工程文件培训主要是为了让电装操作人员对机柜的配置、结构、接线关系有一个初步的了解。工程文件培训可以减少电装操作人员熟悉图纸的时间。

（3）工艺文件的培训。

对不同的项目与不同的机柜来说，工艺文件的内容是不尽相同的。虽然工艺文件中，对标准工艺操作的要求基本一致，但对于不同的项目与机柜，它们的安装流程、注意事项、检验点等要求都会有所改变。工艺文件是机柜装配的指导文件，会根据不同的机柜提出不同的要求，这些要求都关系到机柜的装配质量。

4.4 标记与标签

标记和标签在核安全级控制机柜中很常见。标记与标签其实都是一种标识，在机柜的装联过程中有着重要的作用。不同类型的标签对应不同的材料和标记方法，需要根据具体的情况进行选择。标记和标签的制作与使用关系到机柜装联的整体质量，是一件不能忽视的工作。本节将详细介绍不同种类的标记与标签，所列的标记材料和方法仅作为参考，操作过程中任何满足要求的材料和标记方法都是可用的。

标记和标签有三个作用：第一，在机柜的集成装配时，标签和标记可以帮助电装操作人员和检验人员辨识导线连接点和器件安装位置；第二，机柜在使用过程中，标记和标签可以为使用者提供额外的信息，对产品的维护及维修也具有重要作用；第三，部分标记和安全相关，可以提醒操作人员注意安全防护，如图 4-12 所示，对机柜中的 220 V 电源进行了安全警示标识。

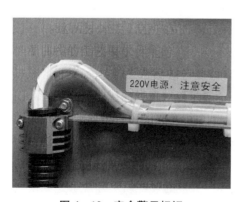

图 4-12 安全警示标识

根据标记的内容和标记形式,我们可以将标记分为多个种类。各类标记和标签的分类如表 4 - 3 所示。

表 4 - 3　标记标签的分类

序　号	标记种类	标记材料	标　记　作　用
1	导线标记	热缩套管、线号管	标识导线的连接关系
2	电缆标记	PET 贴纸	标识电缆的编号连接点位
3	电气元件标记	PET 贴纸	标识电气元件的设备编号
4	接线端子标记	标记号牌	标记端子排的编号和端子的位号
5	安全标记	PET 贴纸	安全提醒

4.4.1　导线标记工艺

导线标记在机柜集成装配的标记中占据了较大的比例。导线的标记直接关系到导线的布线、连接和检验,因此需要对导线标记进行特别关注。本节将对导线标记的材料、工具、工艺要求进行详细阐述。

1) 导线标记材料的选择

一般情况下,导线的标记采用热缩套管或线号管。导线标记时,将标记的内容打印在热缩套管或者线号管上。热缩套管具有热缩功能,可以适应不同线径的导线。热缩套管标记经过热缩后,可以紧密贴合在导线上,不会横向滑动。在实际生产过程中,由于热风枪的使用受到限制,并不能将热缩套管作为导线标记的唯一选择。应该根据实际的使用情况,选择热缩套管或线号管作为导线的标记。当然,也可以调整线号标记的制作流程,在机柜开始装配前,就将热缩套管的线号标识制作完成。

2) 热缩套管与线号管

热缩套管在作为导线标记使用时,应该选择表面没有字符的型号,热缩套管生产厂家生产的热缩套管分为两种类型:表面带有字符和表面不带字符。表面带有字符的热缩套管不能用做导线标记使用,原因在于该类热缩套管的外表面具有特殊的涂层,对线号进行打印时会影响线号的清晰度,同时这种热缩套管的表面字符会影响线号标记的阅读。

与热缩套管不同,线号管由于不能收缩,为了保证其在导线上可以稳定安装,内部具有锯齿状结构。在选择线号管时,要确认线号管的内部是否有锯齿状结构,

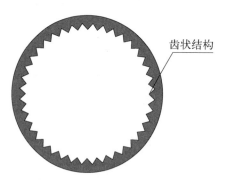

齿状结构

图4-13 线号管的截面示意图

没有锯齿状结构的不能作为线号管使用。线号管的截面示意图如图4-13所示。

3）线号标记的尺寸匹配

导线的线径必须同热缩套管或者线号管相匹配才能使线号标记在导线上不致移动。

表4-4所示为推荐使用的热缩套管和线号管对应导线线径的匹配表，制作线号标记时应根据实际情况进行选择。

表4-4 导线标记材料对应导线线径

序　　号	导　线　规　格	线号标记材料
1	$0.5\ mm^2$	热缩套管（推荐）、线号管
2	$0.75\ mm^2$	热缩套管（推荐）、线号管
3	$1.0\ mm^2$	线号管（推荐）、热缩套管
4	$1.5\ mm^2$	线号管（推荐）、热缩套管
5	$2.5\ mm^2$	线号管（推荐）、热缩套管
6	$4.0\ mm^2$	线号管（推荐）、热缩套管
7	$6.0\ mm^2$	热缩套管（推荐）、线号管
8	$8.0\ mm^2$	热缩套管（推荐）、线号管
9	$16.0\ mm^2$	热缩套管（推荐）、线号管

4）线号标记的规则

线号标记必须遵循一些固定的规则。这些规则是为了使导线标记统一、便于识别、减少歧义的产生。总体来说，线号标记可以分为三种：本端标记、两端标记和独立标记。这三种标记方法在不同的行业中均有运用。

本端标记法是电子电气产品装联领域中使用最广泛的一种标记方法，这种方法制作简单、便于识别。本端标记即导线连接端同其线号标记的位置相同。

如图4-14所示，A、D两个元器件通过导线相连，线号"A1"表示导线应连接该器件"A"的"1"号接线脚。本端标记的线号包括了该接线端电气连接的信息，便于电装操作人员的接线操作。在检修和排查故障时，可以根据线号标记了解该点是否接线正确。

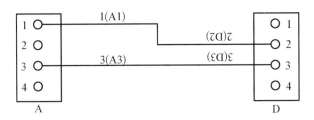

图 4-14　本端标记图示

当线号标记制作错误，或者在线号管穿入导线时发生了混淆，那么电装操作人员可能会根据错误的导线线号标识，将导线连接到错误的接线端。在接线检查时，仅凭线号管上的标记是无法确认其连接的正确性，这是本端标记的弊端。

两端标记，即该类标记同时标识出一根导线两端的连接信息。

如图 4-15 所示，连接器件"A、D"的线号标识"A1-D3"表示：一根导线从器件"A"的"1"接线脚连接到了器件"D"的"3"接线脚。两端标记的优势是可根据导线线号信息了解到该根导线完整的接线关系，便于检验和故障排除。

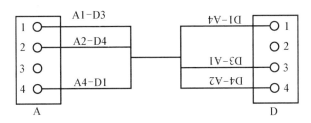

图 4-15　导线两端标记

但是两端标记的内容多，会增加标记的制作时间。同时，由于标识内容的增加，线号管必须加长，这会在一定程度上影响产品的装配和美观程度。

独立标记是指导线的标记号和其连接的点位无任何关联的一种单独标记。

从图 4-16 中可以看出，导线上的标识"9-1"并没有标识导线的连接关系。这种独立于连接关系的线号标记是最为简洁的线号标记。

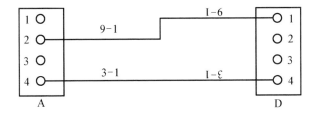

图 4-16　独立标记

5）线号标记的制作

在进行导线线号打印时,操作人员应熟练操作设备,按工艺文件的要求设置设备的各项参数,同时注意以下要求。

（1）同一个设备内部的线号标记,其字体、字距、字号,线号管的长度应该尽量保持一致。

（2）线号标记的读取顺序为从左往右。

（3）线号管上的字体应该能够清晰读取,避免出现字符过淡、字符缺陷等异常状况。

（4）线号管上的数字,如"6""9",在某些情况下有误读的可能,尽量在设备上对这些易混淆的字符进行特殊设置。

4.4.2　电缆标记工艺

导线线束、预制电缆、光缆等在这里统称为电缆。电缆的主要特点：内部有多根导线,并且其线束外径较大,导线标记的材料与设备不能满足电缆的标记要求。

除了标记的材料和设备不相同外,电缆标记的内容也与导线有所不同。导线连接的是具体的接线点位,而电缆连接的是不同设备或者接口,这些设备或者接口可能并不在同一个机柜或者设备的内部。这就要求电缆标记的信息必须尽量详细。

不同的电缆标记会使用不同类型的标记材料,需要根据不同的情况来进行选择。表 4-5 列出了不同类型电缆的标记材料。

表 4-5　电缆标记的材料选择

序　号	电缆类型	标 记 材 料
1	光纤/网线	旗型标记、专用标识管
2	光　缆	缠绕标记、专用标识管、标记条
3	一般电缆	缠绕标记、专用标识管、标记条
4	预制电缆	缠绕标记、专用标识管、标记条

1）旗型标记

旗型标记大多使用在线径较小的电缆的标记活动中。该标记制作简单,标识清晰,但标记较多时,外观显得较为凌乱。实际应用中应根据自身条件及客户要求决定是否选用旗型标记。如图 4-17 所示为旗型标记的实物图。

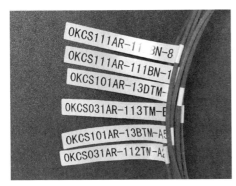

图 4 - 17　旗型标记

图 4 - 18　专用标识管

2）专用标识管

专用标识管是一种专门用于标识电缆的生产辅料，它不仅可以用于电缆的标识，还可以用于其他产品的标识。

专用标识管如图 4 - 18 所示，其标记内容被保护在盒体内部，不易损坏。

3）缠绕标记

缠绕标记是将印好标记信息的标签纸缠绕在电缆上。这种标记方法一般用于线束外径较大的电缆。由于缠绕标记靠标签上的胶体附着在电缆的外层，长时间使用后可能会因为胶水的老化而脱落起翘。缠绕标记如图 4 - 19 所示。

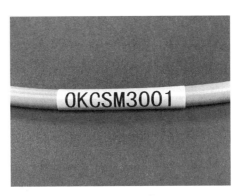

图 4 - 19　缠绕标记

4）标记条

标记条主要用于外径较大的光缆及电缆的标记。标记时，将标记信息打印在条形的标记材料上，再使用线束扎带固定。标记条使用方便、固定牢靠、标识清晰，但需要使用特定的辅料和打印设备进行制作，会在一定程度增加标记成本。

如图 4 - 20 所示为标记条标记。

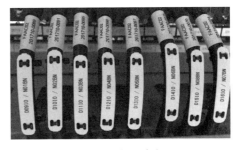

图 4 - 20　标记条标记

4.4.3 电气元件标记工艺

电气元件的标记作用是将机柜内每一个电气元件进行编号和命名,以方便这些电气元件的接线与装配。

1) 电气元件标识的命名

在核电行业中,各电气元件的标识号同其他行业有所不同。各类电气元件都有各自的命名编号规则。表 4-6 中列出了核电行业内部分电气元件的代号(缩写)。

表 4-6 部分电气元件的代号(缩写)

序 号	设 备 名 称	设备代号(缩写)
1	继电器、信号倍增器	UM
2	端子排	BN
3	浪涌抑制器	FU
4	电源滤波器	FI
5	空气开关	JA
6	电源模块	AL
7	风扇	ZV
8	温度调节器	CT
9	门限开关	UY
10	机柜门灯	LA
11	协议转换模块	CI
12	其他设备	CM

2) 设备标签和位置标签

假设某个电气元件损坏后需要更换,这时需要确认两个问题:第一,需要更换哪一个电气元件;第二,这个电气元件的安装位置在哪里。电器元件标识的过程中,在空间和位置允许的情况下,应该把一个标识粘贴在电气元件本体上(设备标签),另一个标识粘贴在该电气元件的安装位置(位置标签)。这样,当需要更换电气元件时,取下该电气元件后,仍然能够知道这个位置安装器件的信息。

如图 4－21 所示为位置标签和设备标签。

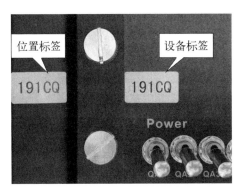

图 4－21　位置标签和设备标签

3）标签的制作要求

标签的大小和具体的粘贴位置可根据设备的具体情况确定。电气元件的标签应该注意以下要求。

（1）标签应该清晰、醒目。

（2）标签的字体应该易于读取，且字迹清晰容易辨识，不能出现不能读取的情况。

（3）标签不能遮挡元器件本体的信息。

（4）如果有位置标签，则位置标签应该粘贴在容易看见的地方。

（5）标签材料应该选用在高温下不易老化的材料。

（6）标签制作时，尽量在标签的四周倒合适的圆角，以防止标签起翘。

（7）尽量选用无卤阻燃的标签制作材料。

4.4.4　接线端子标记工艺

接线端子是用于电气转接的一类电气元件，将多个接线端子组合在一起就形成了端子排，端子排在电气连接时可看做一个整体。单个接线端子和端子排的标记是不同的。

1）单个端子的标记

根据所实现的功能不同，端子分为多种类型。例如，一般的接线端子、二极管端子、保险丝端子、刀闸端子等。尽管这些端子型号不同，外形尺寸也有差异，但其标记的方法和要求都是一致的。

接线端子的标记是卡扣式，即在一个小型的卡扣式标记牌上打印标记信息，将该标记牌卡装进接线端子的卡槽内部。端子的标记如图 4－22 所示。

端子标记安装时，应尽量使用整条标记号牌，减少单个端子标记号牌

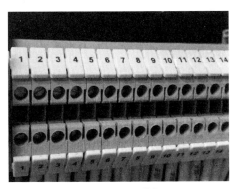

图 4－22　端子的标记

出现的情况。单个端子标记号牌与接线端子的接触面有限,可能会因为振动而掉落。如果无法避免单个端子标记号牌的使用,则应对其进行加固处理。

图4-23 端子排的标记

2）端子排的标记

在工程设计中,端子基本都是成组出现的。为了区别不同的端子排,需要对端子排进行标记。端子排使用"端子标识条"进行标识。端子标识条采用插装方式,插装在用于固定端子排的终端固定件的插槽内。图4-23所示为端子排的标记。

3）端子标记的制作

端子标记必须使用端子专用的标识材料。在材料采购时,可以委托供应商将端子标识的内容制作好,以便在安装端子时可以直接使用。但由于不同机柜内的端子标记不可能完全相同,提前制作端子标识可能会造成端子标识的浪费或缺料。

为了减少浪费,提高端子标识的利用率,可购买空白的端子标识,再使用专用的打印机进行端子标识的打印。采用打印机进行端子标识的打印,可以根据实际情况调整标识内容,使用相对灵活。

当项目机柜较多时,端子标识的需求量增加,单个标签打印机可能无法满足生产的要求。针对这种情况,可以采购多台端子标识打印机,或者购买部分常用的已经打印好字符的端子标识。图4-24所示为空白的端子标识。

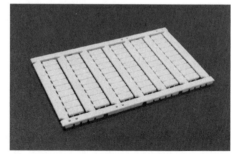

图4-24 空白的端子标识

4.5 模块软件下载和校准

将印制电路板组件装入专用的插件盒之前,需要对其进行软件下载、校准等工作。一般的功能模块在装入插件盒后,内部的调试接口被插件盒外壳所遮挡,无法进行软件下载和校准。因此,印制电路板组件的软件下载及校准必须在模块组装之前进行。

4.5.1　模块软件下载

模块级软件与平台软件、工程师站软件不同,是用于实现模块本身功能的软件。这些软件需要通过特殊的程序和下载工具,烧录到模块的芯片中。主控模块、通信模块、调理模块、优选模块等都需要进行软件下载,只有经过软件下载后,这类模块才能实现相应的功能。

1) 模块程序下载工具及软件

根据模块内部所使用芯片的厂家不同,模块程序下载所使用的软件和工具都有所不同。表 4 - 7 中列出了几种常见的模块程序下载软件及其下载器。

表 4 - 7　模块程序下载软件及工具

序　号	芯片厂家	下　载　器	程序下载软件
1	ACTEL	Microsemi FlashPro4 下载器	LiberoSoc
2	ALTERA	ALTERA usb-blaster 下载器	Quartus II
3	TI	J-Link 下载器	J-link

模块程序下载时,应该根据实际的情况选择合适的软件及下载器。各个软件的使用和基本操作都不尽相同,在此不再赘述。

2) 程序下载工装

模块在进行程序下载时,需要制订专用的工装以方便模块的程序下载操作。简单的程序下载工装仅提供供电及断电保护功能即可。复杂的工装可以将工控机、模块供电背板以及下载器等集成在一起。工装的复杂程度可根据生产的实际情况进行选择。图 4 - 25 为简易的程序下载工装连接图。

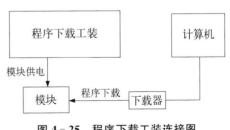

图 4 - 25　程序下载工装连接图

3) 程序下载版本管理

功能模块内部的程序都带有程序版本号。为了方便后续对模块内部的软件进行维护和更改,必须对程序版本号进行有效记录。除了在模块软件下载

名　称	版本号
bootloader	
nomal	
FPGA	
WDD	

图 4 - 26　模块程序版本标签

工装的工艺流程卡中记录外,还应在模块外壳规定的位置对模块软件版本进行标识。不同的模块由于其内部芯片不同,应制作不同的标签,用以标识不同模块的程序版本状态。

如图 4 - 26 中所示为一个常用的版本标签样式,各个模块应该根据实际情况对标签进行定制。

4.5.2　模块校准

模拟量输入/输出模块、模拟量调理模块、热电偶/电阻调理模块等,其内部传输和处理的是模拟信号,需要对其内部的通道进行校准操作。精度的校准是通过输入信号与输出信号的对比来判定通道内信号的精度是否满足要求。只有通过校准后的模块,才能正常稳定地工作。本节将简单介绍模块的校准操作。

1) 模块校准软件

模块校准可使用 PuTTY 软件。PuTTY 软件是针对 x86 平台开发的、免费开源的 Telnet、SSH 以及串行接口连接软件。在模块的校准过程中,主要使用的是该软件的串行接口连接功能,通过该软件对模块内部的各个通道的传输精度进行校准。

2) 模块校准的工具及设备

模块校准需要使用专门的工具、设备和工装。针对不同的模块,其校准的工装和方法都有一定的差别。模块校准使用的主要工具和设备如表 4 - 8 所示。

表 4 - 8　模块校准的主要工具和设备

序　号	工具工装名称	工具作用
1	过程校验仪	输出并测试模拟量型号
2	测试底板	连接测试模块
3	调试电脑	校准操作
4	USB 转串口线	连接电脑和测试底板
5	半预制电缆	连接模块接口

3) 校准模块的标识

校准后的模块应该粘贴相应的标识,用以标识其校准状态。对于热电偶、热电阻调理等具有量程的模块,还应该在模块外壳标识出该模块的量程数据。

4.6　模块装配

当印制电路板组件装焊完成,经过调试、下装和校准后,最终要将印制电路板组件装入不同结构的插件盒,以形成不同的功能模块。将印制电路板组件装入插件盒的过程,涉及手工焊接和机械装配的内容。

1) 功能模块的分类

不同的核安全级控制机柜制造方研制的功能模块有各自的特点,这些模块从外观到具体的内部结构都是不同的。根据模块的安装方式可以将模块分为插件和螺装件。插件是模块装配完成后,可以直接插装在机箱背板上的模块,而螺装件则需要使用螺钉固定。各类模块根据其尺寸的不同,可以分为两类:3U 模块和 6U 模块。

部分模块除需装配印制电路板组件外,还需要安装按钮开关、钮子开关、钥匙开关和液晶显示屏等零部件。功能模块的分类如表 4 - 9 所示。图 4 - 27 是 3U 模块示意图,图 4 - 28 是 6U 模块示意图。

表 4 - 9　功能模块的类别

序　号	安装类型	尺寸类型	备　　注
1	插件类	3U	可以直接插装在机箱的背板上
2		6U	
3	螺装类	/	螺装类模块一般不能直接插装在机箱内

图 4 - 27　3U 模块示意图

图 4 - 28　6U 模块示意图

2）模块的螺装

插件盒内部用于固定印制电路板组件的螺钉安装位置会随模块型号的不同而变化。在进行模块的螺装时，印制电路板组件应与模块的插件盒一一对应。模块螺装时的具体力矩要求可参见第5章的内容，在此不再详细说明。

将印制电路板组件装入插件盒时，需要注意以下要求。

（1）电装操作人员需要穿防静电服、戴防静电帽，佩戴防静电手环，必要时佩戴防静电指套，在防静电工作台上进行模块的装配工作。

（2）印制电路板组件在装入插件盒之前，应该放置在专用的防静电搁架上，禁止对印制电路板组件进行堆叠。对于具有特殊结构的印制电路板组件，还应考虑制作专用的工装或夹具进行放置。

（3）在紧固印制电路板组件的固定螺钉时，应该根据螺钉规格确定相应的力矩值，按力矩值进行螺钉的紧固。

（4）螺钉紧固时，需要对固定螺钉循环拧紧，禁止一次性将一颗螺钉完全拧紧，这样会使印制电路板组件受到应力，导致其翘曲变形。

（5）固定螺钉时，应该注意是否存在螺钉头压住印制电路板组件上印制线的情况，若存在螺钉压住印制电路板组件内部印制线的情况，应在相关的螺钉下方增加绝缘垫片，防止特殊情况下印制线内部信号受到干扰。

3）模块内部器件的安装

结构简单的模块仅需将印制电路板组件固定在插件盒内，再合盖即可。但部分模块内部还有需要装配、焊接的元器件。装焊时，注意以下要求。

（1）按钮开关、钮子开关、钥匙开关在装入插件盒之前，应进行试装，确定它们的安装孔尺寸是否匹配。当插件盒的安装孔无法装入这些元器件时，需要进行扩孔处理。禁止在印制电路板组件装入插件盒之后，再对插件盒的元器件安装孔进行扩孔，因为这时扩孔可能会损伤印制电路板组件并产生多余物。

（2）模块内的按钮开关、钥匙开关等的接线柱一般都采用镀金处理，在焊接前应进行除金与搪锡。

（3）焊接时，在元器件引脚上套装热缩套管，焊接后热缩。

（4）钥匙开关安装时，需要对准模块面板上的指示字符。

（5）焊接排线时，应先确认排线中导线的序号。一般排线中的红色导线为"1"点，其余的点位按顺序依次递增。对于排线中不需使用的导线，可以剪切后做绝缘处理。排线的引脚编号如图4-29所示。

图 4 - 29　排线引脚编号

（6）导光柱本身不具备任何的电气功能，仅有"导光"作用。安装时，直接将导光柱插装在印制电路板组件的槽位上，插接牢固即可。

4.7　电缆加工

根据电缆的结构不同，可以将电缆分为预制电缆和半预制电缆。预制电缆两端都已经连接了电连接器，而半预制电缆则是一端连接连接器，另一端仍是未经处理的导线。

根据电缆使用位置的不同，电缆又可以分为柜内电缆和柜间电缆。柜内电缆是指机柜内部连接不同元器件或者模块的电缆。柜内电缆实际上是机柜的组成部分，需要在机柜集成装配时进行安装。

柜间电缆是连接不同机柜或机柜与其他设备的电缆。这些电缆并不属于某个机柜，而是整个系统的一部分。在集成测试时需要进行柜间电缆的连接。柜间电缆与柜内电缆的制作工艺有所区别，在本节中，仅对柜内电缆的制作进行说明。

1）电缆长度的测量与误差

不同接头的电缆长度测量位置略有差异。图 4 - 30 所示为不同接头电缆长度测量位置的示意图。

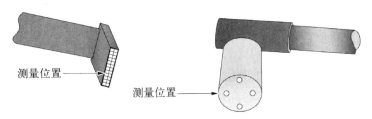

图 4 - 30　电缆长度测量位置的示意图

电缆的长度应该符合一定的误差范围，允许的误差范围与电缆本身的长度有关。表 4 - 10 显示了不同电缆长度的允许误差范围。

表 4－10   不同长度电缆的允许误差范围

电缆长度	测量公差	
≤0.3m	＋25 mm	－0 mm
＞1.5 m	＋50 mm	－0 mm
＞3 m	＋100 mm	－0 mm
＞7.5 m	＋150 mm	－0 mm
＞7.5m	＋5%	－0%

由表 4－10 中可以看出,电缆长度允许的误差都是正公差。在工程文件或者工艺文件中,应该对预制电缆长度的误差范围做一个明确的要求。

2)电缆的制作

预制电缆的制作包括电缆的下料、电缆的预处理、电连接器的焊接或压接、电缆标记等内容。

(1)电缆的下料:电缆的下料是制作预制电缆的第一个步骤。电缆的外径一般都比较大,需要使用专业的电缆裁剪工具,注意不要使用斜口钳或者一般的钳子对电缆进行剪切,使用非专业的钳子对电缆进行剪切时有可能对人员和电缆造成伤害。

在量取电缆的长度时,电缆应伸直,不能过度弯曲(这会导致长度出现较大的误差)。电缆下料的长度并不等于电缆设计的长度,下料的长度应在电缆设计长度上增加电缆预处理长度。在对电缆进行切割时,尽量使得电缆的切口平面与其轴线垂直。

(2)电缆的预处理:在电缆下料完成后,需要对电缆的首尾两端进行处理。处理后的电缆才能进行后续的压接或者焊接工作。

①电缆绝缘皮剥除:电缆的结构复杂,除外部的绝缘层,还有内部的屏蔽层,以及其他缠绕材料。在对绝缘皮进行剥除时,应该注意不要损伤到屏蔽层的丝网。电缆的绝缘皮一般都比较厚,可采用专用工具对电缆绝缘皮进行剥除。如图 4－31 所示为一种专门用于电缆绝缘皮剥除的工具。

除非有特殊情况,否则不应使用美工刀或者刀片对电缆的绝缘皮进行剥除,这种剥除方法不能有效控制剥除深度,容易对电缆内部的屏蔽层和芯线造成损伤。

②屏蔽层处理:机柜内部的预制电缆都需要进行屏蔽处理。屏蔽层是编织成型的网状结构,屏蔽挑头是一项非常繁复的工作,需要根据编织的方向,

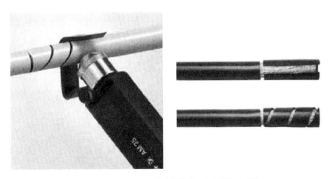

图 4‑31　电缆绝缘皮剥除工具

将屏蔽层一根一根的挑出,扭成一股后套入热缩套管热缩。要根据屏蔽连接点位,使用相应的端子对屏蔽层导线进行压接。

③ 导线绝缘皮的剥除:为了方便后续连接器的压接或焊接,可提前剥除电缆内部导线的绝缘皮。剥除导线绝缘皮时,应注意不能损伤导线的芯线,绝缘皮剥除的长度应该根据焊接或压接的实际情况来确定。

(3)电连接器的焊接或压接。

机柜内部使用的预制电缆一般采用焊接或者压接的方式与电连接器相连接。在焊接之前,应对电连接器的焊杯进行去金和搪锡工作,以增强焊杯的可焊性。焊接完成后,用热缩套管对焊点进行保护。

电连接器压接时,需注意使用正确的压接工具、压接挡位、且导线的芯线必须和压接端头相匹配。具体可参考第 5 章内容。

(4)电缆标记。

电缆加工完成后,需对电缆进行标记,标记内容主要包括电缆的名称、型号以及电缆的连接关系。电缆具体的标记方法可参考本章第 4.4 节的内容。

4.8　机柜电气模组装配

在控制机柜的工程设计时,设计人员会将一组功能相似或相关的电气元件安装在某个支架或特定的位置,从而产生了多个电气元件的集合。这种电气元件的有序集合称为模组。

模组的产生是工程设计向模块化发展的一个过渡阶段。安装在同一个支架上的电源模块、空气开关、二极管可以称为电源模组;安装在同一个支架上的滤波器、空气开关、断路器可以称为滤波器模组。模组的概念在设计和制造中相互重叠,在设计过程中,模组代表了某个功能的组合,而在集成装配过程中,模组可以认为是一个能独立装配的单元。

不同机柜中,其模组的类型和数量都是不同的。但机柜内部的结构都遵循相同的设计原则,具体到机柜本身,则表现为不同的机柜具有相似的模组。根据实际情况,可将模组分为电源模组、空气开关模组、滤波器模组和其他模组。

4.8.1 电源模组和滤波器模组装配

控制机柜可以自供电,也可以通过单独的供电机柜对其进行供电。这两种供电方式决定了机柜内部是否配备电源模组。电源模组仅出现在电源柜和自供电机柜中。

可给多个机柜供电的电源柜内部电源模组数量最多,这些电源模组结构略有不同,但总体装配要求是一致的。自供电的机柜一般只有一个电源模组,布置在机柜的顶部。

1) 电源模组的组成与结构

电源模组中的主要电气元件有电源模块、空气开关、二极管、电源接线端子等。这些电气元件通过导线与电缆进行连接,组成一个模组。如图 4-32 所示为一个典型的电源模组的结构示意图。

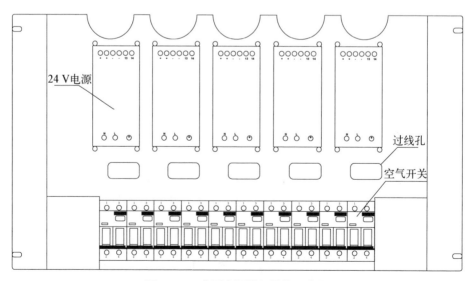

图 4-32 典型电源模组结构示意图

2）电源模组的安装注意事项

电源模组在安装时,应注意下列要求。

（1）电源模组中的电气元件安装以及导线的布线与压接应在模组装入机柜之前进行。

（2）电源模组支架在布线之前可以先将用于保护导线不受磨损的各个尖锐棱边部位进行防护。

（3）电源模组装配、接线完成后,模组的重量较大,装入机柜时,应该由多人协同作业,注意人员和产品安全。

3）电源模组的布线要求

电源模组的布线是机柜布线的重要组成部分。电源模组机柜中供电的起始位置决定了整个机柜中交流电、直流电、保护地等导线的走线位置。电源模组走线要求如下。

（1）在电源模组的支架上,交流输入导线应与直流输出导线隔离,分别走不同的走线支架。

（2）电源模组中,交流输入与直流输出的线束,应该分别从电源模组支架的左右两端分别走线,不能在同一侧走线。交流与直流导线的走线位置应该同机柜交流直流的走线位置保持一致。

（3）数字地、保护地及电源报警信号导线应该同其他导线分离,且与整柜的布线方式保持一致。

4）滤波器模组的装配

滤波器模组实际上是电源模组的一部分,因为滤波器模组的功能与电源模组相辅相成。然而在机柜设计中,由于滤波器的体积和重量都较大,为了保证装配的设备与人员安全,一般都将滤波器安装在机柜的底部,从而形成了电源模组和滤波器模组的物理分离。滤波器模组安装时,需要注意以下要求。

（1）滤波器的输入与输出端导线应该分开走线,禁止交叉。

（2）滤波器安装时,注意其安装支架上滤波器的安装位置,应未喷涂漆层。滤波器工作时,散热较大,应该在其安装底部涂抹导热硅脂以辅助散热。

（3）滤波器安装支架上,应装配挡板,防止人员接触。

4.8.2　旁通面板安装

旁通面板一般仅在核电保护组机柜中出现。当核安全级控制机柜在进行测试或维修时,需要通过旁通面板,将某些测试和维修的信号旁通掉,以防止因为信号的异常而产生系统报警与误动作。

1）旁通面板的基本结构

旁通面板的结构根据不同核电项目有所不同,面板上包含了大量的发光二极管、钮子开关、旋钮开关等。旁通面板一般安装在机柜中操作人员伸手就可以操作的位置。如图4-33所示是一个典型的旁通面板。

图4-33 典型的旁通面板

2）旁通面板的元器件装配

旁通面板上的元器件由于其排列密度大,在安装时应该安装一排,紧固一排。如果等所有的元器件全部安装在了面板上再紧固,就会因为空间的限制而导致操作不便。

3）旁通面板的导线连接

旁通面板上安装有大量的发光二极管。设计人员在进行发光二极管选型时,出于可靠性和便利性考虑,一般会选择自带线的发光二极管。但这种自带线的发光二极管自身的导线长度无法满足旁通面板的连接要求,需要对这些发光二极管的导线进行衔接处理。

（1）衔接处理。

衔接是将两根不同的导线用压接或焊接的方式连接在一起,形成一根完整导线的过程。为了操作方便,一般选取焊接衔接中的"绕接"或"散接"工艺。其中散接工艺的接头最短,衔接后导线最平整。

如图4-34所示为散接与绕接的示意图。

散接　　　　　　　　　　　　　绕接

图4-34　散接与绕接的示意图

为了保证衔接的质量可靠,进行散接与绕接操作应遵循表4-11中的技术要求。

表4-11　散接与绕接的技术要求

序　号	衔接方式	衔接技术要求	通 用 要 求
1	散接	① 散接前导线不可上锡; ② 散接的两根导线插合长度应为导线直径的3~5倍 ③ 散接后导线应充分润湿	① 绝缘套管套出衔接区域后,距离绝缘皮边缘1倍线径以上 ② 衔接部位的焊点不能刺穿绝缘套管
2	绕接	④ 绕接的两根导线至少缠绕3匝	

（2）钮子开关的焊接。

除发光二极管需要焊接衔接外,旁通面板中的钮子开关也需要进行焊接连接。钮子开关的焊接端子是焊片形式,在焊接时推荐使用勾焊方式。根据不同的型号,钮子开关上的接线点位会有所不同,在焊接时应该确定点位后再进行焊接。

（3）线束走线。

旁通面板上的钮子开关和发光二极管的数量可以达70~80个,与这些器件所连接的导线数量也随之增加。在焊接导线时,应该一边焊接,一边整理并绑扎导线。将所有的器件焊接完成后再进行导线的走线和绑扎,会降低布线及走线的质量和效率。

导线线束在走线时,应朝着旁通面板上线束的出口方向,避免导线线束在旁通面板上来回弯折。导线的主线束应该留足够的长度,保证旁通面板安装后可以呈90°打开而不损伤导线的线束。

（4）导线压接。

旁通面板上的导线一端采用焊接的方式连接到面板上的发光二极管和钮子开关上,另一端导线则汇集在主线束中后,在机柜上进行分线再连接至不同的接线点位。连接至机柜不同接线点位的连接一般采用压接的方式,具体要求可参见第 5 章的内容。

4) 旁通面板的安装

当旁通面板上的导线一端完成焊接,导线线束绑扎好以后,就可以将旁通面板安装在机柜上。由于旁通面板上的导线数量多,导线焊接后,旁通面板的质量会极大地提升,因此在安装时,需要至少三个人配合进行操作。

旁通面板一般都安装在机柜的背面,所以在安装时,应该有两名操作人员在机柜背面旁通面板的安装位置,一人用双手将旁通面板扶住,一人用螺钉对面板进行固定,与此同时,还需要有人将从旁通面板伸出的主线束捋出并暂时放置在机柜中。

当旁通面板通过螺钉固定好之后,将旁通面板向外翻开 90°,根据此时主线束的位置将主线束进行固定。主线束固定后,将旁通面板向上推至与机柜齐平,拧紧螺钉。

最后,将从旁通面板上伸出的线束按导线的接线关系进行走线。

4.9　电气元件安装

核安全级控制机柜内包含了多种电气元件。这些电气元件种类多样、安装方式各异。在机柜的集成装配过程中,电气元件的安装十分重要。这些元器件安装得牢固与否,对机柜整体性能具有重要的影响。机柜中电气元件的类别按照安装方式可以分为三类,即卡装、螺装和混合安装。表 4-12 列举了机柜中常见的电气元件。

表 4-12　机柜中常见的电气元件

序　号	安装类型	电气元件名称
1	卡装	空气开关、浪涌抑制器、继电器安装座、温度调节器、热电偶传感器、信号倍增器、接线端子(多种类型)、固态定时器、继电器
2	螺装	二极管、指示灯、钮子开关、门限开关、滤波器、电源模块、光分路器
3	混合安装	终端固定件、接触器

4.9.1　电气元件安装的总体要求

电气元件及各个零部件在装配时,应该遵循一定的原则。在核安全级控制机柜的零部组件及电气元件装配中,必须遵循的原则有先里后外、先高后低与先低后高、上道工序不影响下道工序。

1) 先里后外的要求

核安全级控制机柜的结构决定了它的电气元件一部分布置在机柜的前后两面,一部分布置在机柜的两个侧壁上。对机柜前后面的电气元件来说,里外安装顺序并不会影响安装效果。但对机柜侧壁上的元器件来说,由于机柜有一定的深度,如果先装配外部的元器件,再装配内部的元器件,装配好的外部元器件会减少操作人员的操作空间,阻碍操作人员的安装动作。如果操作人员先安装内部的元器件,再安装外部的元器件,就可以避免这种问题的发生。

2) 先低后高与先高后低的要求

先低后高的要求最初来源于电子元器件在印制电路板组件上的装焊原则。在印制电路板组件的装焊过程中,由于元器件的类型和型号不同,部分元器件的高度要超过其他的元器件。在这种情况下,先装焊高度高的元器件,再安装高度低的元器件,会导致高度高的元器件对操作人员的操作空间造成影响,甚至出现操作人员的手被阻挡这种情况。因而,手工焊接印制电路板组件时,必须遵循先低后高的要求。

对于整机的电气元件装配来说,先低后高和先高后低的原则是并存的。

(1) 先低后高。

安装机柜上的电气元件时,同样存在部分电气元件的高度高于其他电气元件的情况。例如,在一个导轨上,不同类型的接线端子的高度是不一样的;部分通过导轨安装的器件的高度可能会超过普通端子高度的几倍。在这种情况下,如果先安装高的电气元件,那么高度相对较低的电气元件安装时,会被高度较高的电气元件所阻碍。

(2) 先高后低。

核安全级控制机柜根据机柜的垂直距离,上下布置不同的电气元件。电气元件的安装位置有高度差别。先高后低,是指在安装机柜上的电气元件时,应该先安装位置处于机柜顶部的电气元件,然后中部,最后下部。这是因为,当在机柜底部安装了一个非常大的电气元件,再往上安装其他元器件时,电装操作人员的脚部空间会被这个已经安装的电气元件所阻挡,导致他不能垂直站立;当机柜中部的电气元件也安装好了之后,再安装顶部的电气元件,这个时候,不仅脚部空间受到了阻挡,甚至操作人员的上半身也会受到已经安装好的电气元件的阻碍。因此,在安装机柜上垂直方向的电气元件时,必须遵循先高后低的原则。只有按照先高后低的装配顺序,才能够避免操作空间受阻这种情况的发生。

先低后高是针对同一高度平面上的电气元件而言的,先高后低则是针对垂直方向上的电气元件而言的。先高后低和先低后高这两个要求并不矛盾,而是相互统一的。

3) 工序互不影响的要求

工序互不影响,即上道工序不影响下道工序,这是生产制造中的一个基本要求。这个要求是为了避免由于工艺设计不当,导致一个工序完成后,之后的工序因为前一道工序的完成而无法进行的情况。例如,机柜内部的柜顶指示灯安装在机柜的顶部,在其安装后,由于空间狭小,电装操作人员无法对其内部的导线进行连接。另外,部分接线端子安装在机柜的底部且处在柜内的较深位置,当这些接线端子先安装后,操作人员在接线时会受到很大影响,他们必须蹲下身体并将身体伸入机柜内部才可进行接线。这种操作方式明显是不合适的。因此,核电机柜的电气元件在安装时,一定要考虑到电气元件安装后,后面的接线工作是否可以正常进行,若安装后对接线造成了影响就必须调整工序。

4.9.2　卡装类元器件

卡装安装方式实际是一个统称。不同的卡装电气元件的结构和方法各有不同。卡装的电气元件大多卡装在导轨上。由于导轨的规格有多种,电气元件在选型时应确保机柜内导轨的规格和电气元件相匹配。在实际的生产过程中,工艺设计人员应该仔细阅读各电气元件相关的技术规格书与说明书,了解正确的安装方式。本节会对一些常用的卡装类电气元件的安装方式做简单的说明。

1) 空气开关

空气开关的种类很多,直流、交流、单路、双路等。其安装方式也并不仅限于卡装方式。但在核安全级控制机柜的装配中,所使用的空气开关大多是卡装方式的。

如图 4-35 所示,可以看出该类空气开关背面上方有两个支耳,下方有两个楔形的卡扣。安装时,楔形卡扣卡住导轨下端,空气开关的上端卡扣卡住导轨的上端,则空气开关卡装到位。

在安装时,应先将空气开关的上支耳挑出,然后将空气开关下方的楔形卡扣卡在导轨的下端,等空气开关完全卡在导轨上后,再将上支耳按下即可。

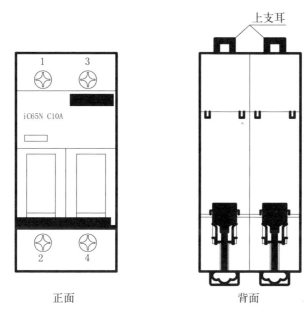

图 4-35　空气开关的结构

空气开关一般都是成组安装,多个空气开关安装时,每个空气开关应尽量靠紧,不要留过大的缝隙。空气开关在安装后,应该将开关置于断路状态。

2) 浪涌抑制器

浪涌抑制器一般与空气开关配套使用。其安装方式和空气开关基本相同。浪涌抑制器的结构如图 4-36 所示。

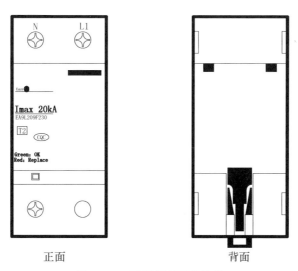

图 4-36　浪涌抑制器的结构

3）继电器安装座

继电器安装座是用于插接继电器的一个附件。继电器安装座的主要用途有两个：一方面，用于固定继电器；另一方面，继电器安装座与继电器插接后，通过内部的导通结构将继电器的点位引出到安装座上，方便对继电器进行接线。继电器安装座一般都和继电器本体分开安装。继电器安装座的结构如图4-37所示。

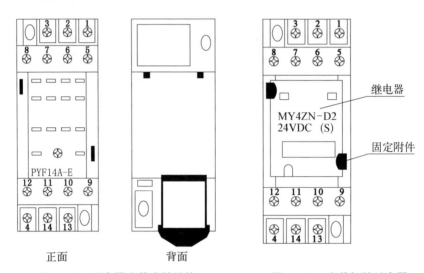

正面　　　　　　背面

图4-37　继电器安装座的结构　　　图4-38　安装好的继电器

4）继电器的安装

为了方便更换与维护，核安全级控制机柜内的继电器采用插接安装方式，安装时就像将插头插入插座一样，操作简单方便。这种安装方式提高了继电器的可维护性。安装时，要垂直用力，以防止继电器自身的引脚发生歪斜。

继电器安装在继电器座上后，为了提高继电器安装的牢固程度，还应在继电器座上插入与之匹配的金属固定簧片。安装好的继电器如图4-38所示。

5）温度调节器

温度调节器是用于检测机柜内部温度的传感器。机柜中的温度调节器一般有两个，机柜底部一个，机柜顶部一个。根据不同的生产厂家，温度调节器的安装方式可能略有不同。这里介绍一种常用的温度调节器的安装。该温度调节器的背部固定卡槽内安装了一截导轨，安装前需将导轨取下。

如图 4-39 所示为温度调节器的结构。

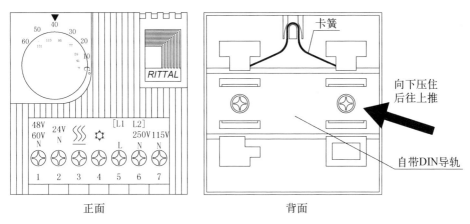

正面　　　　　　　　　　背面

图 4-39　温度调节器的结构

用大拇指将温度调节器的导轨向下按压后,往卡簧一侧推动,即可取出导轨。安装时,先将卡簧一侧装入导轨,再向内侧推动后,即可将温度调节器安装在导轨上。

温度调节器安装后,应该根据工程文件的要求,将温度报警数值调节到规定的数值。

6) 铂电阻温度传感器

铂电阻温度传感器一般安装在机柜内部终端模块上的专用支架上,该器件通过安装支架进行固定。

如图 4-40 所示,安装温度传感器时,需将传感器的探头直接插入安装支架的安装孔内,通过安装支架的安装孔对传感器进行固定。在安装铂电阻温

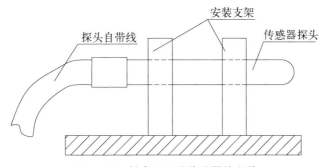

图 4-40　铂电阻温度传感器的安装

度传感器时,应先在安装支架上试装。当传感器与安装孔不匹配时,会导致传感器安装不稳定,安装时应注意以下事项。

(1) 传感器探头在安装时,应该均匀用力,防止对探头造成损伤。

(2) 探头的尾部有自带导线,安装时要防止导线与探头连接部位受到外力作用。自带导线应呈自然弯曲状态,不可过度弯折。

(3) 传感器装入安装支架后,电装操作人员用手指轻轻旋转传感器探头,探头应无法转动,用手指左右水平移动探头,探头应无位移。

7) 信号倍增器

信号倍增器的安装同接线端子类似,通过器件本身的卡扣卡装在导轨上。与接线端子不同的是,信号倍增器的高度比一般的端子高。工程设计人员在布置这类元器件时,需要考虑导线连接后,对机柜内部空间的影响。其安装时需要注意以下几点。

(1) 在安装时每一个信号倍增器之间可能会出现空隙。为了减小空隙,应在信号倍增器的左右两侧安装终端固定件。

(2) 信号倍增器的本体上有拨码开关,在安装信号倍增器之前,需要根据工程设计的图纸要求对拨码开关进行拨码操作。

(3) 由于信号倍增器的高度较高,将其安装在机柜内部后,接线变得相对困难。可以先将信号倍增器安装在导轨上,将导线连接至信号倍增器上之后,再将信号倍增器装入机柜中。

8) 固态定时器

固态定时器根据其型号规格的不同,可以分为螺钉安装、嵌入式安装、导轨安装等多种安装方式。核安全级控制机柜中最常使用的是导轨安装的固态定时器。固态定时器在机柜中主要起接通延时作用,同时还可切换多种工作模式。其安装时,需要注意以下要求。

(1) 固态定时器外形体积较大,安装时应该在它的两端加装终端固定件增强其稳固性。

(2) 固态定时器上的拨码开关可以设置固态定时器的工作模式与参数,安装前应根据工程设计文件的要求进行调节。

(3) 多个固态定时器并排安装时,出于电气性能的考虑,固态定时器之间应留有间隙,不同厂家的固态定时器,对间隙距离的要求不同,通常为 10 mm 以上。具体的距离应该以厂家的要求为准,如图 4-41 所示为固态定时器的安装。

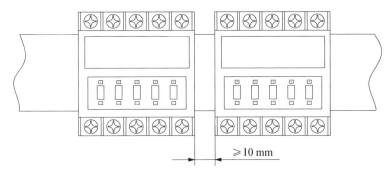

图 4－41　固态定时器的安装

4.9.3　螺装类元器件

卡装类型器件的安装方式可以方便器件的安装与更换,但是在工程应用中,不可避免地需要使用螺钉安装方式的元器件(螺装件)。螺钉安装类型的元器件一般质量或者体积都相对较大。由于核安全级控制机柜内部配置不同,所以部分采用螺装的元器件在安装时,需要现场进行安装孔的配钻与攻丝操作。

1)二极管

二极管一般没有专用的安装支架,在安装时需要根据实际情况对二极管的安装孔进行现场加工。在安装时需要注意以下几点。

(1)对二极管进行固定孔配钻时,应该将它的安装支架取下,禁止在机柜上进行安装孔的配钻。因为在机柜上进行安装孔的配钻,会影响机柜整体的安装可靠程度,并造成金属碎屑的飞溅。

(2)配钻安装孔时,应该提前在安装支架上做好位置标记,多个继电器安装在同一个支架上时,配钻的安装孔应该保证二极管排列整齐,且有足够的走线空间与间隙。

(3)配钻安装孔时,应及时清理产生的金属碎屑,防止金属碎屑进入机柜内部。钻孔完成,还需对钻孔进行攻丝处理。

(4)为保证二极管的安装可靠,在拧紧固定螺钉时,应该对螺钉进行循环拧紧,以释放安装时的应力。

(5)二极管的接线部位呈裸露状态,其直流输出最大电压达 36 V,应该在二极管安装位置粘贴触电警示标签,使用防护罩将二极管进行

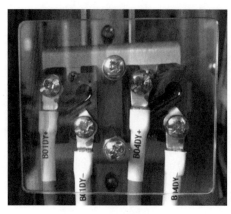

图 4 - 42　二极管防护罩

隔离。

如图 4 - 42 所示为二极管防护罩。

2) 指示灯

指示灯多安装在机柜正面顶部，用来指示机柜的工作状态。指示灯包括指示灯头和指示灯座两部分，即指示灯可以分拆成两个部分。这种分体的设计可以方便指示灯后期的更换与维护。

指示灯灯头本身自带螺纹结构，一般安装在机柜中指示灯的安装孔中。由于指示灯的安装位置一般都在机柜正面顶部的角落，在其安装完成后，接线的空间会变得非常狭窄，建议在指示灯安装前，就将相关导线连接好，待导线连接好后，再将指示灯安装在机柜上。

3) 门限开关

门限开关的主要作用是对核安全级控制机柜的柜门开闭进行监测。因为机柜共有前、后两个柜门，故机柜内一般有两个门限开关。门限开关需要特殊的支架才能安装在机柜中。部分核安全级控制机柜制造方在采购机柜柜体时，门限开关作为机柜柜体的一部分已经安装在了机柜的内部，这种情况下需要将门限开关从机柜上拆卸下，接完导线再装回原位置。

门限开关上的触点是可以伸缩的。当柜门压缩门限开关触点，门限开关处于断路状态，不会发出柜门被开启的信号。当柜门打开时，门限开关呈伸直状态，门限开关内部导通，发出柜门打开的报警信号。但由于门限开关在安装时其位置可以调节，可能造成柜门关闭时，门限开关内部并未断路，从而导致柜门报警信号异常。图 4 - 43 所示为门限开关安装状态。在安装门限开关时要注意以下要点。

(1) 将门限开关从机柜上拆下后，先将导线连接完成再安装到柜门对应的位置。

(2) 安装门限开关后，关闭柜门，用数字万用表测量门限开关连接的导线是否呈断路状态，若开关仍然导通，则需向门外方向调节门限开关位置，直到柜门关闭后门限开关处于断路状态。

(3) 门限开关内部有两组触点，一组为常开触点，一组为常闭触点。通常情

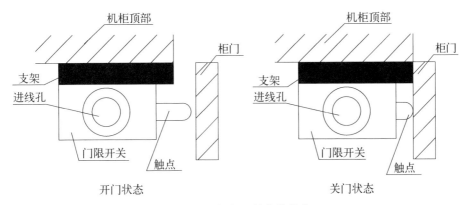

机柜顶部 　　　　柜门　　　支架　进线孔　门限开关　触点　开门状态

图 4 - 43　门限开关安装状态

况下,导线应该连接常闭触点,即在自然状态(柜门打开)下该触点为导通状态。

4) 滤波器

核安全级控制机柜中的滤波器大多采用定制的规格。这些滤波器的体积和重量较大,一般安装在机柜下部的滤波器支架上。安装这些滤波器时,注意以下要求。

(1) 滤波器有输入和输出端,安装滤波器时,按滤波器连接导线的进线与出线方向确定滤波器的安装方向,以方便接线。

(2) 在滤波器安装支架空间狭小,滤波器安装后不便于导线连接的情况下,可先将滤波器的导线连接后再进行安装。

(3) 滤波器的底部可以涂导热硅脂以辅助散热。

5) 电源模块

在核安全级控制机柜中,一般采用螺钉安装方式对电源模块进行安装。电源模块安装时,需注意以下要求。

(1) 电源模块的螺钉在拧紧时,应循环拧紧防止受到应力。

(2) 多个电源模块安装时,应使电源模块之间的间隙均匀分布,以增加电源模块的散热空间。

4.9.4 接线端子

核安全级控制机柜处理的信号繁多,需要大量的接线端子进行信号的转接。多个接线端子组合后形成了端子排。接线端子的型号种类多样,具有不同的功能,对于一些特殊的端子,其安装方式与注意事项都有不同。本节将对使用较多的端子的安装进行详细说明。

1）普通接线端子

普通的接线端子没有特殊结构，仅有导通和连接作用。本部分将介绍普

图 4‑44　端子

通接线端子的安装方法，其他种类的端子安装方法和普通端子安装方法相同，不再赘述。

如图 4‑44 所示，端子有进线端与出线端，分布在端子的两侧。端子的底部有用于安装的卡扣。安装时，将端子底部下方的卡扣靠近导轨，再向上按压即可将端子安装在导轨上。端子数量较多时，可将端子拼接成端子排，再整体进行安装。

2）二极管端子

二极管端子内部安装有二极管，连接导线时，需要确定端子内部二极管的正负极。在工程图纸的接线图中，当涉及二极管端子的导线连接时，必须在连接点上标明二极管端子的正负极。二极管端子导线连接后，应该对端子极性进行再次检查。

3）保险丝端子

保险丝端子是内部装有保险丝的接线端子。为了更换方便，保险丝端子内部的保险丝管一般都是可以拆卸的。在保险丝端子安装到导轨上之前，应该检查内部的保险丝管是否已经安装完成。图 4‑45 所示为一种悬臂式保险丝端子。

图 4‑45　悬臂式保险丝端子

4）刀闸端子

刀闸端子是在一般的端子中增加了可以开闭刀闸的端子。刀闸端子的使用是为了能够手动断开某些信号或者供电电路。

如图 4‑46 所示为一种悬臂式刀闸端子。该端子上方的橙色部分是一个可以开合的刀闸。安装这种刀闸端子时，需要注意端子的安装方向（决定刀闸是向上开还是向下开）。

图 4‑46　悬臂式刀闸端子

图 4‑47　接地端子

5）接地端子

当有接地需求时，可以布置接地端子以供使用。接地端子的结构和普通接线端子不同。接地端子通过与机柜上的导轨与机柜壳体相连接达到接地效果。普通端子的内部不会有这种与导轨连接的结构。接地端子如图 4‑47所示。

6）多层端子

普通的接线端子只有一层可连接导线。而多层端子有多层接线结构。多层端子在接线时，应注意接线顺序，防止不同层导线互相影响。如图 4‑48 所示为一种双层端子。

图 4‑48　双层螺钉接线端子

4.9.5　端子附件

接线端子大多拥有与之配套的功能附件。这些附件是端子功能的一种延伸和拓展，不同的端子附件具有不同的功能。端子附件能够实现诸如短接、分隔、绝缘等不同功能。不同类型的端子对应不同型号的附件。端子安装时，端子和附件需要相匹配。本节将对不同的端子附件进行简单的说明。

1）终端固定件

终端固定件的主要作用是固定导轨上安装的端子排以及其他类型的导轨安装电气元件。终端固定件可以抑制端子排及其他电气元件的横向移动。终端固定件是端子安装时必须加装的附件。终端固定件上还有安装端子标记牌

图 4‑49　终端固定件

的卡槽，用来安装端子排标记附件。

图 4‑49 展示了一种常见的终端固定件。

2）端板

端板是一种用于绝缘防护的附件。部分型号的接线端子需要加装端板。因为部分型号的端子有一侧是裸露的，当端子组成端子排时，端子排的一侧会露出端子内部的金属连接母线。如果不采取绝缘措施，会导致端子的电气性能不符合要求。端板就是用来解决端子裸露问题的。

图 4‑50 所示为露出连接母线的端子和与之匹配的端板。

图 4‑50　裸露端子及其端板

3）桥接件

桥接件的主要功能是导通端子排中不同位置的端子。正确地使用桥接件可以减少导线的用量，提高端子连接的稳定性与可维护性。在工程设计接线图中，应明确桥接件的使用位置。桥接件有多种型号，不同型号的端子需要使用不同的桥接件进行连接。图 4‑51 展示了一种常用的桥接件。

桥接件可以根据使用情况适度裁剪，剪切时建议使用专用的剪切工具。如图 4‑52 所示，剪切后的桥接件可以避开不需要桥接的点位。

4）分组隔片

分组隔片用于剪切后桥接件的绝缘处理，如图 4‑53 所示。剪切后的桥接件相邻安装时，有短路的风险，在这种情况下可在两个桥接件之间加装分组隔片。分组隔片通过卡装的方式安装在端子的固定位置。

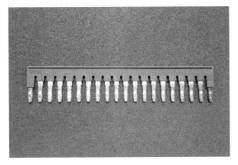

图 4‑51　桥接件

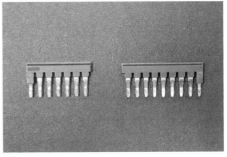

图 4‑52　剪切后的桥接件

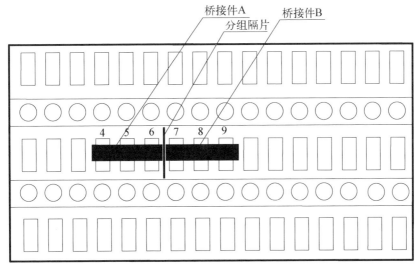

图 4‑53　分组隔片的使用示意图

5）空间补偿板

空间补偿板的用途是补偿空间错位。双层接线端子在设计时，为了防止上下两层端子在接线时互相干扰，上下两层端子并不安装在同一条纵轴线上。当双层端子组成端子排后，端子排的第一个端子会出现一个空间的错位。

端子排标识条在安装时，会因为空间错位无法正常安装。这个时候，必须在错位的地方安装空间补偿板，使得错位部位被补齐，形成一个平整的面。这时，端子排标识条才能正常安装。

因为空间补偿板仅需要安装在部分类型的端子排上，而且漏装空间补偿板不容易被发现，所以必须对双层端子的空间补偿板的安装进行特别关注。如果出现端子排上的端子排标识条被终端固定件挤压变形，或者端子排标识条无法紧固到位的情况,一般都是因为漏装了空间补偿板。

6)端子标记号

端子标记号是用于标记端子排接线点位的附件。前文中已经进行了介绍,此处不再赘述。

7)其他端子附件

本节仅列出了部分常见端子附件的作用与安装注意事项,但端子的附件远远不止这几种。当工程设计上需要使用其他附件时,应该在布置图纸中备注清楚。

4.10 柜内导线布线及连接

当机柜内部的电气元件都完成装配后,接下来的工作就是对机柜内部导线进行布置与连接。机柜内部导线的布置与连接在机柜的集成过程中占据了较大的工作量。如果说机柜内部的功能模块是整个核安全级控制机柜的大脑与神经中枢,那么这些导线就是连接神经中枢的血管与神经。

本节将详细阐述机柜内部导线的布置连接要求与注意事项,导线的连接多采用压接连接,导线的压接连接将在第5章详细介绍,在此不再赘述。

4.10.1 机柜布线

布线即将导线或线束布置在产品内部的不同位置,以方便导线与各电气元件的连接。在核电项目中,没有接线关系完全相同的两台机柜,这意味着所有的机柜都是定制的产品,不能使用模板法,或者采取绘制线扎图来具体指导每一台机柜的布线工作。当机柜的电气元件安装完毕后,每一台机柜中导线的布置都需要参考机柜的接线图进行定制加工。每一台机柜都需要由电装操作人员根据实际的接线关系,比量机柜上的走线路径进行布线工作。

1)导线下线

下线即将不同类型的导线按一定的长度裁剪后备用。不同机柜的导线用量是不相同的,导线的下线需根据不同的机柜进行。

导线在下线时,其长度尚未确定,应该事先根据导线的走线路径预估导线的长度,并在长度上增加相应的余量,以确保导线足够使用,避免导线长度不够的情况发生。

导线下线应有先后顺序,机柜内部可按功能分为不同的模组,下线时可根据不同模组的装配顺序进行导线的下线工作。在下线的过程中,注意保护好导线的绝缘层,防止绝缘层被划伤。导线被剪切的切面应该呈一个与导线轴向垂直的截面。每下一根导线后,可以将预先制作好的线号套管穿入导线。这样在后续布线的工作中,就可以根据线号管的标记来进行布线操作。

2) 柜内的走线路径

导线的走线路径是与各电气元件的位置及接线关系相关的。机柜在进行结构设计时,应该留有导线走线的路径与空间。在最理想的情况下,所有的导线都应该在线槽内或者线架上走线。但实际情况是,机柜内部所设置的线槽与捆线架有时并不能完全满足导线的走线要求。部分导线需要依附在机柜的柜体或者其他部位。在机柜内部,走线的路径有以下几种。

(1) 专用线槽。

专用线槽是机柜在进行结构设计时,由设计人员布置在机柜内部的用于机柜内导线走线的线槽。由于大多数机柜需要和其他机柜一起组成系统,线槽又分为柜内线槽与柜外线槽。机柜内部导线走线时,尽量不要占据柜外线的走线空间。

(2) 走线支架。

机柜内部由于空间有限,一些位置不能放置线槽,只能放置占用空间更小的捆线支架。这些捆线支架和线槽的功能相同。唯一的区别是走线支架无法封闭。走线支架上应有用于绑扎导线的结构。

(3) 机柜框架。

机柜内部的某些位置因为空间限制难以安装专用线槽或支架,在实际走线过程中,需要借助机柜的框架及其他结构。原则上,应该尽量避免在非走线结构上进行走线操作,但当机柜内部用于走线的支架和线槽无法满足其走线要求时,就不可避免地需要使用到机柜的其他机械结构。

3) 导线布线的原则

核安全级控制机柜体积大,内部的结构复杂,无法一次性将所有的导线装入机柜内部。通常采取的方法是将机柜内部的导线根据不同的功能,逐一布置进机柜,直到所有的导线都装入机柜。机柜内部的导线一般可以分为 220 V 电源线、直流供电线和信号线。在布线时,不同类别的导线应分开布置,同时遵循以下原则。

(1) 电气隔离的要求。

机柜内部 220 V 交流电源线、直流信号线、24 V/48 V 直流供电线、接地线等导线应该分开走线。交流电源线、直流供电线与其他导线必须有物理隔离，其余类型导线之间应相隔一定的距离。

（2）导线填充要求。

当导线在线槽内部走线时，应该注意，导线不能将线槽完全填满。必须预留足够用于维护和操作的空间。在一般情况下，导线线槽的填充率应该不超过其整体空间的75%。在实际的机柜布线过程中，应尽量将导线的填充率控制在75%以下，线槽中的导线越多，越不利于导线连接操作以及后续维护。工程设计时，更应该关注导线在线槽中的容量问题，以防止导线超出线槽规定的容量范围。

（3）导线的走线长度要求。

导线在机柜内部需要穿过不同的路径才能到达另一端的接线点。在导线走线过程中，在满足其他的布线原则的前提下，应该选择最短的走线路径。禁止将导线盘绕几圈后再连接至接线点位。导线越短，对机柜的电气性能越有利，同时可以节约导线成本、降低机柜的整体重量，且可防止由于路径过长导致的意外磨损。

（4）导线的防护要求。

走线时，应该尽量避开机柜内的尖锐部位，防止导线受到损伤。当无法避免经过尖锐的部位时，应对导线和线束进行有效防护。主线束应避免从发热量大的电气元件（如电源模块、滤波器）附近经过。

（5）导线的弯曲与应力释放要求。

当导线被绑扎成线束后，应该满足线束的最小弯曲半径。禁止将导线弯曲成直角。导线在线槽或者机柜内部走线时，应该呈自然状态，不可拉直绷紧。

（6）线束的固定要求。

线束在走线路径上应进行有效固定，禁止导线线束悬空。未有效固定的导线线束有可能在运输或振动过程中受到摩擦导致损伤。

（7）导线绞线要求。

对于交流电源线或者工程文件中有明确要求需要绞线的，应对导线进行双绞操作。导线的绞距应为导线外径的8～16倍。

4）线束的固定

如果机柜内部的导线和线束没有固定牢靠，当振动发生时，导线或线束发生晃动，可能与坚硬的物体发生摩擦与挤压，导致导线的磨损，进而造成功能故障。为此,机柜内部所有的导线及线束都应该固定牢靠。

核安全级控制机柜内部导线及线束一般使用扎线带进行绑扎固定。线束的固定应与布线同时进行。即在机柜内部布置导线时,就应该对线束进行固定。采取的固定方式是用扎线带将线束绑扎在线槽或走线支架上。有特殊要求时,也可以采用金属或其他材质的固定夹对线束进行固定。

(1) 扎带的紧固要求。

扎线带采用齿状结构与卡口方式进行固定,当将扎线带锁紧后,就不能再将其松动。为此,在线束绑扎时,松紧程度应该适当:① 扎线带不能横向移动;② 扎线带不能使线束有明显的变形或凹痕。

(2) 扎线带的剪切。

扎线带在紧固牢靠后,必须将扎线带伸出的多余部分剪切。剪切时,应注意以下要求:① 剪切端应平整,无尖锐部分;② 扎带剪切后,扎线带剩下的末端最好与扎线扣齐平,若未齐平,伸出的部分最大不应超过扎线带本身的厚度,如图 4 - 54 所示。

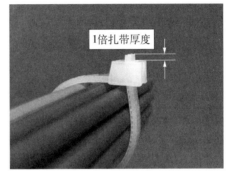

图 4 - 54　扎线带剪切示意图

(3) 扎线带的间隔。

扎线带在固定线束时,每根扎线带之间的间隔不能过大也不能过小。过小的间隔会影响线束的美观,间隔过大则无法有效地固定线束。扎线带之间的间隔应该满足以下要求:① 扎线带之间的间隔应当均匀;② 扎线带之间的间隔应为线束直径的 3 倍或者为 10 cm,取其中较小的值;③ 扎线带的间隔应当使线束能保持固定形状。

(4) 线束分叉。

当导线从主线束中分出时,应该在分线的部位进行绑扎,用以固定分出的导线,防止导线线束散乱。分线位置的扎带与分线的距离不应太远,否则无法起到紧固作用。

(5) 活动线束的固定。

机柜内的部分线束,如旁通面板或者机柜柜门风扇上的线束是可以活动的。固定这类可活动线束时,应该满足线束活动达到最大范围时不会使线束受到拉扯力。

4.10.2 线束防护

核安全级控制机柜内部有大量的导线和电缆,这些电缆起着供电、信号传输的作用。如果线束发生损伤,会导致电路短路、断路,甚至影响整个系统的功能,严重的还会发生设备损毁的情况,因此必须对机柜内部的导线和电缆进行防护。

1) 线束的防护位置

需要进行线束防护的位置如下。

(1) 机柜内部锋利的边缘。

(2) 机柜内部锋利的棱边、尖角。

(3) 机柜内部,伸出的螺钉末端处。

(4) 其他可能会对线束造成损伤的地方。

并不是机柜内部所有这些地方都需要进行防护,仅当导线从这些地方经过的时候,才需要对线束进行防护。

2) 防护的方法和材料

对线束的防护有不同的方法及相应防护材料,应该根据实际情况进行选择。不同的防护部位,可以选用不同的防护方法及材料。

对线束及电缆的防护,有的是将防护材料安装在机柜上,有的是将防护材料安装在线束和电缆的本体上,这是根据防护材料决定的。例如,电缆防护条一般安装在机柜内部的棱边和尖角处,而蛇形缠绕管则安装在电缆和线束的本体上。

当线束在经过某一个需要防护的位置时,既可以选择线束本身的防护,也可以选择在这个位置安装防护材料,在不影响装配的前提下,推荐两种防护方式同时采用。

表 4-13 列出了不同线束的防护方法与防护材料。

表 4-13 不同线束的防护方法与防护材料

序　号	安装位置	防护材料	备　注
1	机柜	线缆防护条	机柜棱边尖角处的防护
2		硅橡胶	用于尖锐部分的防护
3	线束本体	缠绕管	一般线束的防护
4		锦纶丝套管	线缆的防护
5		波纹管	需要经常活动线束的防护

下面详细介绍这几种防护材料的使用与相关要求。

（1）线缆防护条。

线缆防护条因其展开后内侧具有齿状结构，也称为护齿。线缆防护条是一种安装在机柜内部锋利的棱边与尖角处的一种防护材料。这种材料的截面呈"凹"字形，凹槽底部有黏性，将两侧展开后可以紧贴在棱边尖角处。线缆防护条可根据需要防护处厚度的不同而选择不同的型号。当线缆防护条被裁剪成很短时，应使用扎线带对其进行绑扎，防止掉落。

图 4-55 为线缆防护条的使用示意图。

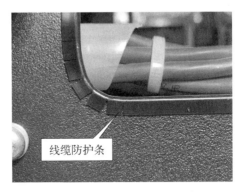

线缆防护条

图 4-55　线缆防护条安装示意图

（2）硅橡胶。

硅橡胶是胶状物，涂覆后需要 24 h 以上的时间才能干燥，当且仅当其他所有材料都无法对线束进行有效防护时，才采用硅橡胶的防护方法。例如，当导线线束使用缠绕管防护后，仍有可能被线槽内部的螺钉伸出部位划伤，这种情况可将硅橡胶涂抹在螺钉伸出部位，对线束形成保护作用。

（3）缠绕管。

缠绕管是电缆线束防护中最常见的一种防护材料。缠绕管也称为蛇形管，是一种可以直接缠绕在线束上的防护材料。缠绕管有多种尺寸和颜色，可以针对不同大小的线束使用。缠绕管的使用范例如图 4-56 所示。

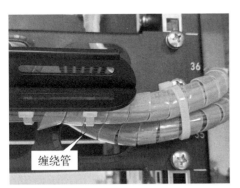

缠绕管

图 4-56　缠绕管的使用

需要注意，缠绕管因其特殊的结构，缠绕后仍然会存在缝隙，所以当导线需要经过一些锋利的边缘时，不仅需要使用缠绕管保护线束，还需要在锋利边缘上安装防护材料。缠绕管在裁剪时，需注意不要将其断面裁剪成尖锐的边角。因为缠绕管的材质较硬，坚硬的尖角有可能扎伤导线绝缘层，导致电缆损伤。

（4）锦纶丝套管。

锦纶丝套管是一种编织而成的软套管，这种套管具有极强的耐磨特性，一般用在电缆的防护中。使用时，将电缆穿入套管，在套管两端进行绑扎和固定即可。

（5）波纹管。

波纹管是一种特殊的电缆防护材料。这种材料因其具有一圈一圈的波纹，所以称为波纹管。波纹管的材质坚硬，并且可以大弧度弯曲，一般用于在柜门开合处电缆的防护上。需要注意在波纹管内部进口和出口处应该对线束进行保护。因为波纹管的进口和出口处，导线弯曲时有可能被波纹管的管壁划伤。

4.11　机柜完善装配

机柜完善装配是机柜装联的最后工作。所有不影响机柜主体装配的工作都可设置在机柜完善装配阶段。机柜完善装配的主要内容有机箱的安装、模块的安装、光纤跳线的连接、预制电缆的连接、其他零部件的安装等。

机柜完善装配工序的内容应该与机柜装配的其他工序相对独立。即机柜完善装配工作的内容不会影响机柜的其他装配工作。

工艺设计人员应该根据机柜装配的实际情况，设置机柜完善装配的具体内容。本节将对一般的机柜完善装配内容进行详细说明。

1）机箱的安装

机箱的安装设置在完善装配阶段，主要原因如下：第一，机箱的安装与机柜整体的装配并没有严格的先后顺序，机箱后续装配不会对机柜装配造成影响；第二，机箱在机柜内部占据了大量的空间，如果在机柜内部布线之前就将机箱装入机柜，会对操作人员的操作造成一定的影响，导致布线与接线不方便。

机箱按尺寸可以分为 6U 机箱和 3U 机箱。6U 机箱中安装 6U 板卡，3U机箱中安装 3U 板卡。3U 机箱和 6U 机箱虽然外形尺寸和内部安装的模块不同，但其在机柜上的安装方式是相同的。

图 4-57 所示为机箱。机箱的正面有四个支耳，后部有两根定位销。安装机箱时，将机箱后部的定位销与机箱支架上的定位孔对准，再将机箱支耳固定在机柜角钢的固定孔中。在安装机箱时，需要注意以下内容。

图 4 - 57 机箱

（1）机箱安装在机柜中时，承受机箱重量的是机柜内部的机箱安装导轨。机箱的定位销与前面的固定支耳的作用是定位与辅助固定，并不能承受机箱的重量。因此，机箱底部必须和机柜内的安装导轨相接触，如果机箱底部是悬空状态，则必须调整导轨使其接触。

（2）将模块装入机箱后，机箱重量将大大增加，不便于机箱的上柜操作。应先将空机箱装入机柜后，再安装功能模块。

（3）由于机械加工的误差，机箱在装入机柜导轨时，机箱的顶部和底部可能会与机柜产生摩擦。在这种情况下，不应强行将机箱装入机柜内部，这样会导致机箱顶部的漆层破损，同时也会导致机箱在机柜中难以取出。正确的做法是微调机箱导轨的位置，使其安装匹配。

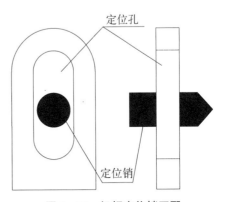

图 4 - 58 机柜定位销匹配

（4）将机箱推入机柜内部时，应该先将机箱的定位销对准机柜内部的定位孔。仅当定位销与定位孔匹配时，才能将机箱完全推入。如图 4 - 58 所示是机箱定位销与定位孔配合的位置。

2）模块的安装

将模块安装在机箱内部时，需要注意以下要求。

（1）应该根据机柜的布置图，领取对应的模块。根据机箱内部的槽位号，确定模块的安装位置，对模块进行安装。

（2）模块安装时，应该对模块进行相应的标识，方便后期维护与测试时查找模块的位置。同一个机箱内，相同类型的模块会有很多块，如果不对模块做唯一的标识，会导致同类模块在不同的位置混插。

（3）模块在安装时，应该对每一个槽位号所装入的模块信息进行详细记录，以便后期测试与维护时查找模块的信息。

（4）模块安装时，应对准模块的导向滑轨，使用助拔器将模块顶进机箱内部。模块插装时，应先慢后快，当确定模块插入机箱底板没有过大的阻力时，再迅速将模块插入。这样做是为了防止模块在插入机箱时，对模块的连接器插针造成损害。这一点需要特别注意。

3）光纤跳线的安装

光纤跳线与光缆不同，是一种已经制作好的光纤线缆，不需要熔接。光纤跳线连接时，只需要将对应的跳线插头插入不同的光纤接口即可。在光纤跳线的安装过程中，有以下需要注意的内容。

（1）安装光纤跳线时，应选择长度合适的光纤跳线规格。过短或者过长都不利于光纤跳线的安装。光纤跳线过短会导致光纤的弯曲半径不够，进而对光纤造成损伤；光纤跳线过长会导致光纤在机柜内部无法妥善收纳，如果强制对光纤束进行折叠会导致光纤断裂。

（2）光纤跳线在连接走线时，应该呈自然展开的状态，最小弯曲半径应大于 25 mm 或符合制造商的规定。

（3）光纤跳线在机柜内部走线时，应该避免在尖锐及棱边的部分经过，如果无法避免经过这些尖锐部位，则应该对光纤进行特殊的保护，防止对光纤造成损伤。

（4）在光纤跳线与光纤口连接的部位，光纤的最佳状态应为垂直伸出，尽量减少光纤的左右偏向。

（5）光纤跳线应固定牢固。使用绑线扎带对光纤跳线进行固定时，禁止用力过大，以防止光纤断裂。

4）预制电缆的连接

大部分的核安全级控制机柜都需要使用预制电缆。这些预制电缆与机箱上的模块相连，再将模块上的信号点位与终端连接，从而实现模块信号到终端信号的传输。在工程和结构设计时，为了避免预制电缆长度规格过多，应该对预制电缆的连接位置进行标准化处理，减少机柜内部预制电缆的长度种类。

预制电缆在连接时，需要注意以下几点要求。

（1）预制电缆在机柜内弯曲时，应满足电缆的最小弯曲半径要求。

（2）预制电缆上的电连接器与对应的电连接器底座相接插时，电连接器应该呈垂直插接的状态，没有任何水平方向的偏移。如图 4 - 59 所示为连接器插接状态，包括正常状态和偏移状态。

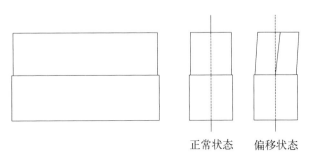

正常状态　偏移状态

图 4 - 59　连接器插接状态

5）机柜附件的安装

机柜中，除了机箱、各个模组以及各种电气元件外，还有一些机柜附件需要在机柜完善装配时进行安装。这些机柜附件主要包括盲板组件、风扇盘组件等。在机柜装配时，若这些组件提前安装在机柜内部，会占据机柜本就不够宽裕的空间，对机柜装配造成一定的影响，因而留在机柜完善装配时进行装配。

（1）盲板组件的安装。

机柜内部有用于遮挡机柜正面的盲板。这些盲板有不同的尺寸，如 1U 盲板、2U 盲板、3U 盲板等。这些盲板的主要用来遮挡机柜内没有安装电气元件的部位，或者遮挡机柜内导线、电气元件，防止人员的触碰。安装时，要注意盲板应与机柜的布置图相匹配。

（2）风扇盘的安装。

风扇盘是机柜内部控制机柜内空气流动，从而增加机柜散热能力的机柜附件。风扇盘内部安装有直流风扇，可以进行主动散热，其一般安装在发热量比较大的机箱下方。风扇盘上有用于连接供电电源与检测信号的接线端子，可待风扇盘安装牢固后，再对导线进行连接。

（3）导流板的安装。

导流板是一种纯机械结构，一般安装在发热量较大的机箱底部。导流板与机箱相接触，增加了机箱的散热空间，并且可以将机柜外部的空气引入机箱,从而增强机箱的散热能力。因为不附带任何电气功能,导流板仅仅是一种被动散热的辅助附件。

6) 多余物控制

在机柜整个装配流程中,多余物控制是必不可少的。多余物是指机柜内部产生或者外部进入的与机柜无关并且会影响其正常运行的干扰物质。多余物的种类多种多样,表4-14列出了多余物的分类。

表 4-14 多余物分类

分 类	常见的多余物
金属多余物	铜线头、导线头、铁丝头、钢丝头、焊锡渣、焊锡珠、焊锡丝、焊锡块、焊料、金属屑、金属丝、金属块、弹簧垫圈碎块、工具碎块、保险丝头、铅封块、小铝管、蚀刻金属残余物等
非金属多余物	毛发、漆皮、塑料皮、焊剂、松香、棉花球、棉丝腊线头、电缆线头、塑料管、硅橡胶、泡沫塑料、泥子块、火漆块、环氧树脂块、牛皮垫块、橡胶块、胶木碎块、纸屑、胶布角边料、玻璃丝纤维、毛呢角料、其他纤维、石膏粉胶液残留物、清洗液残留物、油类、石棉、云母片、玻璃碎片等
多余的零部件	平垫圈、弹簧垫圈、螺钉、螺母、铆钉、弹簧、钢珠、缝衣针、工艺堵盖、工艺件、钻头、冲头、烙铁头、螺丝刀、镊子、其他工具、电阻、电容、晶体管、集成器件、电感线圈、保险丝管、接线柱、焊片、压接端子、固定夹、接插件、微电机转动件、测试衰减器、测试等效负载等
其他多余物	灰尘、头皮屑、耳环、戒指、指甲屑、发卡、毛线、纽扣、小刀、硬币、钥匙、昆虫、鞋带、打火机、手套、口罩、钢笔、铅笔、签字笔、橡皮、火柴、香烟头、蝙蝠、老鼠、鸟类、瓜子壳、氧化物、硫化物、蚀锈、其他化合物、生霉、盐雾、斑迹、硝酸盐、汗水、各种有害气体等

在机柜完善装配的环节,多余物的清除非常重要。当然,在机柜装配的整个过程中,都应该对多余物进行严格的控制。机柜装配过程中产生的多余物有可能被包裹在线束中,也有可能被机柜内部的结构件遮挡住,因此难以发现。所以,多余物控制不能仅仅寄托于机柜装配完成后最后的清理中,应该在机柜装配的整个流程中对多余物进行严格的控制。

查找多余物时,应该注意以下位置:机柜底部,尤其注意机柜底部四个角落;机柜中滤波器支架内部;机柜角规或者机柜支柱被遮挡的部位;线束的底部。

清理多余物时,主要清理的内容如下:导线线渣,废弃的接线端子,废弃的扎线,废弃的线号套管,废弃的缠绕套管,废弃的护边条(护齿),多余的螺钉、螺母、平垫、弹垫、起子、压线钳、剥线钳等工具,手电筒、头灯等,其他碎屑、渣滓,其他非柜内的物品。

一切不应该出现在机柜内部的,与机柜功能无关的物品都应该视为多余物进行清理。例如,当护边条在机柜内部因装配不牢固掉落后,也应视为多余物。体积相对较大的多余物可由操作人员手工清理,而那些细小的碎屑,则应使用吸尘器进行清理。使用吸尘器时,不能对准导线连接点位,这样有可能对机柜的接线造成损害。清理多余物的过程中,注意不要将原本不在机柜内的多余物携带到机柜内部。

4.12　机柜装配检验

任何产品的生产过程都离不开检验。检验是对已完成工作的验证与确认。这同软件开发中 V&V(validation and verification,验证与确认)的目的类似。

在核安全级控制机柜的制造过程中,检验是质量保证的一个基础环节,是确保产品质量正常的一个关键过程。本节将根据核安全级控制机柜的特点,介绍装配检验的相关内容与要求。检验可以分为来料检验、过程检验和成品检验。

1) 来料检验

核安全级控制机柜中所使用的物料到货后,必须经检验合格后方能投入生产使用。来料检验可以防止有质量问题的物项流入生产环节,避免在生产制造过程中出现质量问题。而机柜装配物料的分类如表 4 - 15 所示。

表 4 - 15　机柜装配物料的分类

序　号	类　　别	物　　　项
1	元器件	电阻、电容、电感、集成电路、晶振等
2	电气元件	电源模块、空气开关、浪涌抑制器、温度调节器、滤波器、按钮开关、接线端子等
3	印制电路板	PCB
4	结构件	插件盒、机箱、机柜、机柜附件等
5	生产辅料	压接端子、线号管、热缩套管、扎带、线缆防护条

根据被检验物项的分类不同,所需进行的检验项目也有所不同,表 4 - 16 中列出了各类物项的检验项目。

表 4-16 物项检验项目

项目 类型	质量证明 文件	产品包装	产品外观	尺 寸	性能参数
元器件	√	√	√		√
电气元件	√	√	√		√
PCB	√	√	√	√	
结构件	√	√	√	√	
生产辅料	√	√	√		

由表 4-16 可以看出,各类物项都需要进行的检验项目有"质量证明文件""产品包装"和"产品外观"。其中"尺寸"和"性能参数"可根据物项的类别再确定是否进行检验。电气元件的性能参数检验,则需要根据专门的检验细则进行,在此不再详细说明。

2) 过程检验

过程检验是指在机柜集成装配的过程中,根据工艺文件、检验文件,对某道工序的某个过程进行检验。过程检验根据执行人员的不同,可分为自检、互检、专检。自检、互检、专检的检验内容基本相同。

自检,即电装操作人员自己对已完成工作进行检查。互检,是下一道工序的电装操作人员对上一道工序的结果进行检验的过程。在实际执行互检的过程中,检验执行者也可以是电装的班组长、检验人员或者其他的电装操作人员。专检是过程检验中的最后步骤,由检验人员执行。

过程检验的对象可以是一个尚未完全制造完成的产品,或者某一个工序中的一个过程。在机柜的集成装配中,过程检验贯穿始终,对保证产品的质量起到了非常重要的作用。过程检验的检验点一般根据工艺文件或者检验文件进行确定。工艺文件在编制过程中应该针对以下方面设置检验点:装配操作过程中容易出现差错的地方;装配过程中可以进行检验,但装配完成后难以进行检验的工序;关键工艺、关键件、重要件涉及的工序或者步骤;需要较高操作熟练程度的工序;当出现异常后,会对产品的功能产生直接影响的操作;在操作过程中,容易被电装操作人员忽略的操作步骤。

3) 成品检验

成品检验是对已经完成的所有装配步骤和可以直接使用的物项进行的检验。成品检验主要针对电缆、模块、机箱、机柜。成品检验时,着重对产品的外观、功能、性能等进行检验。检验合格后的产品才能进入库房或交付使用。各核安全级控制机柜供应方应根据自身产品的功能特点编制相应的检验细则，对产品进行检验工作。

4.13 核安全级控制机柜装配技术的发展趋势

目前的核安全级控制机柜装配过程复杂，对电装操作人员的技能等级、工作经验要求都比较高。机柜集成装配时，由于机柜的个体差异，导致不能采用流水线的生产模式。每个机柜更像是一个定制的奢侈品。这种生产模式是由机柜本身的特点与行业性质共同决定的。但随着核安全级控制机柜的设计更新与制造行业工艺技术的进化，机柜的装配也会与时俱进地发生一系列的改变，诸如模块化、小型化技术，虚拟现实与增强现实技术等都逐渐融入机柜的集成装配中。

1）模块化

模块化其实并不是一个很陌生的概念，生活中最常见的例子就是个人电脑主机。电脑主机内部可以分为主板、CPU、GPU、内存、硬盘、电源、散热器等。组装一台电脑主机时，直接购买相应的模块，再将这些模块按已经固定的接口组合连接起来，一台电脑主机就组装完成了。

尽管不同的核安全级控制机柜内部布置不尽相同，但对机柜内部结构进行分析时，可以发现它始终由几大功能部分组成。例如，一台核安全级控制机柜柜中，有一组结构是用于供电的，一组结构是用于信号传输的，一组结构是用于报警的，一组结构是用于处理信号的。这些具有一定功能的结构，可以简称为模块。

模块化的意思是当技术发展到一定程度以后，可以把核安全级控制机柜分解成很多个功能模块，每一个机柜都可以用这些功能模块组合起来。

模块化的两个关键点如下：首先必须将系统分割成不同的功能模块，其次这些功能模块必须拥有统一的标准与接口。之所以说模块化对核安全级控制机柜制造具有非常重要的意义，是因为对核安全级控制机柜来说，基本每一个项目都会有不同的需求，并且这些需求和其他项目的需求可能具有极大的差别。需求上的差别会使硬件研发、工程设计、生产制造受到较大的影响。核安全级控制机柜的模块化可以满足不同核电项目、不同客户的定制化需求，同时也可以降低企业的研发和制造成本。模块化也是智能制造发展的前提之一。当核安全级控制机柜模块化达成后，就可以根据不同的需求使用这些被割裂开来的标准模块，搭建出用户所需要的系统；同时机柜的总装只需要将各种模块通过标准的接口进行组装及连接即可，极大地节省了时间。

2）小型化

模块化与小型化是相辅相成、密不可分的。小型化是指产品的体积变得越来越小。第一台通用计算机"ENIAC"占地面积接近 $200\ m^2$，重达 30 t，而在 70 多年后的今天，一台小型个人电脑的体积仅仅只有 10 L 左右，这就是小型化的最好的示例。核安全级控制机柜的小型化，从短期来看，是在结构上尽可能地缩小模块、机箱、机柜的体积，但随着结构的逐渐缩小会增加制造的难度，这种小型化有一定局限性。真正的小型化是基础制造业发生革命性的突破后，可以在更小的集成电路上实现更多的功能，所以小型化的发展是和半导体电子技术息息相关的。

集成电路的发展史可以看做是小型化的发展史。从 1906 年第一个电子管的诞生，到今天晶体管制造已经进化到 7 nm 制程，电子产品的体积变得越来越小，处理能力也变得越来越强。随之发展的半导体集成电路也从小规模集成电路发展成为超大规模的集成电路。在未来的一段时间内，由于半导体制造工艺的物理极限，芯片制程发展将受到一定的阻碍，小型化的发展必须借助集成电路的多芯片模块技术以及三维立体组装等技术，才能使模块在现有的技术下，体积得到进一步减小。

半导体芯片、器件的小型化是核安全级控制机柜小型化的基础。当小型化的发展达到一定程度后，会促进和加速模块化的发展。可以说，小型化的发展势必导致模块化，而模块化必须经过小型化才能够更加实用。

基础制造业，如半导体芯片的发展，有其自身的规律。在当前的技术条件下，部分核安全级控制机柜制造方正在积极地开展小型化的研究，但目前的小型化仅仅处于缩减模块、机箱、机柜的体积的发展阶段。

3）虚拟现实技术的应用

虚拟现实技术（virtual reality，VR）是近年来发展起来的一门新兴技术，它通过计算机实时渲染场景模型，让虚拟现实中的人感受到如同真实世界的环境并与之产生交互。虚拟现实技术目前主要应用在游戏与教育行业中。

简单来说，虚拟现实就是通过电脑程序构建一个完全虚构的不存在的空间与现实。这个虚拟空间中的所有物体、人物都可以通过程序进行控制。这种技术，实际上就是计算机图形技术发展的一个延伸。最容易理解的就是各类大型的 3D 游戏,它们通过程序构造出了虚拟的游戏世界,但这种游戏世界还无法称为虚拟现实。只有当观察者可以将自身完全置于这个虚拟环境中,通过自身的视觉、听觉甚至触觉去感知并与这个虚拟世界进行交互时,才能够将它称为虚拟现实技术。虚拟现实技术的发展主要是通过虚拟现实的设备推动的,最常见的如 HTC Vive 或者 Oculus Rift,这两个虚拟现实的头盔,可以让人如同置身于电脑设计的场景中。

因为虚拟现实技术的自身特点,它主要被应用在娱乐领域。当虚拟现实技术与核安全级控制机柜相遇时,最主要的一个用途就是操作人员的培训。

对核安全级控制机柜装配人员及核电站的操作人员进行培训时,由于空间和时间的限制,培训效果可能并不理想。如果可以让学习人员置身在一个完全虚拟的,同现实几乎相同的环境中,学习效率会得到极大提高,同时也可以降低培训成本。

目前虚拟现实技术在核电机柜装配中的运用正处于起步阶段,各个核安全级控制机柜的制造商也在积极推动这类技术的应用。

4)增强现实技术的应用

增强现实技术(augmented reality,AR),从本质上来说是虚拟现实的一个技术分支。同虚拟现实技术不同的是,增强现实技术是通过在真实的环境中,投射出经计算机渲染的实物模型,使得观察者看到真实场景中并不存在的物体。增强现实技术多运用在医疗、制造等行业,因为可将现实与虚拟的画面结合在一起,非常适用于做引导与指示。

著名的增强现实设备有谷歌的 Google Glass 和微软的 Hololens。这两个设备实际上就是一个特殊的眼镜。同虚拟现实不同,增强现实的设备一般都更加简洁与轻便。增强现实技术中,最为世人所知的就是任天堂公司开发的一款增强现实游戏:Pokémon GO。这款游戏以手机为载体,让人们在现实世界中"抓住"不同类型的宝可梦并与他们亲密"互动"。虽然在游戏领域,增强现实技术的运用已经非常普遍,但增强现实技术最具发展前景的应用却是在医疗与制造领域。很多新闻报道都公开过,外科手术医生戴着增强现实技术的眼镜,完成了超高难度的手术工作。在手术过程中,增强现实眼镜会在医生的眼中投射出非常重要的引导与提示信息,让原本复杂的手术变得简单高效。

波音公司是最早将增强现实技术运用在生产制造中的制造业公司。他们在某个型号飞机的制造过程中,首次采用增强现实技术协助飞机的装配人员对飞机内部的电缆线束进行敷设。

在国内,航天装配领域已经有针对增强现实技术进行制造工艺的开发,只是现在还未达到实用的阶段。当增强现实技术与核电机柜装配完美结合时,机柜的装配、检验将变得更加容易,生产效率将得到进一步的提高。

想象一下这个场景:电装操作人员戴上增强现实眼镜进行机柜装配时,在与现实场景结合的虚拟的画面中,他们可以看到每一个零部组件的信息;眼镜中会提示机柜每一个地方该安装什么东西,安装的方法与注意事项将在操作者的眼前播放;同时会有动画指引操作者按照最优化的路径进行导线的布置;增强现实系统将准确识别每一个工具,对超出校准日期的工具发出报警;操作者每完成一个工步后,增强现实系统将主动识别并将该步骤记录在案。

当然,要达到这样一个效果,还有很长的路要走。目前,各个核安全级控制机柜的制造方已经开始初步讨论虚拟现实技术与核安全级控制机柜装配结合的可行性。

5) 核安全级控制机柜与"工业 4.0"

"工业 4.0"这个概念是在 2013 年由德国政府最早提出的。"工业 4.0"是相对于"工业 1.0""工业 2.0""工业 3.0"而言的。中国政府也在 2014 年提出了"中国制造 2025"的规划,这和德国的"工业 4.0"有着异曲同工之妙。

从"工业 1.0"到"工业 3.0",实际上标志着三次不同的工业革命。第一次工业革命,是在瓦特蒸汽机大范围应用后,导致的手工劳作向机器动力生产发展的过程。在"工业 1.0"时代,蒸汽机的使用使得工人得以解放双手,实现了小作坊的手工生产向使用机器的大型工厂的转变。

"工业 2.0"则始于 19 世纪的美国,它以福特 T 型车的大规模量产为标志,生产组织模式得到了极大的进步。亨利·福特创造性地提出了流水线的生产模式,极大地降低了商品的制造成本,增加了商品的生产效率。使得当时的汽车行业发生了革命性的变化,让每一个普通人都有能力购买一辆汽车。"工业 2.0"时代借助电气时代各类机器的应用,以流水线生产的模式,满足了人们对产品数量的需求。很多原本生产成本非常高的商品,在这个阶段通过大规模量产降低了成本,走入了千家万户。

"工业 3.0"时代是在满足了消费者对数量的需求后的一个必然发展。当相同的产品能以极大的数量制造出来以后,消费者对产品的个性化需求和定制提上日程。而正是这个时候,恰逢美国金融危机,引发了全球市场需求的疲软,千篇一律的单一产品无法适应社会的需求。因此如何满足不同消费者的需求,成为"工业 3.0"时代最重要的课题。在这个过程中,大众集团通过汽车模块化制造的方式解决了这一问题,他们研发的 MQB 平台可以用于生产不同类型的汽车,从而满足不同消费者的购车需求。从最便宜的入门级汽车,到高端豪华级别的汽车,都可以通用零部件及整车平台。这极大地节省了产品的开发和制造成本,让大众集团在汽车制造行业发展为第一梯队的存在。

对"工业 4.0"的定义,目前尚未有一个确切的说法。总的来说,"工业 4.0"是"工业 3.0"的一个继续发展和延伸,它主要包含"智能工厂"和"智能生产"两个主题。"工业 4.0"就是要通过信息物理系统(cyber physical system, CPS),使得现有的生产制造流程可视化、可控化并且能够与客户紧密实时地连接。"工业 4.0"的核心关键词可以提炼为"互连"这两个字。通过智能网络,可以实现人与人、人与机器、机器与机器以及服务与服务的互连。

核安全级控制机柜的生产制造并非面对普通的消费者,所以从一开始,就面临着"工业 3.0"时代的类似问题,即怎样满足不同项目、不同业主的不同需求,而且同时还能有效地降低成本、提高生产效率。目前的核安全级控制机柜制造模式是能够满足核电业主的需求的,从这方面来说核安全级控制机柜的生产满足了"工业 3.0"时代的部分要求。然而核安全级控制机柜生产一直面临无法大规模批量生产的问题,这个问题出现的主要原因有两个方面:第一,核电控制机柜产品的特殊性,使得产品不需要大规模量产;第二,核安全级控制机柜本身的设计并不适用于大规模量产的制造模式。因此,核安全级控制机柜制造最主要的进化方向就是如何在现有的生产模式下尽可能地提高生产效率,降低成本。前文提到的小型化、模块化、增强现实等技术都对机柜制造的效率提升有着重要的作用。

"工业 4.0"时代的一个最重要的特质就是"万物互连"。可以设想这样一个场景:当核电业主在提交自己的需求后,通过信息物理系统(CPS),他们可以跟踪从原材料采购,到最后产品包装发运的所有流程;可以在某一天的某一个时刻,清楚地看到某个机柜接线完成了多少百分比,机柜的测试进行到哪一个步骤;当有见证点邻近时,系统会提前向见证的人员、机构发出通知,并在生产现场进行提示;当机柜测试完成,发往核电厂的路程中,核电业主甚至能够跟踪机柜发货的实时路径;核安全级控制机柜在运行过程中,每一个单独的模块、机箱、机柜都会实时地连接至统一的网络,在这个网络中,核电系统制造商和业主可以监测每一个模块、每一个电气元件的当前状态;当模块发生故障时,备品备件系统将被立即激活,并通知相应的工作人员进行更换,同时核电系统制造商将第一时间得到模块故障的基础数据并进行分析;当备品备件的库存数量低于设定值时,系统将自动向制造商发送需求订单,安排生产;当核电厂所设置的维护时间临近时,系统会提前通知核电供应商安排人员进行维护的准备,并将需要维护和更换的设备状态提前进行报送。

从这个场景来看,对核安全级控制机柜的制造来说,"工业 4.0"是在已有的生产模式下的一种超级进化。当所有的设备、工具、模块、机柜可以在同一个网络中交换信息时,生产制造将变得简单可控。对于核电业主来说,"工业 4.0"带来的最主要改变是生产过程的实时跟踪,同时,产品交付后维护、维修等技术支持与服务效率也得到了前所未有的提高。

第5章

核安全级控制机柜制造中的
关键工艺和质量控制

　　核安全级控制机柜的制造过程涉及多种工艺技术。这些工艺技术的运用确保了产品的正常生产。某些工艺技术，如标识标签工艺、导线布线工艺等不会直接影响产品的性能，也不能通过具体数据对其进行评定。但有些工艺，如螺纹连接、导线压接等工艺，直接关系到产品的机械及电气性能，这些工艺需要特别关注与控制。本章将详细介绍核安全级控制机柜制造中的关键工艺及与之相关的质量控制要求。

　　机柜产品的制造分为各个不同的阶段和等级，主要有芯片级、元器件级、电路级、板级、模块（组件）级、分机级、整机级。不管是何种阶段或等级的产品，在其制造过程中都是跟随着工艺路线（也称加工路线）来开展的，加工路线就是指各个加工工序串联起来形成的生产路径。生产工序是指产品生产加工流程中的加工工序，该定义与工步不同，工步是指工序当中的组成步骤，比工序更小、更细；产品的加工工序通常以其物理的变化或者化学的变化为分割节点，从而设置一个独立的单元或者功能性的环节，该环节即所讲的工序。

　　工序又分为普通工序和关键工序，也可称之为一般工序和重要工序，关键工序是指工艺路线中对产品质量起着决定性作用的工序，也是生产中需要严密控制的重要工序。

　　关键工艺与关键工序有着密不可分的重要关系，两者相辅相成。关键工序决定着关键工艺的产生，关键工艺中形成的最佳工艺参数直接决定着关键工序的质量；换而言之，关键工艺也是确保产品制造可靠性的重要保障。

5.1　关键工艺的分析及评价

　　确定工序中的关键工序后，需要进行一系列的分析、试验、验证，才能完成关键工艺的评定工作。本节将详细阐述关键工艺的分析方法及评定流程。

1) 关键工艺分析

面对关键工序中的关键工艺点，工艺人员首先应当针对关键工序中的工步进行分解，再根据工步找出关键控制点以及影响这些控制点的关键参数，分析出影响关键参数的影响因子，形成影响因子分析表。工艺人员针对这些重要的影响因子以及可能产生的变化因子，开展工艺研究、工艺试验，通过参数调整、方法变更、样件试验制作、比对、分析、验证、测试后，找出制造效果最好的方案，即最佳工艺参数，最佳工艺参数的组成就形成了关键工艺，进而利用关键工艺指导关键工序的开展和加工制造，使成品质量得到保障。

通常来说，关键工艺的分析都是从人、机、料、法、环五大要素展开的，也称之为 4M1E 原则（即 man、machine、material、method、environment），在后面的章节中会进行详细说明。

2) 样件选择

数量选择一般不少于 3 支（组），在某些实施方案或者操作技术较为困难和精度要求较高的关键参数选择上，应适当增加样品数量。具体项目的关键工艺研究可参照相关标准执行，例如在端头压接上，可参照《压接连接技术要求》（GJB 5020—2001）执行，在紧固件振动试验选取中，可参照《紧固件横向振动试验方法》（GB/T 10431—2008）的数量要求执行。

在关键工艺的样品典型性方面，一般尽量要求 100% 全覆盖性验证，但在样品数量较多或者难以实现 100% 全覆盖的情况下，可以评估使用范围性覆盖选取的方法。这种方法一般采用首尾选取的原则，要求选择最极端的情况作为样件参与验证，例如最大的、最小的、最脆弱的、环境最恶劣的、空间最密集的等，若首尾极端条件下覆盖区域较大，或出现断衔接的情况，也可以加增中间种类的样件一并参与样件的制定。

3) 关键工艺评价流程

一项产品生产制造的关键工艺的产生和确立应该按照"策划—工艺预研—工艺评审—试制—试验验证—评定（总结）"的流程进行相关的研究活动，下面将具体介绍该流程中的重要环节和主要内容。

在策划阶段，组织关键工艺活动的管理部门或者管理人员应充分考虑整个流程中实现产品技术指标、试制生产计划和要达到质量目标所需要的软件和硬件设施条件，为整个活动的开展预备充分的时间，并制定阶段性节点，组织活动中质量控制活动的开展，如工艺评审、质量控制点设置、生产环境条件配备、不合格品审理、总结答辩等。

工艺预研即工艺预先研究,它是工艺参数形成的关键环节。在工艺预研阶段首先应该对产品的特点、结构、特征要求等进行工艺分析和说明,形成工艺总方案,以确保能充分满足产品设计要求和保证制造质量,并依据产品设计文件、产品类型、规模、生产加工条件、工艺和装配技能水平提出工艺技术要求和措施,针对工艺薄弱环节和技术措施制订计划,设计攻关项目或子项目的专项;对工艺装备、试验和检验设备以及产品加工技术、检测技术、鉴定技术原则和方案等充分考虑和准备,并在此过程中形成工艺性文件,包括工艺总方案、工艺说明书、工艺数据分析报告、项目/子项目工艺方案、关键技术、重要课题工艺规程、新技术(新材料、新设备)过程报告等。相关文件的编制应做到完整、正确、协调、统一,对检验/试验项目、方法、条件、过程检验和测试点等要有明确表述,具有可操作性,整个过程中应形成过程记录,为后续工艺技术的全面总结做好准备。

工艺评审的主要工作是对工艺设计满足设计要求及其合理性与经济性等做出正式、全面的系统审查。它可以及早地发现和纠正工艺设计中的缺陷,是一种自我完善的工程管理方法,在不改变技术责任的前提下,为批准工艺设计提供决策性的咨询。策划部门应在新产品试制策划阶段确定产品的工艺设计,设置安排评审点并列入计划,未按照规定要求进行工艺评审或评审未能通过的,不得进入下一流程的工作。

试制过程是整个活动过程中最为重要的一个环节,试制前应安排对承担试制任务的单位或者个人提供所需的场地、资源、文件、记录、材料、设备等,并对试制状态进行全面系统的检查,对其开工条件作出评价,以确保产品能保质保量完成并规避风险;准备状态的检查可根据产品的特点、规模、复杂程度等实际情况分批、分级进行,也可一次性完成;试制过程中,应明确数量、进度、质量要求,熟悉工艺文件和方法,严格按照工艺参数执行产品制作。

试验验证是对预研成果的一种鉴定,通过特殊的、有针对性的试验,对目标产品执行严酷考验,以验证其有效性、可靠性、可行性、正确性、完整性等。在验证项目的选取中,应充分考虑全面性和覆盖性,特别是针对薄弱环节的考核,只有充分的试验与验证,并100%通过考核,才能够证明工艺方法是行之有效的,方能进一步实施和运用该工艺方法。

评定总结是对整个活动从开始到结束的一个全面的阐述,它应该对整个过程中所产生的关键技术、分析、试验、结论等做出全面的评价。通常由同行专家、设计单位、承担产品生产的单位及有关职能部门的代表组成评定总结评审组,其参照的最终目标是设计要求,评审组应采取听取、审议、提问、现场取样、建议等方式对结果进行评价,被评审人员应按照上述流程采取汇报、答疑、处置等形式参与评审,最终评审组形成统一意见,产生评审的总结结论。

这一系列流程结束后,经过评定的工艺才是行之有效的,可以实施的。上述所建议的流程是关键工艺产生和确定的最基础流程,各工艺专业可在此基础上根据其具体形式以及具体产品环境增加相关流程,以达到验证更为充分的目的。

5.2 关键工艺的验证与试验

当经过一系列的分析、比对、试验,形成了关键工艺的指导参数之后,关键工艺是否行之有效、稳定良好,是否还存在一些不易被发现的缺陷,这些疑问和未知就必须依靠试验加以验证。其可涉及的验证试验非常多,特别是针对复杂的电子产品而言,目前电子产品的装联主要可分解为"装"和"联"两个主要过程:装,是将所需要的电子元器件、电气元件、零部组件等进行安装的过程,主要的方法有螺纹安装、铆接安装、组合拼装、元器件插装、贴装等;但是装完之后,并不能成为行之有效的电路功能体,也没有可以实现的电气性能,于是产生了所谓的"联"。联即联接,采用焊接、压接、导通连接、搭接、绕接等形式,使得各个部位的电气元件发挥其作用与功效,并使电流导通通过,形成其特有的性能。但在这个结合了多门技术与工艺方法的复杂又精密的过程中,不良情况往往常有发生,主要的不良情况有焊点可靠性差、线束磨损、电气连接不可靠、金属部位腐蚀、结构框架不稳定等,这些不良有可能会导致电路失效、功能缺失、主体损坏等。有些不良是可以通过常规检验、肉眼观察,或者借助辅助设备发现的,但有些不良却在生产过程甚至测试过程中都不能及时暴露,它带有一定的延时性和时效性,或在某种特殊情况下才能暴露,那么就极易将带有未被发现的缺陷产品交付给客户。为了避免这种情况的产生,或为了缩小其产生的比例,可以借助一些带有验证作用的试验进行早期验证,下面就来介绍几种常见的不良情况和用于验证不良的验证试验及方法。

5.2.1 焊点可靠性

1) 焊点的形成

电子元器件的焊接,也称为电子元器件的电子联接,主要是通过特定焊接材料(焊锡合金)的融化和再次冷却成形在金属表面形成一层相对均匀的、连续的、光滑的合金体,附着在电子元器件引脚之间,形成稳定的导通连接,最终形成电路。

当下的电子产品日趋小型化和集成化,新型材质和封装形式的元器件的产生和组装密度的不断提升,给焊接装联技术带来了巨大的挑战。目前主要的装焊技术有表面贴装、波峰焊焊接和手工焊接,从其安装形式来分,主要分为表面贴装形式、通孔插装形式和混合安装形式。整个焊接过程中,除了要考虑安装形式外,更为重要的是应该考虑元器件的材质、特性、能承受的温度极限、元器件引脚的材料和可焊性、焊盘材质等诸多因素。

在焊接过程中,最容易出现的现象就是焊接不良,其中包括焊接不可靠、焊点疲劳、焊点开裂、虚焊等。这里提到的焊接不良非外部特性的明显不良,而是指因为焊接缺陷导致的一些不易被发现或不易及时发现的缺陷,只有这类焊接不良是必须通过验证或考核才能提前发现的。通常在器件使用初期的电气或电路功能并不会受到这类不良的影响,但是在使用一段时间后,或在某种恶劣环境下以及外力的冲击下,问题就会迅速暴露,这些焊接不良产生的焊点往往是由内而外的物理变化,直接的影响就是使电路功能失效或提前结束寿命。这其中最不容易发现的就是虚焊,虚焊是一种常见的线路故障,生产过程中产生的虚焊实质是焊锡与管脚之间存在隔离层,没有完全接触在一起,一般肉眼无法看出,但是其电气特性并没有导通或导通不良,影响电路特性。

通常焊接不良形成原因有四种,一是在生产过程中由于生产工艺参数不当,工艺预研不充分;二是操作人员焊接操作不当造成的焊点接触不良;三是由于产品在恶劣环境中长久使用,出现焊点发霉、锈蚀等情况导致连接不可靠,四是由于产品承受了其不能承受的冲击、跌落、振动等外力冲击,导致焊点损坏。

2) 增加焊点可靠性的办法

(1) 选择合适的助焊剂或焊锡膏,以提高焊接过程中去除污物的能力或使其与待焊部位镀层结构相匹配,提升润湿效果。

(2) 去除待焊部位的污物,对元器件引脚搪锡等,以提高可焊性。

(3) 设定合适的焊接温度及时间,以保证焊接的可靠性。

(4) 检查元器件引线共面性或印制电路板板面翘曲度。

(5) 对印制电路板组件焊接面进行三防处理,提高产品防霉菌、盐雾、潮湿的能力,以增加产品寿命,提高可靠性。

3) 常用的验证方法

生产过程中未被发现的焊接不良问题容易在温度环境中或力学振动过程中暴露,可根据产品需求选取环境温度试验、力学试验中的一种或几种试验筛选方法来对焊点不良的产品予以剔除。一般来说,温度循环或温度冲击可用于揭示焊点热疲劳,机械振动或跌落试验可以有效地揭示焊点机械疲劳,温度或湿度试验可有效地揭示焊点的抗腐蚀性以及离子迁移。

(1) 低温试验:低温试验对于揭示焊接不良中的虚焊具有很好的价值。众所周知,热胀冷缩是普遍现象,而虚焊一般的存在形式是时有时无,难以准确抓住其存在时刻,因此有效地利用热胀冷缩的原理可以相对有效地发现部分虚焊问题;低温试验方法可参照《电工电子产品环境试验 第 2 部分:试验方法 试验 A:低温》(GB/T 2423.1—2008)的要求进行。必须强调,低温试验的温变速率往往不宜太大,否则会对产品本身造成预设之外的冲击。这方面可参照标准当中给出的温变速率进行评估。

(2) 高温试验:高温试验对于评估产品焊接阶段的热疲劳损伤有良好的效果。一般来说,大多数的焊点障碍都是因为焊接温度引发的,主要表现为过热焊接导致焊盘、引脚、基材、合金体等的机械性的物理损伤。微量过热的现象并不能及时体现焊点障碍,但当产品处于热环境下或者温变冲击环境下,过热引发的热疲劳损伤就会提前暴露,试验方法可参照《电工电子产品环境试验 第 2 部分:试验方法 试验 B:高温》(GB/T 2423.2—2008)的要求进行。

(3) 温度循环试验:温度循环试验用于评估焊点在不同温度环境下,一般是冷热快速交替的情况下焊点的疲劳情况。它与单纯的低温或者高温试验不同,焊点在冷热环境,即高低温的快速交替情况下,也会随之快速地膨胀和收缩。随着冷热交替次数的增多,焊点可能会因为预处理不当、焊接方法、参数不正确等,导致过早失效,这种情况也称为疲劳失效。值得注意的是,温度循环试验必定是温度的快速交替,一般可以设置频率为 10 ℃/min,试验方法可参照《电工电子产品环境试验 第 2 部分:试验方法 试验 N:温度变化》(GB/T 2423.22—2012)的要求进行。

(4) 振动试验:振动试验的分类很多。按照谱形分类,一般分为随机振动和正弦振动;按照试验时的接触环境,可分为刚性振动和非刚性振动。随机振动与正弦振动的主要特质与不同之处如下:随机振动的振动频谱无确定的规律,无法用确定的函数或者数学应用来解释;而正弦振动是一种特定的振动,它的频谱有规律地变化,如正弦曲线一样。刚性振动和非刚性振动的区别在于其接触面的不同,例如,有些产品的底部带有支脚或者软垫、橡胶等类型的减震器,保持在这种状态下参加的振动试验称为非刚性振动,软垫的存在有可能会抵消或缓冲部分振动频率(峰值),所以,产品实际收到的振动频谱会在预设值的基础上有所衰减;刚性振动是指产品去除所有带有缓冲功能的物件,直接与振动台接触试验。因此,在选择进行何种振动试验时,应该考虑产品所应对的最恶劣的环境,或者产品需要达到的最高指标。焊点在进入振动试验环境时,主要考核的是其在某种特殊外力下焊点的耐久性和稳固性,试验方法可参照《环境试验 第 2 部分:试验方法 试验 Fc:振动(正弦)》(GB/T 2423.10—2019)和《环境试验 第 2 部分:试验方法 试验 Fh:宽带随机振动和导则》(GB/T 2423.56—2018)的要求进行。

在试验设备方面一般可使用垂直振动台和滑台两种。在选择设备时必须考虑产品与台面的连接形式,振动试验中往往会要求产品进行 X、Y、Z 三个方向的振动试验,若选用垂直振动台,那么必须考虑产品在每个方向振动试验结束后,将产品自振动台上取下,更换为下一个方向,如此往复三次,在此过程中产品如何与振动台实现有效、可靠的连接,往往是通过工装来实现的。而滑台的好处在于,产品只需要考虑一次安装,可以在不更换产品安装方向的情况下,通过台面自身改变振动方向实现试验。至此,似乎可以明显感觉到滑台的好处远远大于振动台,但这只是需要考虑的因素之一,此外,还需要考虑受试品所要执行的振动量级到底有多大,受试品的重量、大小等问题。较大较重的产品试验不建议使用滑台,因为滑台在进行非纵向的试验时,受试品容易因底部连接不可靠而脱离振动台,如果只是单纯地使用压条进行紧固,效果往往不理想,压得太轻,产品容易滑脱,压得太紧,会对受试产品表面造成损坏,如变形、表面处理层受损等。因此,如何良好地开展有效的振动试验,必须经过多方面综合比量考虑。

(5) 三防环境试验:三防以提高产品在恶劣环境下的可靠性为目标。通常所说的三防是指防霉、防潮、防盐雾,这是广义的三防,但实际上其内容包括防水、防潮、防积雪裹冰、防盐雾、防霉、防腐蚀、防老化、防静电、防风沙等诸多方面,涉及的验证试验主要有三项,分别为霉菌试验、盐雾试验、湿热试验。三防的验证试验主要是考证焊点在经过三防保护之后,在霉菌、潮湿、盐雾的特殊环境下的稳固性和耐久性。受试产品一般必须经过有效的三防涂覆之后,再参与验证。因此,该验证试验的建立也能同时考证三防涂覆的有效性,但这仅仅属于基础性的验证,并不能全面地考证三防涂覆的持久性能,三防的验证还必须同时考虑其他方面的验证,如附着性检查、测厚、返修比对、绝缘测试、耐酸性、耐醇性等。

盐雾试验可参照《电工电子产品环境试验 第2部分:试验方法 试验Ka:盐雾》(GB/T 2423.17—2008)的要求进行。

湿热试验可参照以下标准要求进行。

①《电工电子产品环境试验 第2部分:试验方法 试验Cab:恒定湿热试验》(GB/T 2423.3—2006);

②《电工电子产品环境试验 第2部分:试验方法 试验Db:交变湿热(12 h+12 h循环)》(GB/T 2423.4—2008);

③《电工电子产品环境试验 第2部分:试验方法 试验Cb:设备用恒定湿热》(GB/T 2423.9—2001);

④《环境试验 第2部分:试验方法 试验Z/AD:温度/湿度组合循环试验》(GB/T 2423.34—2012);

⑤《环境试验 第2部分:试验方法 试验Cx:未饱和高压蒸汽恒定湿热》(GB/T 2423.40—2013);

⑥《环境试验 第2部分:试验方法 试验Cy:恒定湿热主要用于元件的加速试验》(GB/T 2423.50—2012)。

霉菌试验可参照《电工电子产品环境试验 第2部分:试验方法 试验J及导则:长霉》(GB/T 2423.16—2008)的要求进行。另外有一点还需要阐明:霉菌试验的开展若只对受试品做外观性的验证,则按照一般情况开展即可,但如需同时进行电性能测试,其试验周期为84天。

归根结底,三防的涂覆其实是在为焊点的可靠性服务,它就像一层防护服,为电路寿命的延长起重要的作用。特别恶劣环境下的三防一般需要进行更加严格的试验,甚至可无限延长湿热试验、霉菌试验及湿热试验的时间,直到找出极限临界,此类方法应用在三防防护剂的性能评判上也是行之有效的。

(6)其他验证:高温高湿环境下焊点的可靠性验证也可以采取电迁移试验(ECM)或表面绝缘阻抗测试(SIR)进行评判,它主要用于高温高湿工作环境下的电化学迁移、腐蚀、绝缘性能下降等失效模式的数据分析和机理分析,在失效过程中或失效机理上有很好的数据判定和辅助作用。

在化学迁移测试中,可参照《测试方法手册》(IPC-TM-650-CN)进行,它的主要适用范围是评估焊接材料或焊接工艺的电化学迁移,环境试验条件主要分为如下 3 种。

　① 温度(40±2)℃,相对湿度(93±2)%。

　② 温度(65±2)℃,相对湿度(88.5±3.5)%。

　③ 温度(85±2)℃,相对湿度(88.5±2)%。

印制电路板组件绝缘可靠性的评价方面,可参照《助焊剂要求》(IPC J - STD - 004 - CN)、《试验方法手册》(IPC - TM - 650 - CN)、《印制板测试方法》(GB/T 4677—2002)、《锡焊用液态焊剂(松香基)》(GB/T 9491—2002)。

5.2.2　线扎布局

1) 线扎的定义

线束的连接是实现整机电子产品内部导通的重要手段,可通过单根导线、线束线缆等实现。在这个过程中使用到的导线必须是制定了某种路径的,以便其"行驶"到需要连接的部位,这个带有路径的导线群体就是所谓的线扎。线扎的制作与路径的定制不是随心所欲的,必须考虑其可维修性,且容易查找和更换,所经过的地方也必须是安全可靠的,应沿着(顺着)边缘或光滑的结构部分进行,且在工作时不应产生性能参数之间的互相干扰。

另外,电子产品内部通常空间相对狭小、组合形式多样、内部器件繁杂,常有发热部位,很容易因线束路径不正确而导致连接断路或短路、失效等问题。例如,最常见最容易忽视的短路,一般是由线束在电子产品内部固定绑扎不到位,没有有效避开金属尖角棱边部位所致;或在有线束磨损的部位时,没有采取有效防护措施,线束与零部件或机械件的相对运动产生反复摩擦,导致线束外层的绝缘皮破损、裸露,相互接触导通,从而造成电气短路。

2) 线扎磨损的解决办法

通常,线扎磨损的解决办法如下。

(1) 布线时尽量避开金属棱边或其他尖锐部位,螺钉部位也应避开。

(2) 将线束固定紧固,使得在外力影响下或自然振动的情况下不产生相对位移。

(3) 增加防磨措施,如护边条、缠绕管、缝制软性麂皮等。

3) 常用的验证方法

常用的线扎验证方法有如下两种。

(1) 振动试验:参照 5.2.1 节的振动试验部分执行。

(2) 运输试验:电子产品在相对静止的环境下,其实是很难察觉潜在的短路和断路风险的,但是大部分的电子产品都避免不了运输的环节。运输试验属于振动试验中的一种,与振动试验不同的是,运输试验一般是将产品装入包装一同进行试验。它能够模拟产品在运输环境下的长时间抖动、颠簸、冲击等情况,以揭示线扎可靠性,包括分布、走向、紧固、防护等方面的缺陷。另外运输试验的选择还应该考虑运输方式和运输装备的选取,如运输方式方面包括公路、铁路、航空、海路等,运输装备方面包括卡车、拖车、履带车、飞机、船舰、火车等。其他可参照《军用装备实验室环境试验方法 第16部分:振动试验》(GJB 150.16A—2009)的要求进行。

5.2.3 电性能稳定性

1) 电连接的形式

电连接的形式是多样化的,这主要源于多样化的工艺,电连接是部件通过适当的机械作用力或化学转变,将不同的导体部件可靠地固定在一起,实现电连接的过程。按照工艺方法电连接可分为焊接、压接、绕接、胶接等。从物质状态来看,电连接又可以分为热连接和冷连接两种,热连接在电子产品的应用上可以简化理解为例如使用烙铁、自动焊接等设备,通过温度作用使物质产生和经历化学变化的过程;而冷连接一般采用机械的形式,利用物体之间的形变或外力挤压使其有效结合。热连接在前面的章节已经介绍过了,此处就不再赘述,本节主要介绍冷连接的情况。冷连接不可靠的情形主要有端子未压接牢靠、连接器接插部位氧化、金手指氧化、接线端子未拧紧等情况。

2) 电连接不可靠的解决办法

电连接不可靠的常见解决办法如下。

(1) 选用匹配的导线、端子、工具进行压接,压痕位置应在压筒中间位置。

(2) 连接器接插部位、金手指等禁止裸手触摸,确立相应的防氧化措施。

(3) 使用力矩工具对接线端子进行拧紧。

(4) 采取可靠的绕接搭边长度。

3) 常用的验证方法

电连接可靠性常用的验证方法有拉力试验和振动试验。

(1) 拉力试验:可以有效地揭示在使用压接和压紧形式下的连接紧固可靠性。通常是将受试品置于拉力机上,对其拉力(拉脱、拉断时)的数值进行评判。这类验证方法对于验证电子产品中的压接端头是十分有效的,其试验方法可以参照《压接连接技术要求》(GJB 5020—2001)进行。

（2）振动试验：对于电子产品中连接的接插紧固性、金手指部位与底座的接插紧固性、电转换端子对线缆的压接紧固性，仍然是采用振动类的力学试验进行验证，这是最简单也是最有效的验证方法。因为往往产品的松动都是在外力的震颤和抖动作用下才会暴露，处于静止的产品的缺陷往往不容易发现；振动试验参照 5.2.1 节振动试验部分执行。

5.2.4　关键工艺管理和质量控制

关键工艺是确保产品质量的关键环节，不管是何种类型的关键工艺，产品制造过程中必须按照关键工艺的指导文件进行生产制造，且对相关要素进行全过程控制，根据产品的要求选择和确定人员、材料、设备，可参照"三定"（定人、定岗、定设备）和"三按"（按标准、按图纸、按工艺）的要求来保障。再次，对操作规程的执行情况，要适时自检、互检和专检；所使用的全部设施、工具、设备等，应定期检验，计量工具应校准，其具体实施主要体现在以下几个方面。

先决条件方面，关键工艺的实施与控制，应该在每道工序执行前、执行中和执行完成后都严格进行质量控制；执行前应首先确保实施的条件，如设备、加工零样、图纸、工艺文件等是否齐全，且与所要求的条件一致，人员、环境、场所等是否满足生产所必备的条件。

生产管理方面，关键工艺的指导性文件一般需要附加特殊标识或印章以视区分，生产现场针对关键工艺相关的场所或环节应标识特殊标志牌。试制首件时，应制作首件标识，首件一般不作为正式产品使用，可作为每日或每班的点检制度，也可在批产品生产前进行首件试制。首件是对试生产阶段的第一个（批）零部组件进行试生产的过程，首件一般需要执行首件检定，即对首件产品进行全面的过程和成品检查，以确定生产条件是否能够保证生产出符合设计要求的产品。

生产实施方面，应建立相应的过程检验和终检制度。关键工艺需要执行百分之百检验。批产品生产时，应执行首件制度。工序完成后，经检验合格的产品才允许转入下道工序。

监视和测量方面应采用适宜的方法和检测设备，对生产过程和参数进行检测和监视，对产品的一次检验合格率进行统计。从设备、人员、工艺三个方面确认是否满足产品要求的标准，同时进行评价监测。另外，应通过日常性的监督检查方式对关键工艺的生产过程进行监视和测量；还可以利用第三方的形式进行审核,包括体系和过程、结果的审核和评定,以及按照过程中关键控制点进行监视活动等。

5.3 核安全级控制机柜制造中的关键工艺

核安全级控制机柜是容纳了仪控系统的各种电气、电子设备,如模块、电器元件和电(线)缆等的自支撑机壳,其在机械结构上包含了底座、顶框、立柱等,在电子设备上,包含了机箱、功能模块(电子插件)、电(线)缆、电气元件等。

由于特殊的使用环境和功能特性,核安全级控制机柜必须保证输电线路稳定性、用电设备耐久性,还要确保安全性和环保性。确保核安全级控制机柜能够在正常环境和振动载荷下维持自身长期稳定,保证内部各电子设备正常运行,在此基础上又必须具有便利的可维护性和维修性。所以,核安全级控制机柜内普遍采用了可拆卸、易更换、易维修的组合装配模式,这势必对机柜结构设计和装联提出了更高的要求。

目前核电厂控制机柜大部分使用钣金机架结构,再采用焊接或螺接的方式进行组装,电性能上采用通过电(线)缆与电气元件及模块连接的形式。整个装配过程中,主要的工艺种类有电缆加工、模块装配、旁通面板装联、线扎制作、整机装联等;涉及的工艺技术主要有导线端头处理、导线端子压接、电缆组装件制作、屏蔽处理、线扎布线绑扎、机械装配、螺纹连接等典型工艺。对整个电子装联过程中涉及的工艺技术进行比对和筛选,不难发现无焊压接连接工艺技术、机械螺装工艺技术是贯穿整个产品生产制造过程中运用最为广泛、使用频率最高,也是实现电性能,保障设备牢固、可靠,稳定运行的最主要的方法和手段。

5.3.1 无焊压接连接工艺技术

压接技术是一种主要应用于电力电子产品内部线束端子的连接或者一些电气元件的外部转换或连接的工艺技术。相比传统的焊接工艺,压接技术提高了产品的可靠性和生产效率,生产工具上避免了一些必须使用到的硬件设施,且避免了热焊接工艺所需要使用到的锡钎焊料等材料,很好地改善了员工的工作环境。另外,从质量角度来说,压接技术大大避免了热焊接中所存在的焊接隐患和焊点易氧化问题,目前无焊压接技术已经广泛应用于电子设备制造行业。

核安全级控制机柜作为核级产品,在其特殊的运行环境之下,首先应该必须做到避免火源,并且物项选用上,必须满足低烟、无卤、阻燃的要求,即核安全级控制机柜的组成物项必须做到环保、不易燃烧,不产生毒害物质。因此,不使用烙铁的冷连接形式成为核安全级控制机柜首选的电连接形式,另外,在《核岛电气设备设计和建造规则》(RCC‐E)E 卷中明确了设备内部导线连接采用无焊压接连接工艺。由此可见,压接在核安全级控制机柜的电性能实现方面起着至关重要的作用,几乎 99% 的电连接都是通过冷连接的无焊压接实现的,因此压接的可靠性对装配质量和整个核安全级控制机柜系统的运行起着决定性的作用。如何压接、用什么工具压接、工艺流程是什么、关键点在哪里,这都是工艺人员在研究这门技术时需要深入探讨的问题。

压接技术就是通过外部工具或者设备施加压力使"物项"沿其四周或者某(几)个固定的方向产生机械应力,使得被压"物项"压缩,并且在压缩的过程中产生最终的形变,使得被压物项被压紧的过程。

连接的导线在外层绝缘去除之后,是不可以直接进行电连接的。原因如下:第一,线芯是分散的,没有固定形状,无法做到紧固连接和有效形变,即使在连接后也有可能因为外力的原因使原线芯状态变化,导致连接松散、脱落、甚至失效;第二,若在线束的金属导体芯线上采用搪锡的方式使其聚拢和成形,那么此时的芯线线束是生硬的,连接后很容易发生断裂,进而致使电连接失效。因此,在这个点上必须借助一种有效而可靠的转换介质,在连接导线与电气元件之间形成一架转接桥梁,并使之稳定地连接桥梁两端,这种介质就是端子,而这种压接端子的技术就称为无焊压接技术。它是借助压接设备或压力工具传导一个外压力在端子上,使得端子外壁产生形变,直到与其内壁中包裹的导线线芯紧密结合。导线芯线与端子被压接钳压接时,被压接区域会受到来自压接钳的压接力。若压接力不足,导致导线芯线与端子的形变量不够,导线芯线易从端子中脱出;若压接力过大导致导线芯线与端子的形变量过大,则导线芯线被压断或者端子外表受损。压接力过大或过小均会影响电连接可靠性,因此,合适的压接力至关重要。另外,通过合理地选用导线芯线、端子和压接工具,建立适用的匹配性也是控制和提高产品电连接可靠性最重要的基础。

5.3.1.1　常见的压接端头种类

如图 5‐1 所示为几种常见的无焊压接端头。

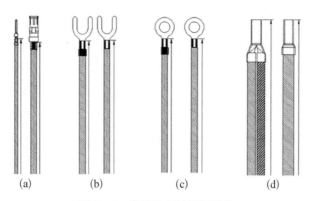

图 5-1　常见的无焊压接端头

(a) 针状端头；(b) 叉状端头；(c) 圆形端头；(d) 管状端头

（1）针状端头大多数应用于矩形多芯连接器、航孔插头、插座、电源插座上，图 5-2 所示为两种常见的针状端头。

图 5-2　针状端头

（2）叉状端头分为带绝缘管套和不带绝缘管套两类。不带绝缘管套的叉状端头在连接后，也需要增加绝缘护套。叉状端头主要运用在连接部位是不可拆卸的情况。图 5-3 所示为两种常见的叉状端头。

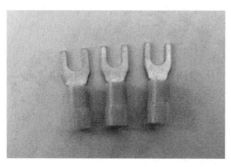
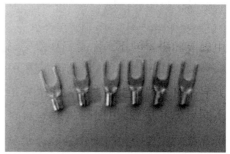

图 5-3　叉状端头

（3）圆形端头同样分为带绝缘管套和不带绝缘管套两类。不带绝缘管套的圆形端头在连接后，也是需要增加绝缘护套的。圆形端头主要运用在连接部位可拆卸的情况。通常来说，圆形端头较叉形端头更具有可靠性的优势，因其前端为封闭式圆环，脱落的风险大大减少。因此，圆形端头应为首选，只是在某些无法拆卸，无法将圆环套入连接的部位，才会选择叉状端头。图 5 - 4 所示为两种常见的圆形端头。

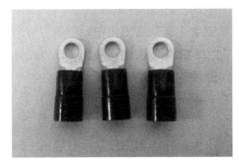
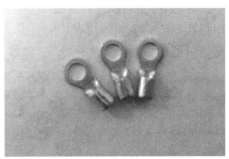

图 5 - 4　圆形端头

（4）管状端头是电连接中应用最广泛的一种端头，它具有一对一的针对性和专用性，根据被压接导线线芯截面积（线规）选取其唯一的端头规格。如图 7 - 5 所示为两种常见的管状端头。

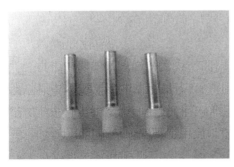

图 5 - 5　管状端头

以上的端头仅仅是从端头样貌、连接形式来区分和介绍的。如果从压接部位的端口部位分，端头又可以分为开放式和封闭式，如图 5 - 6 所示。

5.3.1.2　无焊压接成型原理

不管是工具的压接还是设备的压接，都是

图 5 - 6　开放式和封闭式压接端子

依靠其压接部位的压模挤压形成的。操作过程中,借助手柄或者自动化机器的操作,从端子外壁施加一定的压力,让端头在外力的作用下,随压模挤压直至收缩、包裹,从而夹紧中央的线芯。中央被压接的线芯在这个过程中因金属原子扩散作用,与压线筒紧固结合。如图5-7所示为压接前、中、后的过程示意图。

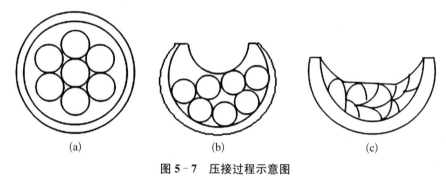

图5-7 压接过程示意图

(a) 压接前;(b) 压接中;(c) 压接后

压接前:将裸露的线芯置入大小匹配的端子筒中。

压接前期:通过压接外力的施加和挤压,端子外壁逐渐产生形变。

压接中期:端子外壁持续被挤压,直到导线线芯受到挤压,间隙逐渐变小。

压接完成:导线线芯间的间隙基本消失,周边的导线受到挤压变形,基本不再保持原有形态,线芯与端子内壁紧密结合,几乎没有较大空隙。

压模其实就是压接部位的外形形态,它可以是一个点、几个点,也可以是一个面,甚至是一个完整的个体。此外,在压接形式上,也要区分模压式和坑压式;在模压式中,端头的最终成型形状一般是整体的,应与压模形状一致,而坑压式压接的部位一般是局部的或连续存在的。

1) 压接关键词

(1) 全周期压接。

压接全周期(full crimping cycle)一般存在于手动压接过程中。从压接工具的压模、手柄完全张开时,到被压接端头置入其中,然后从工具手柄施加作用力开始,到压模压面闭合到规定的位置时,再到手柄、压模自动张开,恢复到初始位置。这是一个完整的压接过程,它既是关键的,也是连续的。一个压接必须在全周期内完成,反复的压接是无效的。

(2) 压接范围

压接中选取合适的匹配性,是保证压接圆满的关键。简单来说,压模与端子筒的适配性其实就是工具与被压接部位的匹配性。因此,被压接部位是什么规格、所使用工具适合于什么范围的压接、两者是否匹配,都属于压接范围的选取。

2) 压接的优势

所有的优劣之分都存在一个参照物或者比照对象,与焊接技术相比,压接技术的主要优势有以下几个方面。

(1) 人员方面,压接在人员技能方面要求相对较低,大多数的过程成因取决于工具的智能性。

(2) 工具方面,压接不需要使用诸如烙铁一类的热源,符合核电设备特殊环境规定。

(3) 可靠性方面,焊接技术在预热(达到一定温度)时,焊点会融化,致使连接失效,但是压接可以有效避免此类问题,因此不论它在多么高温(金属熔解范围内)的环境中,连接都不会受到热影响。

(4) 操作效率方面,压接操作简单,一次成型,而焊接需要的辅料多,如焊锡丝、助焊剂、清洗剂等。

(5) 风险控制方面,焊接容易产生锡渣、助焊剂残留等,且锡渣的残留不易被肉眼察觉,形成金属多余物。焊接通常需要借助工具或者设备检验,肉眼检验功效低。而压接工具操作简单,检验便捷。

5.3.1.3　压接技术要素和影响因子

1) 要素分解

压接的形成关键在于"压",众所周知,人的双臂或双手没办法去精准地掌握一个外力的施加。那么,在无焊压接时,这个力如何衡量、应该怎么样去实现或者由谁来实现,这些就形成了压接技术的要素。

仅靠人为控制一个外力是根本不可能实现的,所以在无焊压接的过程中必须借助设备或者工具,那么此时产生了第一个要素:工具,也就是常说的"人、机、料、法、环"中的"机"。

接着,操作该工具的人必须考虑其技能要求、资质种类,这就是"人、机、料、法、环"中的"人"。

选定了人,获得了工具,再次要考虑的就是物料的齐备,这就是"人、机、料、法、环"中的"料"。

现在,人、工具、物料都具备了,缺少的是最重要的方法,这也是指导操作人员如何实施的要素,其中应当包括顺序、要领、关键参数等,这就是"人、机、料、法、环"中的"法"。

当考虑了以上因素之后,其实准确来讲还缺少一个最基本也是必不可少的要素,就是"人、机、料、法、环"中的"环"。环即环境,也是在生产制造中常说的生产厂房的环境,一个良好的操作环境和厂房条件是制造高质量产品不可或缺的重要因素;实施无焊压接技术所需要的环境要求与所有的电子装联过程一样,都是需要在一个洁净、通风、明亮、温湿度满足生产厂房的条件下进行,通常应保证环境温度为 20~30 ℃,相对湿度为 30%~75%。

此外,通过合理地选用导线芯线、端子和压接工具,建立适用的匹配性也是控制和提高产品电连接可靠性最重要的基础。

2) 影响因子

压接的影响因子一定是从其实施流程的过程中产生的,图 5-8 依次按照无焊压接的步骤,给出了每个步骤中的因素种类和可变的影响因子。

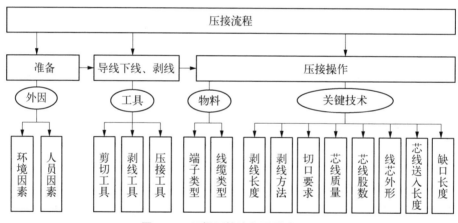

图 5-8　无焊压接流程及影响因子

(1) 外因:首先需要确定无焊压接的环境因素和人员的配备,这些都是建立一个质量良好产品的前提和基础保障。

环境上,电子产品的生产都应遵循生产环境洁净度和温度、湿度的要求,良好的生产环境是确保产品质量的基础要素。首先场地方面应洁净,无多余物,洁净度应按照产品的精密程度有所区分,精密产品作业的场地洁净度不低于十万级。作业温湿度应维持在温度为 20~30 ℃,相对湿度为 30%~75%。工作场所及工作台表面的照明至少应达到 500 lx,精密作业不低于 750 lx。

人员方面,压接技术的人员差异应该是所有操作中最小的,基本上不会产生因人带来的巨大差异和不良。但依然要求操作人员掌握必要的操作要领,压接钳使用时需握紧把手至压线完成,一个端头压接过程中不允许松手,不允许一个端头多次压接,即满足前面讲到的全周期压接的要求。

(2)工具:操作过程中会使用到的手动工具有剪切钳、剥线钳、压接钳。首先应保证其完好,无残损、压接钳压模部位或坑压尺口形状清晰。良好的工具是确保压接圆满的重要前提,若使用自动化的压接设备,设备应在有效合格期内,运行良好。

(3)物料:首先选取压接端子与线径的匹配性,同时要求端子的接口与被接口部位的连接形状匹配。因此,端子的选择是双向的,缺一不可。

(4)关键技术:这是最难的一点,也是最关键的一点,其中涉及很多法理类的工艺制作量化要求,其参数的改变会直接影响压接质量。

① 剥线长度:首先剥线的长度应该与端子的伸入长度协调,其主要依据端子的压接部位长度决定,一般要求剥离绝缘外层的芯线在伸入端子筒后,略有伸出且可视的。如采用封闭式的管状端头,那么可以采取比量的方法,经反复修剪,以确保剥线长度与其匹配。

② 剥线方法:线缆的绝缘外层在剥离的过程中,通常使用的方法是热剥和冷剥两种(化学剥离法不推荐)。热剥的好处在于它是使用热原理将外层绝缘皮成环形切口状分离,不易造成线芯损伤,但是它违背了"远离热源"的原则。冷剥又叫机械剥离,它的操作需掌握一定的方法,操作不当容易产生线缆线芯缺失。

③ 切口要求:切口截面应尽可能保持平滑、洁净,这也是用来判定缺口间隙的重要参照。

④ 芯线质量:芯线应该是完好的,不应带有外观性的损伤;所选芯线应确保光泽度均匀、较好,氧化发黑、变色的线缆是不允许使用的。

⑤ 芯线股数:前面提及的冷剥法的运用,当冷剥造成了线芯的缺失,如出现夹断的芯线,可以参照表 5-1 所示导线股线允许的损伤范围进行判定。

表 5-1　导线股线允许的损伤范围

导线股线根数	1级[①]、2级[②]允许的最多刮伤、刻痕或切断的股线根数	3级[③]允许的最多刮伤、刻痕或切断的股线根数
<7	0	0
7~15	1	0
16~25	3	0
26~40	4	3

（续表）

导线股线根数	1级①、2级②允许的最多刮伤、刻痕或切断的股线根数	3级③允许的最多刮伤、刻痕或切断的股线根数
41～60	5	4
61～120	6	5
≥121	6%	5%

注：① 1级指普通类电子产品，包括那些以组件功能完整为主要要求的产品。
② 2级指专用服务类电子产品，包括那些要求持续运行和较长使用寿命的产品，最好能保持不间断工作但该要求不严格。一般情况下不会因使用环境而导致故障。
③ 3级指高性能电子产品，包括以连续具有高性能或严格按指令运行为关键的产品。这类产品的服务间断是不可接受的，且最终产品使用环境异常苛刻，有要求时产品必须能够正常运行，例如救生设备或其他关键系统。

⑥ 线芯外形：通常导线在其原有线束中是经过自然扭绞的形式存在的，但有些线芯也会成直线形存在，不管以何种形式存在，都不能使用强外力去改变线芯原有的形状，即使当其松散时也不能，更不能使用搪锡的方法成型，搪锡会致使导线变硬，韧度丧失。若导线只是轻微形变，可以使用双手轻捻的方法（又称捻头）恢复，当不能恢复时，应废弃，重新剥头。另外必须强调一点，压接应是针对多芯导线进行的，单股的导线不应选择压接连接方式。

图 5-9 所示为压接操作中可能产生的一些外形不良。

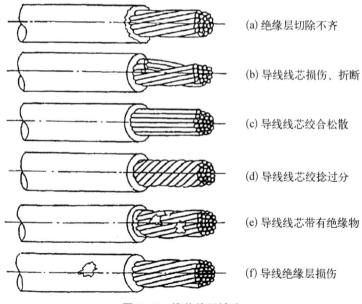

(a) 绝缘层切除不齐

(b) 导线线芯损伤、折断

(c) 导线线芯绞合松散

(d) 导线线芯绞捻过分

(e) 导线线芯带有绝缘物

(f) 导线绝缘层损伤

图 5-9　线芯外形缺陷

⑦ 芯线送入长度：这是一个很重要的操作点，插装不到位会直接影响压接的位置和压接的可靠性。表 5-2 总结了常用的端头剥线和插装位置及长度要求，相关的插装示意图如图 5-10 所示，端子插装实物图如图 5-11 所示。

表 5-2　端头剥线及插装要求

序号	端头类型		插装位置要求	伸出长度 a/mm	缺口长度 b/mm
1	管状端头（单线、双线）		送入端头后，导线尾部不得有外露导体，前端与端头口齐平或略微伸出	0～2	无
2	针状端子	闭口	绝缘皮未进入导体压铆区，导体插到机械端子的底部，导体终端在平齐检察窗口可见，且填满检查窗	无	0～1
		开口	绝缘皮未进入导体压铆区，前端略微伸出，形成导体刷	0～2	0～2（导线截面积 $\leqslant$6.5 mm^2）0～3（导线截面积 $>$6.5 mm^2）
		闭口支撑型	绝缘皮进入管状部位，与支撑口齐平	无	无
3	圆形端头叉状端头（带绝缘）		导体部分进入导体压铆区，且在喇叭口的终端可见，但超出长度不大于 2 倍的端子材料厚度	0～2	无
4	圆形裸端头叉形裸端头		导体部分进入导体压铆区，在喇叭口的终端可见，超出长度不大于 2 倍的端子材料厚度	0～2	0～2（导线截面积 $\leqslant$6.5 mm^2）0～3（导线截面积 $>$6.5 mm^2）

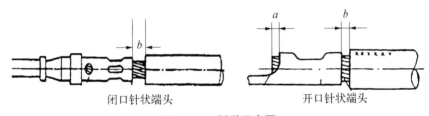

闭口针状端头　　　　开口针状端头

图 5-10　插装示意图

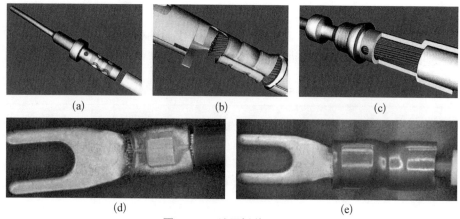

图 5‑11　端子插装实物图

（a）闭口针状端头；（b）开口针状端头；（c）闭口支撑型针状端头；（d）叉状裸端头；（e）叉状端头（带绝缘）

⑧ 缺口间隙：端头尾部间隙也是压接"桥梁"的重要保障，它就像一个转折点，有助于线缆连接时的转向，这个"转折点"如果没有一定的柔韧性，应力不能够释放，则很容易断裂。因此，通常来说这个位置应留有间隙。但是，在常用的几种压接端头中，尾部带有绝缘形式的压接端头在插装完成之后，其实这个间隙是不可视的，但并不代表没有间隙，只是它隐藏在绝缘包裹之中了，缺口长度可参照表 5‑2 中的参数要求。

5.3.1.4　压接工具及使用点检

1）压接工具

压接工具有手动和自动两大类。

（1）手动压接钳。常用的手动压接工具一般是压接钳，它带有单手操作时的自动返回机构，以便完成一个全压接周期内的压接工作，图 5‑12 所示为几种常用的压接钳及其压接后的端子。

（2）自动压接机。自动压接机一般在压接自动化基础上还兼有断线、剥线的功能，一般使用电驱动或电磁驱动来带动机器工作。它适合于同一个型号和长度的导线压接的批量制作，可获得更好的一致性。在压接端子的物料选择上，可以使用编带装的塑料管状端头，也可以使用散装塑料端头的装置，如图 5‑13 所示为散料端子的自动压接设备和编带端子的自动压接设备。

2）压接工具的点检

（1）日常操作。手动的压接工具在操作手感上带有自动返回机构，压接和返回过程应一次完成，顺畅流利，没有卡顿的。

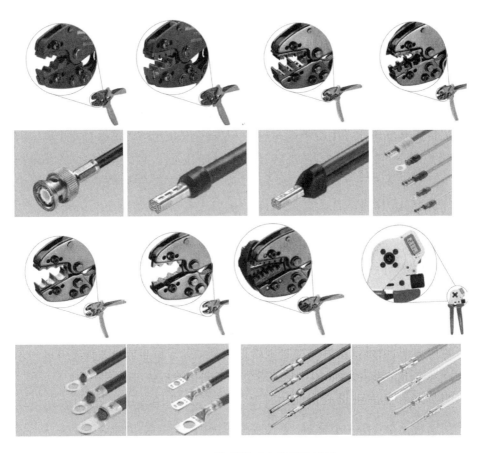

图 5‑12　压接钳及对应的压接端子

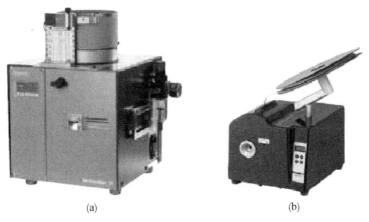

(a)　　　　　　　　　　　　　(b)

图 5‑13　自动压接设备

(a) 散料端子的自动压接设备；(b) 编带端子的自动压接设备

（2）日常点检。任何连续的压接使用，都应在每天班前、班后和每个生产批次交替时进行压接工具的验证试验，验证所使用的样件应由每一生产者用生产中的压接件和导线制作。

（3）定期点检。压接工具应按周期进行校准，最长周期不应超过 12 个月。

（4）校准方法。校准方法分日常校准、新工具校准和周期性校准，具体内容如下。

① 日常校准。从较小压接深度开始，每个压接模式压接 3 支试验件进行拉力试验，3 支全部通过视为有效；若其中一支不能通过，则视为无效，压接工具亦视为不合格而撤离现场，不允许使用。

② 新工具校准。逐次减小压接工具开口尺寸，加大压接深度，并在每一变化位置压接 5 支试验件进行拉力试验。计算每次耐拉力试验 5 支样品的耐拉力平均值，压接深度与耐拉力关系曲线应符合图 5-14 要求，耐拉力不低于最大值的 90%。

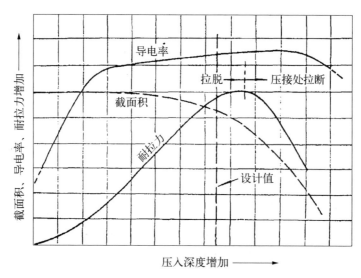

图 5-14 压接深度与耐拉力曲线

③ 周期性校准。

a. 拉力检查：与"日常校准"方法相同。

b. 抗电强度检查：对压接试验件进行抗电强度检查，应能承受 1 500 V 直流（或交流有效值）电压，不产生飞弧或击穿现象则视为合格，相关参数参照表 5-3。

表 5 - 3　导线及端头抗电强度参数

导线截面积 /mm²	试验电流 /A	电压降(max)/mV		耐拉力(min)/N	
		镀银或镀锡铜线	镀镍铜线	镀银或镀锡铜线	镀镍铜线
0.1	1.5	4	16	16	10
0.2	3.0	4	16	34	22
0.3	4.5	4	18	51	33
0.35	5.2	4	18	60	39
0.4	6.0	4	18	68	44
0.5	7.0	4	16	85	56
0.75	9.5	4	16	129	88
0.8	10	4	16	138	95
1.0	11	3.5	16	172	122
1.2	12	3.5	15.5	206	150
1.5	14	3.5	15	248	185
2.0	16	3.5	13.5	300	260
2.5	18	3	13	375	325
3.0	20	3	13	450	399
4.0	23	2.5	13	600	532

5.3.1.5　无焊压接的试验验证

1）典型样件

试验对导线与端子按规定的压接匹配关系及压接方法进行压接,共 6 支样件,每项试验 3 支,编号分别为 * - 1～ * - 6。

2）无焊压接后的外观要求

（1）压接后的压接连接件应表面清洁,无污渍、锈蚀等损伤。

（2）无其他部位的端头形变,压接部位的形变是均匀的、从中心部位分布的,压痕清晰可见,被压部位应无破损,无金属层剥落、毛刺、刻痕或导线线芯可见的情况。

（3）导线的线芯无开叉、分支外露;线芯在压线筒交接部位整齐排布,无刻痕、折痕。

（4）导线的绝缘层无破损、烧焦、划伤或者金属层外露。

3）验证试验

为了更好地验证无焊压接的质量，通常可以从内部形态和压接的紧固程度两个方面进行验证试验，一般进行剖面显微图片核查和拉力试验。

（1）剖面显微图片核查。

① 试验项目及要求。剖面显微核查试验主要是针对外形的一项检查试验，其中含有 6 个试验项，具体试验项及其要求如表 5-4 所示。

表 5-4　剖面显微核查试验及其要求

序　号	检　查　项　目	试　验　要　求
1	压痕情况	压痕对称
2	硬化变形情况	硬化变形均匀
3	接触部分有无绝缘材料	无绝缘材料
4	接触部分有无裂纹	无裂纹
5	接线柱填充率	＞90%
6	有无被夹断的芯线	满足导线股线允许的损伤范围，参照表 5-1 执行

② 试验方法。试验的开展可参照《压水堆核岛电气设备设计和建造规则》的要求进行。3 只样件编号为 *-1、*-2、*-3，试验件压接点安放在无需外加压力即能成形的低发热树脂中，自然固化后，压接点的取向应使导线垂直于抛光表面。试样应使用合适精度的金刚砂纸进行研磨，直到接点中部截面暴露，然后再对表面逐次用粒度更小的优质金刚石研磨膏进行研磨抛光，直到粒度减小到 1 μm，最后将处理好的截面安放在金相显微镜上，以合适的放大倍数按要求进行检查，表 5-5 中列举了六种试验件压接的剖面检查的多媒体记录。

表 5-5　六种试验件压接的剖面检查

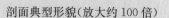

无焊压接试验样件	剖面典型形貌（放大约 100 倍）

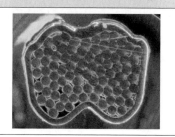

6.0 mm² 试验件

（续表）

无焊压接试验样件	剖面典型形貌（放大约 100 倍）
	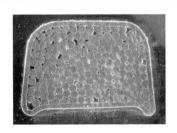
$2 \times 6.0 \, mm^2$ 试验件	
	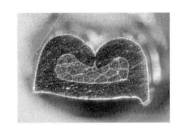
$0.3 \, mm^2$ 试验件	
	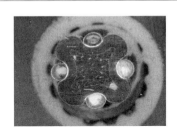
$2.5 \, mm^2$ 试验件	
	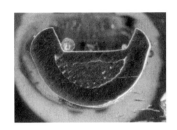
$2.5 \, mm^2$ 试验件	

（续表）

无焊压接试验样件	剖面典型形貌（放大约 100 倍）
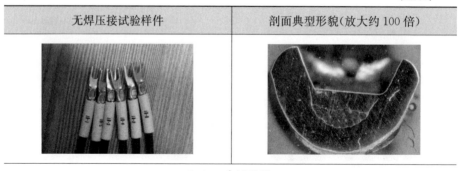	

2.5 mm² 试验件

（2）拉力试验。

① 试验项目及要求。拉力试验主要是针对无焊压接的紧固程度进行测试的一项试验，经拉力试验，所有试验件拉力值均满足表 5－6 所列要求，更多线径的拉力值可参考《无焊连接 第 2 部分：压接连接 一般要求、试验方法和使用导则》（GB/T 18290.2—2015）。

表 5－6　抗拉强度值

序　号	导线截面积（conductor cross-section）		拉脱力（pull out force）
1	mm²	AWG（美国线规）	N
2	0.3	22	40
3	0.5	20	60
4	2.5	—	230
5	6.0	—	360
6	10.0	—	380
7	16.0	—	470

② 试验方法。将编号为＊－4、＊－5、＊－6 的试验件沿着压接连接的轴线方向固定在精度为 0.2 N 的专用或通用拉力试验机上，单独试验每一试验件。开始拉力试验，使试验件压接点受力直至失效为止，记录失效时的数值，并记录有关失效模式信息。试样压线筒带有绝缘支撑或抗震绝缘支撑时，绝缘支撑或抗震绝缘支撑在试验中应不起作用，当一个压线筒同时压接两根相等截面导线时，拉力试验只可在其中一根导线上进行。表 5－7 展示了六种压接端子的拉力测试状态的多媒体记录。

表 5-7 六种压接端子的拉力测试状态

无焊压接试验样件	拉力测试值/N
$2 \times 6.0 \text{ mm}^2$ 试验件	>640.54（未拉脱）
0.3 mm^2 试验件	>72.01（未拉脱）
2.5 mm^2 试验件	580.04（断裂）
2.5 mm^2 试验件	544.16（断裂）

（续表）

无焊压接试验样件	拉力测试值/N
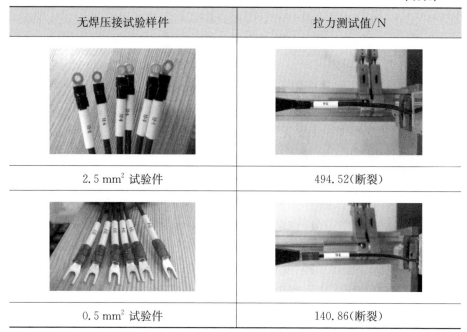	
2.5 mm² 试验件	494.52（断裂）
0.5 mm² 试验件	140.86（断裂）

（3）试验结论。

通过试验的验证可知：外观上，良好的压接形变和填充可以证实压接端头与被压接电缆的匹配性；再次通过拉力试验，在线缆被拉出或拉断的瞬间（有些电缆难以拉脱，特别是某些截面积较大的线缆，当未拉脱状态下施加的力已经远远大于要求值时，是允许终止试验的），其满足要求的拉力值可以证明压接的紧固程度。因此，可以得到如下结论。

① 根据导线的连接点位方式在各类端头中搜寻端头类型，以筛选出端头类型从而确认端头类型的适宜性。

② 根据导线截面积查阅端头类型手册的压线范围，以筛选出端头型号从而确认端头选型与导线的匹配性。

③ 根据选取的端头类型在各类压接钳中搜寻压接钳类型，以筛选出压接钳类型从而确认压接钳类型的适宜性。

④ 根据导线截面积查阅压接钳类型手册的挡位及压线范围，以筛选出压接钳型号从而确认压接钳选型与导线的匹配性。

5.3.1.6　无焊压接错误的防范

导线端子的无焊压接技术的影响因素很多，任何一个环节没有控制好都会给压接质量带来隐患,其中最主要的就是工具和原材料的选择,针对不同类型的或不同结构的端子必须选用合适的、匹配的压接工具。此外,被压接连接的导线也会因为厂家、批次存在差异。其次端子的材质和厚度也是一个很重要的因素,因此,良好的方法和手法、匹配的材料及工具都是确保压接质量中缺一不可的要素,另外,我们还应该特别关注无焊压接技术中很容易犯的以下几个错误。

(1)压接时将一些线芯留在桶压线框外,或采用修剪、去除部分线芯,从而使截面适应较小尺寸的端头或压接工具。

(2)压坑式压接连接时,一个压线框内压接 2 根以上导线。

(3)模压式压接连接时,一个压线框内压接 3 根以上导线。

(4)混合多种线芯材质或镀层材质的导线进行混合压接。

(5)一个压线筒压接 2 根以上不同截面积导线时,较小截面积的导线线芯截面积小于较大线芯截面积的 60%。

(6)采用搪锡的方式使压接线芯成形,然后实施无焊压接。

(7)对单芯导线实施无焊压接。

(8)害怕操作不可靠,进行第二次压接,或反复压接。

(9)压接后压坑位置没有靠近中部区域,因此在不同区域执行第二次压接。

(10)越小的压模压得越紧。

5.3.2　机械螺装工艺技术

机械螺装是指采用螺纹连接的方式进行连接紧固,它是保证结构件机械安装的重要工艺,螺装工艺的重点在于既要保证基材的完整性和连接的可靠性,又要正确、完整地将紧固螺钉锁固在指定的安装部位。

核安全级控制机柜的装配,首先是要确保产品的坚固程度;第二是要确保其容易拆卸的维修性。因此机械拧紧成了一种使用率很高的安装方式,螺栓在拧紧时,两个零部件被夹紧,受到两种力,一是预紧力引起的拉应力,二是螺纹力矩引起的扭转剪切力,详细受力情况如图 5-15 所示。图 5-15 中的夹紧力就等于张力,实际上夹紧力是希望得到的理想值,即螺纹连接的预紧力,这个预紧力是很难测量的,但可以通过测量拧紧力矩来控制预紧力,大部分预紧力都是由扭矩来间接控制的,即拧紧力矩。

合适的预紧力是增强连接可靠性的重要保障,如果预紧力达不到规定要

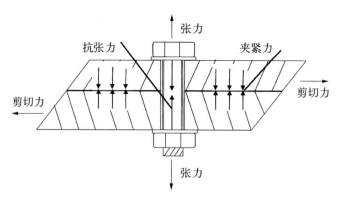

图 5 - 15　螺栓拧紧时的受力分析

求,就会使被连接件受到载荷后出现缝隙或发生相对位移,造成零部件松动,甚至整机无法正常工作。但是预紧力过大,又会引起零部件疲劳荷载,致使损坏,所以有效地运用螺纹连接预紧力是控制和提高产品连接可靠性的最重要基础。

5.3.2.1　影响螺装质量的主要因素

螺装是一种最常见的紧固形式,它的选用应该从螺装的类型和材质、螺纹连接长度、螺纹连接组合形式、装配工具、安装顺序、拧紧力矩等几个方面考虑,这也是直接影响螺装质量的重要因素。

1) 螺装的类型和材质

从螺纹类型来看一般分为机械螺纹和自攻螺纹两种。按照其制造标准又分为公制螺纹和英制螺纹,公制螺纹的螺纹牙为 60°,形状为三角形,单位量程使用毫米表示,英制螺纹牙形也是三角形,是以 25.4 mm 内的螺纹牙数来表示的。

一般螺装的制造材质分为碳钢和不锈钢。碳钢又分为三种,分别为低碳钢、中碳钢和高碳钢;不锈钢的标准螺装有不锈钢 USU202 和不锈钢 USU304、USU316 等,其等级又分为 A2 - 30、A2 - 50、A2 - 70 等。除此之外,还有铝制螺装、电镀螺装。不锈钢的螺装件是不需要再进行电镀的。电镀分为环保型和非环保型的,一般有彩锌、白锌、装饰铬、光亮镍、暗镍、法兰等。不同制造材质的紧固螺装件其级别也不相同,一般为 3.6~12.9,等级越高,抗拉强度、硬度等性能越好,总而言之,材料和热处理的机械性能决定了螺装材质的机械性能,具体可参照《紧固件机械性能　螺栓、螺钉和螺柱》(GB/T 3098.1—2010)。

螺钉是由头部和螺杆两部分构成的一类紧固件,其按照安装用途可分为机器螺钉、紧定螺钉和特殊用途螺钉。机器螺钉主要用于一个带有紧固螺纹孔的零件与一个带有通孔或螺纹孔的零件的连接和紧固,这种连接形式称为螺钉连接,也属于可拆卸连接。通常螺母的选用是自由的,紧定螺钉主要用于固定两个零件之间的相对位置,而特殊用途螺钉如电环螺钉等供吊装零件使用。

螺钉也可以按照其头部外形进行分类。根据螺钉头选择螺钉种类时,主要应考虑安装部位和空间的条件,通常圆头、盘头螺钉外形较为美观,边缘圆润,不易对周边部位造成损伤;沉头螺钉安装后与安装面齐平,其平面整齐度最好;结构紧凑部位应尽量采用内六角螺钉。此外,还应该考虑螺装过程中的承受能力,一般来说,十字头螺钉的刀口相对不易损坏,所以应用最为广泛,在大多数连接表面没有特殊要求的情况下都可以选用圆柱头或半圆头螺钉。圆柱头与半圆头相比,圆柱头更有优势,因其槽口相比半圆柱头更深,为球面槽头面,施加外力拧紧的过程中,具有更优势的操作槽面和深度。沉头螺钉槽口较浅,一般不能承受较大的紧固力,因此,一般只在要求有平面效果的部位使用。

除上述螺钉外,还有一种特殊螺钉,即自攻螺钉。自攻螺钉是一种不需要预先攻制螺纹的特殊螺钉,一般用于薄铁板之间的基材连接,或者薄铁板与PC、PVC塑料类软性制品的基材连接,它的缺点在于不能经常拆卸,也不适用于硬面材质的连接,其主要用于固定轻量型部件。

表 5 - 8 中列举了一些我国常用的螺钉种类,图 5 - 16 所示为几种国标螺钉。

表 5 - 8　我国常用螺钉种类

序　号	头 部 种 类	标　准
1	开槽圆柱头螺钉	GB/T 65—2016
2	开槽盘头螺钉	GB/T 67—2016
3	开槽沉头螺钉	GB/T 68—2016
4	开槽半沉头螺钉	GB/T 69—2016
5	十字槽圆柱头螺钉	GB/T 822—2016
6	十字槽小盘头螺钉	GB/T 823—2016

(续表)

序　号	头 部 种 类	标　准
7	十字槽盘头螺钉	GB/T 818—2016
8	十字槽沉头螺钉	GB/T 819.2—2016
9	十字槽半沉头螺钉	GB/T 820—2015
10	十字槽盘头组合螺钉	GB/T 9074.4—1988
11	十字槽小盘头组合螺钉	GB/T 9074.8—1988
12	内六角圆柱头螺钉	GB/T 70.1—2008
13	内六角平头螺钉	GB/T 70.2—2008
14	内六角沉头螺钉	GB/T 70.3—2008
15	六角不脱出螺钉	GB/T 838—1988
16	滚花不脱出螺钉	GB/T 839—1988
17	开槽盘头不脱出螺钉	GB/T 837—1988
18	开槽锥端紧定螺钉	GB/T 71—1985
19	开槽平端紧定螺钉	GB/T 73—2017
20	开槽大圆柱头螺钉	GB/T 833—1988

图 5-16　常用国标螺钉

从上述四点不难看出,螺钉的分类选择既要考虑安装部位的螺纹形式,也要考虑其强度、使用环境、安装部位外形匹配度等,这些方面的综合考量都会直接影响螺装部位的牢固程度和耐久性。

2) 螺纹连接长度

螺纹连接长度也影响着两个被连接部位的强度,如果连接过短,容易造成松脱,如果连接过长,有可能会对其他部位造成抵触或干涉,甚至在某些电环境中会违背所需要的最小电气间隙原则。

一般的螺纹连接不管选取何种形式或者材质、类型,其伸出长度至少为一个半螺纹,即 $1.5P$(P 为螺距)。当螺钉长度 $L \leqslant 25$ mm 时,其最大伸出长度为(3 mm$+1.5P$);当 $L > 25$ mm 时,其伸出最大长度为(6.3 mm$+1.5P$)。螺纹伸出长度如图 5-17 所示。

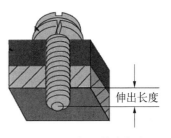

伸出长度

图 5-17　螺纹伸出长度

此外,螺钉的选择还应同时考虑金属部件之间的最小电气间隙的要求,表 5-9 列出了金属部件之间的最小电气间隙参考值。另外,还可参照《线缆和线束组件的要求与验收》(IPC/WHMA-A-620),从而确定出更加精准的电气间隙范围。

表 5-9　金属部件之间最小电气间隙

序　号	电压/V	功耗/(V・A)	最小间隙
1		伏安额定值 0～50	1.6 mm
2	$\leqslant 64$	伏安额定值 50～2 000	3.2 mm
3		伏安额定值 2 000 以上	3.2 mm
4		伏安额定值 0～50	1.6 mm
5	(64, 600]	伏安额定值 50～2 000	3.2 mm
6		伏安额定值 2 000 以上	6.4 mm
7		伏安额定值 0～50	3.2 mm
8	(600, 1 000]	伏安额定值 50～2 000	6.4 mm
9		伏安额定值 2 000 以上	12.7 mm
10	1 000～3 000	伏安额定值 2 000 以上	50 mm
11	3 000～5 000	伏安额定值 2 000 以上	75 mm

3) 螺纹连接组合形式

最常见的螺装组合形式为螺钉、平垫、弹簧垫圈和螺母的组合形式,其安装结构如图 5-18 所示。

在组合配件中,弹簧垫圈可以有效地防松,平垫用于保护层压层,减小直接作用力。垫圈种类的选用主要取决于被连接部位的基材,且所有的组合应选择同种材料的部件,以保证其强度一致性,避免某些部位因强度过低而损坏。另外,一般的金属部位的连接应按照如图 5-18 所示的形式进行,如果对非金属部

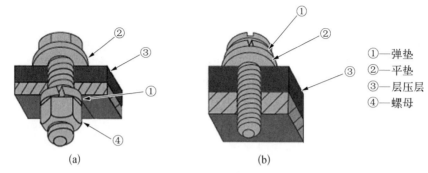

图 5‑18　两种常用螺装

（a）螺母组合形式的螺装；（b）单面螺装

位的连接，应分析层压层的材质和耐力程度，从而选择合适的螺装组合形式。

4）装配工具

螺装的装配工具有电动螺丝刀、手动螺丝刀、力矩螺丝刀等。其规格型号的区分主要在于批头形状、大小、力矩值方面，图 5‑19 所示为常见批头，表 5‑10 所示为常见的批头规格。

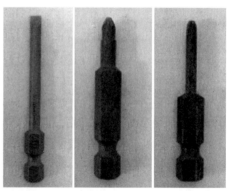

图 5‑19　常见批头

表 5‑10　常见的批头规格

序　号	形　状	规　格	备　注
1	十字	⊕　♯1(B‑1)	
2		⊕　♯2(B‑2)	
3		⊕　♯3(B‑3)	
4		⊕　♯0(C‑0)	

（续表）

序　号	形　　状		规　　格	备　注
5	十字	⊕	♯1(C-1)	
6		⊕	♯2(C-2)	
7		⊕	♯3(G-3)	
8		⊕	♯4(G-4)	
9	一字	⊖	0.9×7(B-16)	
10		⊖	0.6×3.8(C-14)	
11		⊖	1×10(G-17)	
12		⊖	1×12(G-18)	
13		⊖	1.2×17(G-19)	
14	六角	⬡	1.27(B-W1.27)	
15		⬡	1.5(B-W1.5)	
16		⬡	2(B-W2)	
17		⬡	2.5(B-W2.5)	
18		⬡	3(B-W3)	
19		⬡	4(B-W4)	
20		⬡	5(B-W5)	
21		⬡	6(B-W6)	
22		⬡	8(B-W8)	

　　手动力矩工具主要为力矩螺丝刀，力矩螺丝刀的调节和使用如图 5-20 所示。

　　5）安装顺序

　　在螺装机械拧紧的过程中，应力释放是必须考虑的一个关键因素，严格遵循一种零部件安装顺序可以保证组装完成的组件负荷均匀。一个负荷均匀的组件将更能抵抗振动导致的零部件松动。因此，在螺钉装配时，采用对角式（也叫对称式）的安装顺序是为了防止逐个安装时造成的应力积累，造成最后的疲劳断裂，这种断裂不只是螺钉部位的，也包括了层压部位。图 5-21 列举了几种常见的螺装拧紧顺序，可作为机械操作拧紧过程中的安装及拧紧顺序的参考。

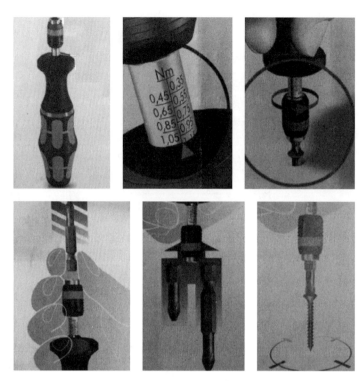

图 5‑20　力矩螺丝刀调节和使用

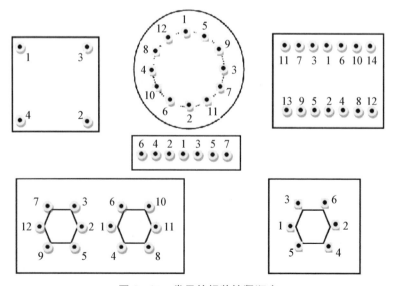

图 5‑21　常见的螺装拧紧顺序

6）拧紧力矩

前面说到力矩是螺装中很重要的一项保障,一方面它可以保障连接紧固性,另一方面力矩恰到好处地施加作用力,可以避免过力操作情况下的层压面损伤以及螺柱爆裂。

5.3.2.2　螺装的工艺参数和算法

力矩计算公式如下(碳钢或合金钢类型):

$$T = KFD\ (K \approx 0.2);$$

式中,F 为预紧力,

$$\begin{cases} F \leqslant 0.6O_sA_1(碳钢); \\ F \leqslant 0.5O_sA_1(合金钢); \end{cases}$$

式中,$A_1 = \dfrac{\pi d_1}{4}$,为螺栓危险剖面面积(mm^2);$d_1 = D - 1.516P$,为螺纹小径(mm);O_s 为螺栓材料的屈服极限(N/mm^2);D 为螺纹大径(mm);P 为螺距(mm)。

其中螺纹小径、螺纹大径因各自螺钉类型略有不同,最终以实际值选取,表 5-11 给出了不同等级螺装的机械性能和螺距参数。

表 5-11　不同等级螺装的机械性能和螺距参数

机械性能										
性能等级	3.6	4.6	4.8	5.6	5.8	6.8	8.8	9.8	10.9	12.9
抗拉强度(MPa)	300	400		500		600	800	900	1 000	1 200

螺距/mm									
规格	M1.6	M2	M2.5	M3	M3.5	M4	M5	M6	M8	M10
螺距	0.35	0.4	0.45	0.5	0.6	0.7	0.8	1	1.25	1.5

另外,碳素钢和合金钢的螺装拧紧力矩也可以参照《工程机械　螺栓精进力矩的检验方法》(JB/T 6040—2011)附录给出的数值来执行;在较为特殊行业中,例如航天、航空领域,螺装拧紧力矩可参照《航空发动机螺纹件拧紧力矩》(HB 6125—1987)执行。表 5-12 给出了螺装拧紧力矩的参数参照。

表 5-12　螺装拧紧力矩的参数参照

公称直径/mm	螺装性能等级					
	4.8	5.8	6.8	8.8	10.9	12.9
	保证应力 MPa					
	310	380	440	600	830	970
	拧紧力矩/N·m					
M6	5～6	7～8	8～9	10～12	14～17	17～20
M8	13～15	16～18	18～22	25～30	34～41	41～48
M8×1	14～17	17～20	20～23	27～32	37～43	43～52
M10	26～31	31～36	36～43	49～59	68～81	81～96
M10×1	28～34	35～41	41～48	55～66	76～90	90～106
M12	45～53	55～64	64～76	86～103	119～141	141～167
M12×1.5	47～56	57～67	67～79	90～108	124～147	147～174
M14	71～85	87～103	103～120	137～164	189～224	224～265
M14×1.5	77～92	94～110	110～131	149～179	206～243	243～289
M16	111～132	136～160	160～188	214～256	295～350	350～414
M16×1.5	118～141	144～170	170～200	228～273	314～372	372～441
M18	152～182	186～219	219～259	294～353	406～481	481～570
M18×1.5	171～205	210～247	247～291	331～397	457～541	541～641
M20	216～258	264～312	312～366	417～500	576～683	683～808
M20×1.5	239～287	294～345	345～407	463～555	640～758	758～897
M22	293～351	360～431	416～499	568～680	786～941	918～1 099
M22×1.5	322～386	395～473	458～548	624～747	863～1 034	1 009～1 208
M24	373～446	457～547	529～634	722～864	998～1 195	1 167～1 397
M24×2	406～486	497～595	576～689	785～940	1 086～1 300	1 269～1 520
M27	546～653	669～801	774～801	1 056～1 264	1 461～1 749	1 707～2 044
M27×2	589～706	723～865	837～1 002	1 141～1 366	1 578～1 890	1 845～2 208
M30	741～887	908～1 087	1 052～1 259	1 434～1 717	1 984～2 375	2 318～2 775
M30×2	820～982	1 005～1 203	1 164～1 393	1 587～1 900	2 196～2 629	2 566～3 072
M36	1 295～1 550	1 587～1 900	1 838～2 200	2 506～3 000	3 466～4 150	4 051～4 850
M36×3	1 371～1 641	1 680～2 011	1 946～2 329	2 653～3 176	3 670～4 394	4 289～5 135

（续表）

公称直径/mm	螺装性能等级					
	4.8	5.8	6.8	8.8	10.9	12.9
	保证应力 MPa					
	310	380	440	600	830	970
M42	2 071～2 479	2 538～3 039	2 939～3 519	4 008～4 798	5 544～6 637	6 479～7 757
M42×3	2 228～2 667	2 731～3 269	3 162～3 786	4 312～5 162	5 965～7 141	6 921～8 345
M48	3 110～3 723	3 813～4 564	4 415～5 285	6 020～7 207	8 327～9 969	9 732～11 651
M48×3	3 387～4 055	4 152～4 970	4 807～5 755	6 556～7 848	9 069～10 857	10 598～12 688

5.3.2.3　防止螺纹松动的方法

一般可采用如下方法防止螺纹松动。

1）垫圈

（1）分类及特质。垫圈类型分为平垫圈与弹簧垫圈，两者通常组合使用。

平垫圈是形状呈扁圆环形的一类紧固件，按外形分为普通平滑垫圈、波形垫圈、齿形垫圈、止动垫圈等，它置于螺钉、螺栓、螺柱或螺母的支撑面与连接零件表面之间，起着增大被连接零件接触表面面积、降低单位面积压力和保护被连接零件表面不被损坏的作用。通常在易损或易碎部位（如陶瓷面、PCB面、非金属面）应选择使用大外径的平垫圈，目的是为了增加压力承受面，释放局部压力，而不宜使用小外径及齿形等非平滑类型的垫圈。

弹簧垫圈可以起到阻止螺母回松的作用（指垫在被连接件与螺母之间的零件，一般为扁平形金属环，用来保护被连接件的表面免受螺母擦伤，分散螺母对被连接件的压力）。图 5-22 所示为普通平垫圈及弹簧垫圈，常用的垫圈类型及特质如表 5-13 所示。

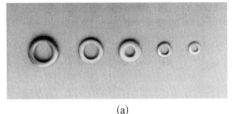
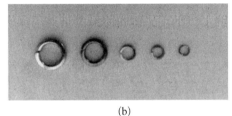

（a）　　　　　　　　　　　　　（b）

图 5-22　普通平垫圈及弹簧垫圈

（a）平垫圈；（b）弹簧垫圈

表 5-13 垫圈类型及特质

名　　称	标　　准	硬度等级	特　　质
大外径 平垫圈 A 级	GB/T 97.1 —2002	200 HV①	① 性能等级至 8.8 级、产品等级为 A 级、B 级的六角头螺栓和螺钉； ② 性能等级至 8 级、产品等级为 A 级、B 级的六角螺母； ③ 表面淬硬的自挤螺钉； ④ 不锈钢及类似化学成分的六角头螺栓、螺钉和六角螺母
		300 HV	① 性能等级至 10.9 级、产品等级为 A 级、B 级的六角头螺栓和螺钉； ② 性能等级至 10 级、产品等级为 A 级、B 级的六角螺母
小外径 平垫圈 A 级	GB/T 848 —2016	200 HV	① 性能等级至 8.8 级或不锈钢制造的圆柱头螺钉； ② 性能等级至 8.8 级或不锈钢制造的内六角圆柱头螺钉； ③ 性能等级至 8.8 级或不锈钢制造的内六角花形圆柱头螺钉
		300 HV	① 性能等级至 10.9 级的内六角圆柱头螺钉； ② 性能等级至 10.9 级的内六角花形圆柱头螺钉
粗制 平垫圈 C 级	GB/T 95 —2002	100 HV	① 性能等级至 6.8 级、产品等级为 C 级的六角头螺栓和螺钉； ② 性能等级至 6 级、产品等级为 C 级的六角螺母； ③ 表面淬硬的自挤螺钉
粗制 大垫圈 A 级	GB/T 96.1 —2002	200 HV	① 性能等级至 8.8 级、产品等级为 A 级、B 级的六角头螺栓和螺钉； ② 性能等级至 8 级、产品等级为 A 级、B 级的六角螺母； ③ 不锈钢及类似化学成分的六角头螺栓、螺钉和六角螺母

---

① HV，维氏硬度，表示材料硬度的一种标准。计算公式为：$HV = 0.102 \times \dfrac{F}{S} = 0.102 \times \dfrac{2F\sin\dfrac{\alpha}{2}}{d^2}$，$F$ 为负荷(N)，S 为压痕表面积(mm^2)，α 为压头相对面夹角，d 为平均压痕对角线长度(mm)。

（续表）

名　称	标　准	硬度等级	特　质
粗制 大垫圈 A 级	GB/T 96.1 —2002	300 HV	① 性能等级至 10.9 级、产品等级为 A 级、B 级的六角头螺栓和螺钉； ② 性能等级至 10 级、产品等级为 A 级、B 级的六角螺母
粗制 大垫圈 C 级	GB/T 96.2 —2002	100 HV	① 性能等级至 6.8 级、产品等级为 C 级的六角螺栓和螺钉； ② 性能等级至 6 级、产品等级为 C 级的六角螺母
特大垫圈 C 级	GB/T 5287 —2002	100 HV	① 性能等级至 6.8 级、产品等级为 C 级的六角螺栓和螺钉； ② 性能等级至 6 级、产品等级为 C 级的六角螺母
弹簧垫圈	GB/T 93 —1987	—	—
轻型弹簧垫圈	GB/T 859 —1987	—	—

（2）选用规则。在平垫圈与弹簧垫圈的组合使用中，属于同种性能等级与硬度等级的应该配套使用，不能采用混用的方式，这样才能确保两者在组合拧紧的过程中保持机械强度的一致性。

垫圈的 A 级与 C 级区分可参照《螺钉、螺栓和螺母用平垫圈　总方案》（GB/T 5286—2001）。其中规定了产品等级为 A 级和 C 级、螺纹直径为 1～150 mm 的普通螺栓、螺钉和螺母用平垫圈的基本系列、公差以及尺寸的优选组合。

在平垫圈的外形上，垫圈内径 d_1 应按照《紧固件　螺栓和螺钉通孔》（GB/T 5277—1985)的规定进行选择。通常，精装配系列用于公称厚度小于 6 mm、产品等级为 A 级，即公称直径小于 39 mm 的垫圈；中等装配系列用于公称厚度≥6 mm、产品等级为 A 级，即公称直径≥39 mm 的垫圈，以及产品等级为 C 级的垫圈。

图 5‐23 给出了平垫圈及弹簧垫圈的尺寸示意图。

2）螺纹防松胶封

螺纹防松胶封是一种防止螺纹连接部位在振动、冲击、运输等条件下产生松动而采取的一种锁紧措施。常用的螺纹胶有厌氧 340、硝基胶 Q98‐1、螺纹紧固胶、环氧树脂 E‐51 等。

胶封分为可拆卸和不可拆卸两种，两者之间主要区别在于所使用的螺纹

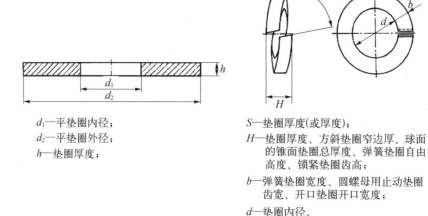

d_1—平垫圈内径；
d_2—平垫圈外径；
h—垫圈厚度；

S—垫圈厚度(或厚度)；
H—垫圈厚度、方斜垫圈窄边厚、球面的锥面垫圈总厚度、弹簧垫圈自由高度、锁紧垫圈齿高；
b—弹簧垫圈宽度、圆螺母用止动垫圈齿宽、开口垫圈开口宽度；
d—垫圈内径。

图 5 - 23　平垫圈及弹簧垫圈尺寸示意图

紧固剂不同,可拆封胶封一般使用中低强度的螺纹紧固胶,以达到辅助紧固的作用;不可拆卸胶封是采用黏接强度较高的螺纹紧固胶涂抹在螺纹连接部位以达到牢靠的目的。

螺纹防松胶封位置一般选择在螺钉头部位或螺纹部位,胶封位置如图 5 - 24 所示。

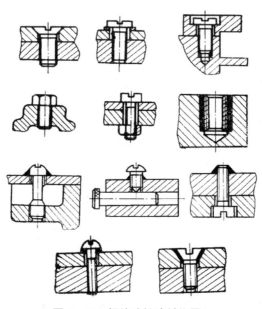

图 5 - 24　螺纹防松胶封位置

3）防松方法的选用原则

在空间及层压层介质材料允许的情况下,优先选择机械性的防松方法,也就是垫圈法,即在拧紧的支承面使用平垫圈与弹簧垫圈组合的形式。但这种方法无法使用于非金属的支承面、沉头螺装类型,在这种情况下,可以采取化学形式的防松,即使用防松胶。在使用化学防松法时,必须注意两个特殊情况:第一,防松胶的成分是否会对支承面材料造成腐蚀,导致脆化性改变;第二,清楚防松胶的特征原理,以确认其施加的位置是有效的。例如:厌氧胶类型的锁固剂是不可以施加在螺钉端部的,因为厌氧胶的储存主要是维持在氧气的环境中,当其施加在螺纹与结合面的间隙中时,与氧气隔绝,因金属离子的催化作用形成自由基,自由基引发聚合物链的形成,最终固化为具有优良密封与锁固性能的交热固性塑料。

使用过两次以上的弹簧垫圈以及被胶封过的螺装一般是不允许重复利用的,弹簧垫圈的弹性及防松性能会随着使用拆卸次数的增多而下降,被胶封过的螺装因其拆卸后螺纹上会有塑性残留,因此也不建议再次使用。

5.3.2.4　螺钉的安装方法

螺钉的安装一般按如下的方法步骤进行。

1）产品对位

可移动产品的安装通常需要将较大、较重的物品或应力敏感的物品平置在平台上,移动的过程中应确保双手取放,不允许单手托举;不能移动的产品则需要协助完成,利用托举工装或多人合作,一人托举,一人安装。

2）螺装

拿取螺装的方式取决于装配的技术方法,全手工安装采用手工拿取即可,但全自动方式的螺装可使用全自动的螺钉供给机。选择正确的安装零部组件,包括防松零部件;需要施加螺纹锁固剂的则要在安装前点固;安装时螺钉应确保垂直于安装面,螺丝刀批头部位与螺装槽头紧密结合。

3）检验

检验螺装是否已经拧紧到位,其安装顺序应符合文件或施工图纸的要求,无漏装、错装的情况发生。螺装部位良好,槽头无残损、拉丝等现象,螺装无锈蚀、变色、氧化等异常的材质问题,弹簧垫圈部位锁紧良好,槽口合拢良好。检查完毕后应加以标识。

5.3.2.5　螺装紧固的验证试验

1）典型样件

在核安全级控制机柜产品的机械螺装及力矩拧紧验证试验中,按照逐一排列统计汇总,再抽样选择的方式进行样件选取。选取其受力敏感部位及螺纹连接的典型部位,即同种型号不同规格紧固件,同种连接基材下,选取规格最大和最小者;同种型号同规格紧固件,不同连接基材下,选取最薄弱连接基材的,按此要求制作工艺样件。表5-14列出了核安全级控制机柜产品的典型螺装部位,按照《紧固件横向振动试验方法》(GB/T 10431—2008)第4.5条要求,每种型号规格紧固件选取25支参与验证试验。

表5-14 典型螺装部位

序号	紧固件型号规格	连接方式	螺装数量
1	GB/T 9074—1988 M3（简写为GB/T 9074 M3）	铝板(过孔,4 mm)+钢板(过孔2 mm)+压铆螺母	25
2	GB/T 9074—1988 M3	两层钢板(过孔,厚度2.5 mm)+压铆螺母	各25
3	GB/T 9074—1988 M6（简写为GB/T 9074 M6）	两层钢板(过孔,厚度2.5 mm)+压铆螺母	
4	GB/T 6560—2014 M5（简写为GB/T 6560 M5）	钢板(过孔,厚度2.5 mm)+钢板(螺纹自攻,厚度2.5 mm)	
5	GB/T 70—2000 M4（简写为GB/T 70 M4）	平垫片+两层钢板(过孔,厚度2.5 mm)+压铆螺母	
6	GB/T 819—2016 M3（简写为GB/T 819 M3）	铝板(沉头过孔,厚度1 mm)+压铆螺母(螺纹深度6 mm)	25
7	GB/T 9074—1988 M2.5（简写为GB/T 9074 M2.5）	PCB板(过孔,厚度1.6 mm)+压铆螺柱(螺纹深度4.5 mm)	25
8	GB/T 818—2000 M3（简写为GB/T 818 M3）	铝板(沉头过孔,厚度1.2 mm)+铝板(螺纹通孔,厚度2.8 mm)	25
9	接线端子螺钉M3	接线端子本体UK10N	各25
10	接线端子螺钉M4	接线端子本体UKK3	

2) 试验辅助支架设计

在验证形式上,如无法使用实际产品进行验证,则一般选择可以模拟实际产品状态的专用试验件,针对核安全级控制机柜产品的典型螺装部位验证,制作了专门的机械螺装样件安装支架。在验证支架的整体设计制作上,首先考虑需要搭建的组合形式;其次要考虑每种形式下需要安装的试验样件数量;另外就是工装的稳固性以及后续参与验证试验所需的安装要求。在下文的样件安装支架设计上,采用了多层组合的压紧式,框架部分主要分为底座、固定支架、顶部支架和组合螺杆,试验层共 6 层,安装情况如下。

(1) 试验层 1:螺装 GB 9074 M3 螺钉,连接基材为"铝板(过孔,厚度 4 mm)+钢板(过孔,厚度 2 mm)+压铆螺母",压铆在 2 mm 钢板上。

(2) 试验层 2:① 螺装 1GB 9074 M3,连接基材为"两层钢板(过孔,厚度 2.5 mm)+压铆螺母";② 螺装 2GB 9074 M6,连接基材为"两层钢板(过孔,厚度 2.5 mm)+压铆螺母";③ 螺装 3GB 6560 M5,连接基材为"钢板(过孔,厚度 2.5 mm)+钢板(螺纹自攻,厚度 2.5 mm)";④ 螺装 4GB/T 70 M4,连接基材为"平垫片+两层钢板(过孔,厚度 2.5 mm)+压铆螺母"。

(3) 试验层 3:螺装 GB/T 819 M3,连接基材为"铝板(沉头过孔,厚度 1.2 mm)+压铆螺母(螺纹深度 4 mm)",压铆在 1.2 mm 铝板上。

(4) 试验层 4:螺装 GB/T 9074 M2.5,连接基材为"PCB 板(过孔,厚度 1.6 mm)+压铆螺柱(螺纹深度 4.5 mm)"。

(5) 试验层 5:螺装 GB/T 818 M3,连接基材为"铝板(沉头过孔,厚度 1.2 mm)+铝板(螺纹通孔,厚度 2.8 mm)"。

(6) 试验层 6:① 螺装 1 接线端子本体 UK10N(共 13 个);② 螺装 2 接线端子本体 UKK3(共 7 个)。其余辅助包括绑线架、DIN 导轨。

每一个试验层采用叠加的形式,从下向上依次为试验层 1~试验层 6,底部配合底座,顶面安装顶部支架,每一试验层使用固定支架支撑夹紧;最后在四侧贯以螺杆紧固成型,成为一个整体,其总体尺寸(不包括长螺杆)为 420 mm×420 mm×330 m(长×宽×高)。图 5‑25 所示为安装完成的整体试验装置模型。

图 5‑25　试验件整体装置模型

3）安装步骤

此次试验层中的典型螺装形式，所选取的 10 种典型部位中，第 1、2、6 项中所使用的螺装是垫圈螺钉组合式螺装，已经具备防松措施，第 3 项为自攻式螺钉，故它们都不再需要额外施加其他防松措施。第 4、5、7 项为模拟真实的产品情况，采用施加螺纹锁固剂的方式进行防松，而第 8、9 项为成品件端子，其材质为 PA，螺纹锁固剂会对其造成腐蚀。

此外，在安装完成之后，对每一组螺装位号予以标记，分别为 1～25；并进行线式标记号，标记号要求从试验板上开始，穿过螺钉头，直至螺钉头的另一侧，延长至试验板。

图 5-26 所示为试验层正面图，图 5-27 所示为螺装局部图，图 5-28 所示为组装完成的整体试验件装置。

4）试验要求

按照《电工电子产品环境试验 第 2 部分：试验方法 试验 Fc：振动（正弦）》（GB/T 2423.10—2008）中规定的条件和方法进行振动试验，本试验条件适用于电气厂房环境下的核安全级控制机柜，试验在三个轴向上按 X、Y、Z 方向依次进行。为获得更好的验证效果，验证试验在原振幅条件下放大至 3 倍执行，原量级振动试验条件如下。

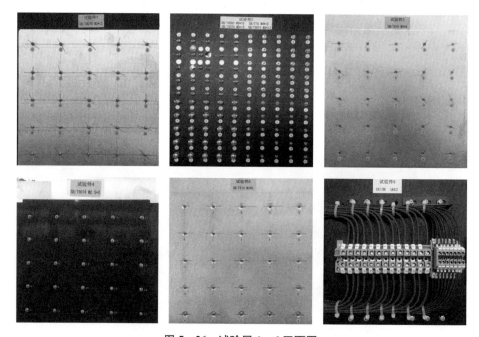

图 5-26　试验层 1～6 正面图

图 5－27　螺装局部图

（1）频率范围：10～500 Hz。

（2）加速度幅值：0.075 mm 或 1.0g（交越频率为 58 Hz，交越频率以上采用定加速度 1.0g，交越频率以下采用定位移 0.075 mm）。

（3）持续时间：三个轴向（X、Y、Z），每个轴向进行 10 个循环；振动方向如图 5－29 所示。

（4）扫频速率：1 oct/min。

图 5-28 试验件整体装置

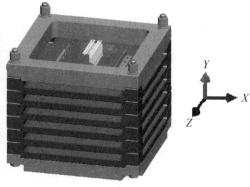

图 5-29 振动试验方向示意图

要求对试验件整体施加相应的振动量级,进行振动试验,每方向试验结束后,对试验件在振动台上的外观情况进行检查,应无可视异常(螺钉、零部组件脱落、松动,机械结构破坏等),然后对试验件进行拆卸,逐一检查每个试验层上的螺装及基材连接情况。对所有螺装情况进行试验前、后的比对,无松脱、无变形、无断裂,标记线不产生位移,以及被连接基材无损伤、无裂纹,则试验结果通过,验证力矩有效可行。试验过程中每一次检查需留有多媒体记录,能够清晰反映螺钉标记线情况以及螺装位号。对接线端子情况拍照,相片应清晰反映接线端子上的螺装情况、标记线,整个过程中用于记录标记线的多媒体记录必须保持一致。

5) 试验过程

(1) X 方向振动试验。在验证试验过程中,首先进行了 X 方向的振动试验,振动频谱如图 5-30 所示。

X 方向振动试验结束后,对试验件 1～6 整体及局部螺装进行标记线位移检查,并进行多媒体记录。

(2) Y 方向振动试验。第二个方向为 Y 方向振动试验,振动频谱如图 5-31 所示。

Y 方向振动试验结束后,对试验件 1～6 整体及局部螺装进行标记线位移检查,并进行多媒体记录。

(3) Z 方向振动试验。第三个方向为 Z 方向振动试验,振动频谱如图 5-32 所示。

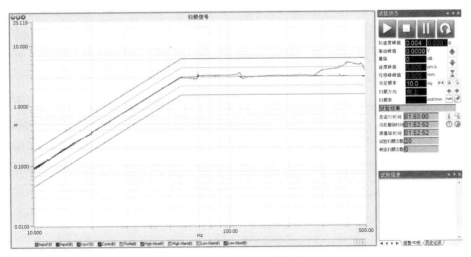

图 5‑30　*X* 方向振动频谱

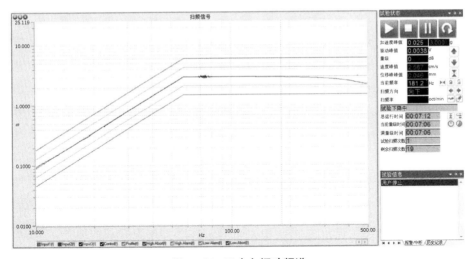

图 5‑31　*Y* 方向振动频谱

Z 方向振动试验结束后,对试验件 1～6 整体及局部螺装进行标记线位移检查,并进行多媒体记录。

6）试验结论

通过真实有效地模拟核安全级控制机柜中的螺装典型部位情况,实施加严的原量级 3 倍振动试验。试验各方向振动结束后,各螺装完好、基材层完好、无损伤、标记线无位移、振动频谱准确有效,证实了在机械螺装上紧固措施的有效性和可靠性。

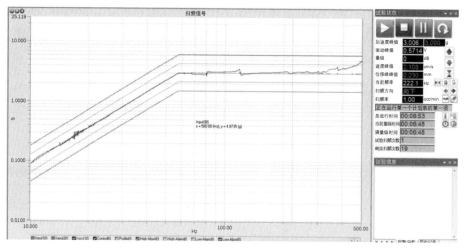

图 5-32 Z 方向振动频谱

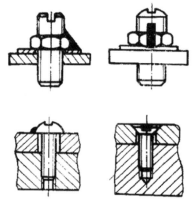

图 5-33 螺装标志漆漆封位置

5.3.2.6 螺纹紧固的标记和更改

螺纹紧固标志漆主要是针对机械螺装部位拧紧状态或拧紧后的检验状态的记录，它应具备色彩明显、附着牢靠、耐久性强、不被汽化氧化的性能。一般可选择红色丙烯酸磁漆或甲基紫，其标记应清晰明显，呈线性或局部点面型，能够贯穿或覆盖螺装的活动部位，常见的几种螺装标志漆漆封位置如图 5-33 所示。

被点标记漆的螺装部位以及工件表面应无油污，无其他附着物或污渍等，不应影响标记漆的附着性。此外，标记漆应留有足够的固化时间，固化后的标记漆、胶封等应附着平整，无开裂、留痕、污渍等。同一类型产品的标记漆位置和形状应保持一致。

当已做标记的螺装需要拆卸时，可直接松懈螺装，该情况的前提为该螺装不再复原装配，任何形式的标记不得以拆卸为理由再次装配恢复至原标记线位置。若经允许，螺装可以二次或多次使用时，拆装前应使用相应溶剂去除螺装表面的标记漆，再进行拆卸，完成装配拧紧后，再重新点标记漆。

若某些产品有特殊要求，也可在每一次做标记时涂装不同颜色的标记漆加以区分。

5.3.2.7　螺装中的故障模式

1) 螺钉断裂

(1) 选用的螺装紧固件未合理选择机械强度、屈服值等,其强度不能支撑被连接面的受力强度,导致在外力作用下引发断裂,或长时间支撑下的疲劳断裂。

(2) 在尺寸选择上,螺装未能与安装孔匹配,可能是螺纹外径的不匹配,也可能是螺装外径与安装通孔的不匹配,因过度装配、挤压导致的断裂。

(3) 螺钉在制造电镀过程中除氢不够,导致电镀过程中的氢气深入螺钉材质,产生了氢脆现象,当遇高温时引发破裂,其缺口呈冰糖状,表面有石板纹。

2) 螺钉歪斜

(1) 在螺装安装过程中,若在初安装时螺钉未能垂直装入,则会出现歪斜的情况。

(2) 安装拧紧过程中,工具歪斜或批头晃动,未能将批头压紧螺钉槽位安装。

(3) 螺纹外径的尺寸与安装孔不匹配的情况下过力安装。

3) 螺丝滑扣

(1) 螺丝的滑扣一般是当螺钉槽头已经贴紧支承面的时候,螺钉仍然可以转动,且没有止境,螺纹与支承孔内不能咬合。这一般是由于选择了与安装孔内螺纹不匹配的螺钉,或者是在两者螺纹没有完全对准的情况下强制拧入,造成螺纹破损。

(2) 由于连接基材比较薄弱,多次拧紧与拆卸的情况下,造成螺纹损伤。

4) 螺钉头破损、打滑

螺钉头的破损主要为外形破损,如花口、毛刺以及漆层破损。其破损一般都是由于拧紧过程中扭力过大,或者批头与螺钉槽规格不匹配、拧紧过程中未能垂直操作等造成的机械损伤。

5) 螺钉槽头间隙

(1) 螺钉槽头间隙主要是由锁紧不到位产生的,因拧紧力矩偏小,未能有效拧紧。

(2) 螺钉内径与安装孔不匹配,无法攻入,这种情况时常发生在自挤螺钉的安装过程中。对于气密性螺装部位,这种缝隙会直接导致气密失效、漏气的情况发生。

6）螺钉生锈、生霉

（1）螺钉生锈一般是原生材质受损导致螺钉基材被氧化的现象，主要原因是拧紧过程中操作不良或者力矩过大造成的损伤部位出现氧化、生锈。

（2）在金属部位的螺装选择中，除气密性螺装，其余类型的螺装一定会在安装部位或连接部位存在缝隙，尽管有些部位的缝隙非常小，但是在恶劣环境下，不同的金属材料混用接触时，由于电位差的影响使得缝隙之间产生了"呼吸效应"，会导致该缝隙部位生霉。

5.3.3 核安全级控制机柜产品制造关键技术展望

根据不同的承建范围，核安全级控制机柜制造中有可能涉及的工艺技术还有印制线路板制造工艺、板卡锡钎焊接工艺、板卡连接器压接工艺、金属焊接工艺、表面处理工艺、机械装配压接工艺等，具体可参考表 5－15。

表 5－15　核安全级控制机柜产品制造中的工艺技术

序号	制造活动	制造活动范围	工艺技术	参照标准
1	印制电路板制造 印制电路板组件制造	8 层板制造 6 层板制造 4 层板制造 双面板制造	印制电路板制造工艺	GJB 362B—2009 IPC－6012
		贴片器件（BGA 器件等）焊接 分立器件（直插电阻、电容等）焊接	板级产品铅锡焊接工艺	IPC－A－610D IPC－J－STD－001D IPC－9701A
		主控机箱 组合机箱等公司所生产机箱	板级连接器压接工艺	IPC－A－610D IEC 60352—2012
2	面板制造 机箱制造 机柜制造	3 mm 板材角焊缝焊接 10 mm 板材角焊缝焊接	机柜焊接工艺	GB/T 19869.1—2005 GB/T 2651—2008 GB/T 2653—2008 GB/T 2650—2008
3	机箱装配 机柜装配	机械组装 功能模块安装 机箱安装	机柜机械装配螺装连接工艺	GB/T 18290—2015 QJ 165B—2014 GB/T 16823.2—1997

（续表）

序号	制造活动	制造活动范围	工艺项目	参照标准
3	机箱装配 机柜装配	15 芯信号电缆端头加工制造 25 芯信号电缆端头加工制造 定期试验板卡航空线缆插头加工制造 D－SUB 内部电缆端子加工制造	导线端子压接工艺	IEC 60352—2012 QJ 3085—1999
		机箱间信号预制连接器制作 机柜内部供电电缆端头制作 机柜内部接地专用电缆端头制作	机柜装联压接工艺	QJ 2633—1994 IEC 60352—2012

在核安全级控制机柜产品中,依据《民用核安全设备设计制造安装和无损检验监督管理规定》(HAF 601)中第二十三条规定要求,制造、安装单位应当根据确定的特种工艺,完成必要的工艺试验和工艺评定。随着科技的不断发展和跨越,任何行业的进步都是不可阻挡的,核电技术也是如此。因此,核安全级控制机柜产品制造的关键技术或关键工艺、特殊过程并不止于此,根据不同核电系统中不同产品的分类和建造规则,实际可能涉及的关键技术还有很多,这需要工艺技术人员从承建的项目单元中分析具体的制造技术和加工工艺,找到产品质量完善过程中的关键技术要点,以帮助进一步确定关键工艺。

第 6 章

系统集成及电缆敷设

系统集成(system integration，SI)是在系统工程的方法指导下,根据用户的需求,优选或开发出能达到用户需求的技术和产品,将需要的技术、功能、数据、信息等通过技术手段进行整合,使各分离的产品、设备通过结构化的综合布线方式连接成为一个完整、可靠、经济和有效的系统,并将功能、信息等通过网络技术集成到系统之中,使信息资源相互关联、统一和协调以达到共享,最终使系统整体的功能、性能符合用户使用需求。系统集成通常包括设备系统集成和应用系统集成两方面。

6.1 设备系统集成

设备系统集成通常也称为硬件系统集成,大多场合直接简称为系统集成。设备系统集成时,通常因场地、空间、环境、距离等因素的限制,以及对隔离功能、便于布线等的要求,需要对系统中的设备进行集中式或分布式放置,再通过电缆连接、光缆连接、网线连接等综合布线的方式实现不同设备之间的互连,以达到物理层面的连通。

6.1.1 机柜并柜

核安全级控制机柜在核电站进行安装时,会采取并柜的方式。并柜就是不同的机柜并排安装,机柜与机柜直接接触,中间不留空隙。并柜安装方式可节省安装空间,同时也对并柜操作提出了较高的装配要求。

1) 并柜方式

核安全级控制机柜对电磁屏蔽性能和抗震性能有严格要求,并柜时通常需要设计专门的并柜结构,且并柜后的机柜需要通过电磁兼容试验和地震试

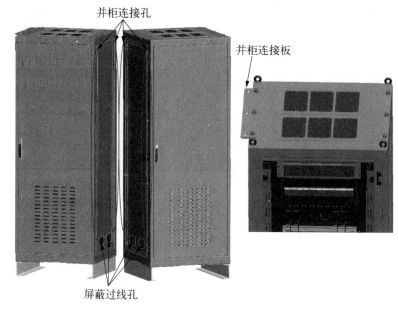

并柜连接孔

并柜连接板

屏蔽过线孔

图 6-1　一种并柜结构示意图

验的验证,图 6-1 所示为一种并柜结构示意图。

并柜通常有以下几种形式。

(1) 柜体并靠:相邻两个柜体简单地并靠一起。一般针对柜体尺寸规格不一或未设计并柜结构的情形。

(2) 组合并靠:相邻两个柜体,一个无左侧门板,另一个无右侧门板,采用螺栓的方式将两个柜体组合并接在一起。一般针对柜体尺寸规格一致且相邻两柜体对电磁屏蔽性能及柜体防护等级要求不高的柜体。

(3) 专用并靠:相邻两个柜体,在左、右侧门板上分别设计能起到电磁屏蔽作用的专用并柜结构,通过螺纹连接形成机柜柜组。一般针对尺寸规格一致且相邻两柜体对电磁屏蔽性能及防护等级有严格要求的柜体。

2) 并柜技术要求

在考虑并柜方案时,一般需要考虑以下并柜技术要求。

(1) 柜体间的相对位置应在保证系统整体功能及交互性的前提下使得整体系统布线的路径最短。

(2) 柜体所放置的地面应平整,水平与垂直方向均需保证柜体之间位置一致性。

(3) 在不妨碍并柜螺纹连接的情况下,相邻面的高度差不得大于 2 mm,

顶部最大高度差应不大于 3 mm。

（4）并柜缝隙在连接紧固后一般不得大于 1 mm。

（5）并柜螺栓一般采用交错安装方式,如果柜体的一侧不需再进行并柜,则应使用并柜堵封件或封堵侧板进行封堵。

（6）并柜操作不得使柜体或内部零部件受损。

（7）并柜不得降低机柜的 IP 防护等级。

（8）并柜不得对系统整体的电磁兼容性能造成影响。

（9）并柜不得降低柜体的抗震性能要求。

6.1.2　电缆敷设

硬件系统集成时,需要将动力电缆、信号电缆、光纤、接地线等按照规定的路径与要求连接至相应的设备中,这个过程就是电缆的敷设过程。电缆敷设时,涉及不同种类导线的布置与连接,必须遵循一定的技术要求。

6.1.2.1　电缆敷设技术要求

核安全级控制机柜产品柜间电缆系统在敷设时一般需要考虑电缆类型、敷设方式、隔离要求、敷设顺序和敷设路径等问题。

（1）敷设施工前应先对电缆进行详细检查,规格、型号、截面、电压等级、绝缘电阻、耐压和泄漏均符合设计施工要求后方可进行敷设。

（2）选择电缆敷设方式时,在保证运行可靠、便于维护的条件下,还应根据电缆的类型、数量以及工程条件、环境等因素来进行选择,所选择方式应经济合理。

（3）电缆敷设时通常应考虑隔离要求,主要有以下几种情况。

① 动力电缆与信号电缆之间应相互隔离敷设。

② 交流动力电缆与直流动力电缆之间应相互隔离敷设。

③ 低压电力电缆与高压电力电缆之间应相互隔离敷设。

④ 核安全级电缆与非核安全级电缆之间应相互隔离敷设。

⑤ 显示器的布线应单独敷设,不与其他回路混合敷设。

⑥ 耐火隔离重要回路的工作电缆与备用电缆应在不同层的支架上进行敷设。

⑦ 在相同层支架上进行电缆的敷设时,应满足:信号电缆和控制电缆一起敷设时,可紧靠在一起或者多层重叠在一起;多根高压电力电缆一起敷设时,其间隙应超过 1 倍电缆外径,单芯导线用于交流电力系统时可重叠。

⑧ 在单芯导线用于交流电力系统时,敷设需要考虑相序的布置情况及其相间导线的安全距离。

⑨ 当单芯交流电力电缆与通信线路的距离较近且敷设路径无法更改时,可采取抑制感应电动势的方法以最大限度地消除影响。

(4) 电缆在进行隔离敷设时应满足隔离间距的要求,电缆敷设时支撑架的层间最小允许距离如表 6-1 所示,但层间的净空距离一般不得小于 2 倍电缆外径加 10 mm,35 kV 及以上的高压电缆层间的净空距离至少应当超过 2 倍电缆外径加 50 mm。

表 6-1　电缆支撑架的层间最小允许距离　　　　(单位：mm)

电缆类型和敷设特征		支(吊)架	桥　架
控制电缆明敷		120	200
电力电缆明敷	10 kV 及以下(除 6～10 kV 交联聚乙烯绝缘外)	150～200	250
	6～10 kV 交联聚乙烯绝缘	200～250	300
	35 kV 单芯 66 kV 及以上,每层一根	250	300
	35 kV 三芯 66 kV 及以上,每层多于一根	300	350
电缆敷设于槽盒内		$H^{①}+80$	$H+100$

注：① H 表示槽盒外壳高度。

不同电压等级的电缆进柜后需隔离敷设,表 6-2 所示为电缆隔离间距,如果不满足最小距离,一般可通过走金属线槽或者加装金属挡板或者采用其他屏蔽措施的方式实现隔离要求。

表 6-2　电缆隔离间距　　　　(单位：mm)

	4～20	(0～5)V	24 V	48 V	125 V	120 V	240 V
	mA	DC	DC	DC	DC	AC	AC
4～20 mA	0	0	0	50	50	50	50
(0～5) V DC	0	0	0	50	50	50	50
24 V DC	0	0	0	0	50	50	50
48 V DC	50	50	0	0	50	50	50

（续表）

	4～20	(0～5)V	24 V	48 V	125 V	120 V	240 V
	mA	DC	DC	DC	DC	AC	AC
125 V DC	50	50	50	50	0	0	0
120 V AC	50	50	50	50	0	0	0
240 V AC	50	50	50	50	0	0	0

交流线、直流线应分束走线,高电平线、低电平线或弱电流线也应分束走线,并保持一定的距离,通常也会采取屏蔽或隔离措施来达到分束走线的目的。

（5）电缆在敷设时,对敷设顺序有一定的要求,一般按接地电缆→电源电缆→信号电缆的顺序敷设安装。

（6）电缆敷设具有一定的路径要求,所选路径应便于施工、有利于电缆防护、经济美观等,伸缩缝处的电缆应充分松弛,宜设置电缆迂回补偿装置,如预留适当备用长度的电缆、蛇形敷设等。并应符合以下要求。

① 电缆敷设路径上应避免受挤、受压,避免环境温度过热或环境中存在腐蚀源等情况。

② 电缆敷设路径在确保系统安全可靠运行的前提下选择最短路径。

③ 电缆的敷设路径应有利于敷设活动的进行且能方便后期维护。

④ 电缆的敷设路径要避开后期施工的地方,以免后期损伤电缆。

⑤ 敷设路径应简洁明了,避免在敷设路径上或机柜内绕圈。

⑥ 尽可能保证电缆敷设的美观。

（7）满足电缆的最小弯曲半径是电缆敷设过程中的一项基本要求,表6-3所示为常用柜间电缆最小弯曲半径。

表 6-3　常用柜间电缆最小弯曲半径

电缆形式		多芯	单芯
控制电缆	非铠装型、屏蔽型软电缆	$6D^{①}$	—
	铠装型、铜屏蔽型	$12D$	
	其他	$10D$	
橡皮绝缘电力电缆	无铅包、钢铠护套	$10D$	
	裸铅包护套	$15D$	
	钢铠护套	$20D$	

电 缆 形 式		多 芯	单 芯
塑料绝缘电缆	无铠装	15D	20D
	有铠装	12D	15D
油浸纸绝缘电力电缆	铝套	30D	
	铅套 有铠装	15D	20D
	铅套 无铠装	20D	—
自容式充油（铅包）电缆		—	20D

注：① D 表示电缆外径；电缆厂家有要求时应按电缆厂家的最小弯曲半径要求进行。

（8）敷设应合理布局，电缆转向时在满足弯曲半径的情况下尽量保持弯曲弧度一致。

（9）在敷设过程中，运输或滚动电缆盘前，必须保证电缆盘牢固，电缆绕紧，滚动时必须顺着电缆盘上的箭头指示或电缆的缠紧方向进行。

（10）当电缆需要垂直上下敷设时，在有条件的情况下，最宜采用竖井方法，没有条件情况下，应沿墙边或柱子等结实牢靠的部件进行敷设。当敷设交流电力电缆时应远离人群，且做出隔离警示标识。

（11）在敷设电缆数量较多的控制柜房间处，应在房间下部设置电缆夹层以固定电缆，当敷设的电缆数量较少时，可使用活动盖板进行覆盖。

（12）明敷且不宜采用支撑式架空敷设的地方，可采用悬挂式架空敷设。

（13）电缆的敷设路径上应采取防火的措施。

（14）电缆的敷设路径上应考虑避免外力损伤。

（15）电缆一般禁止明敷在通行的路面上。

（16）经常受到振动或热伸缩的路径敷设电缆时，应采取防止长期应力疲劳导致断裂的措施，如设置弹性衬垫。

（17）电缆进柜后的敷设一般应满足以下要求。

① 进柜后需要对电（线）缆进行固定支撑。

② 电（线）缆主干线束与分支线束应保持横平竖直、清晰美观。

③ 电（线）缆勿紧贴金属尖锐棱边敷设，应有相应的防护措施。

④ 柜内的电（线）缆可敷设在汇线槽内，也可明敷设，如线束置于塑料走线槽内，则可不再捆扎，但应加以理齐，避免交叉。当明敷设时，布线自上而下，按导线走向用由绝缘材料制成的扎带扎牢。采用缠绕管时，每绕一周间距

保持为 7～10 mm，且应均匀缠绕。

⑤ 电(线)缆勿与已经装配或待装配的功率型器件壳体相接触。

⑥ 电(线)缆勿遮挡警告标识或其他标示牌。

⑦ 柜间电缆剥绝缘皮进柜后应按其内部的导线最小弯曲半径进行敷设，弯曲半径按照导线或线束的内侧弧线进行测量，表 6-4 所示为常用柜内电(线)缆最小弯曲半径。

表 6-4　常用柜内电(线)缆最小弯曲半径

线缆类型	1 级	2 级	3 级
裸线或涂油绝缘线	2 倍线径	2 倍线径	2 倍线径
绝缘线和扁平带状线缆	2 倍线径	2 倍线径	2 倍线径
非同轴线缆线束	2 倍线径	2 倍线径	2 倍线径
同轴线缆线束	5 倍线径	5 倍线径	5 倍线径
同轴线缆	5 倍线径	5 倍线径	5 倍线径
以太网 5 类线缆	4 倍线径	4 倍线径	4 倍线径
光纤线缆-有缓冲层和外被的单根光纤	1 in 或符合制造商的规定	1 in 或符合制造商的规定	1 in 或符合制造商的规定
更大的有外被的光纤	15 倍线缆直径或符合制造商的规定	15 倍线缆直径或符合制造商的规定	15 倍线缆直径或符合制造商的规定
固定式同轴线缆	5 倍线径	5 倍线径	5 倍线径
挠性同轴线缆	10 倍线径	10 倍线径	10 倍线径
非屏蔽线	尚未建立要求		对于不大于 AWG 10 的线为 3 倍线径；对于大于 AWG 10 的线为 5 倍线径
屏蔽线或线缆	尚未建立要求		5 倍线径
半刚性同轴线缆	不小于电缆制造商规定的最小弯曲半径		
线束组件	弯曲半径等于或大于线束内任何单根导线/线缆的最小弯曲半径		

6.1.2.2　电缆长度计算

电缆在进行敷设长度计算时，应将实际路径长度与附加长度考虑在内。通常，以下因素会影响附加长度。

（1）电缆敷设路况、环境、地形等的高度起伏变化或者备用长度等情形需要考虑附加长度。

（2）电缆蛇形敷设时，弯弯曲曲形状也会造成长度的增加。

（3）电缆接头终端制作时所需的剥除长度、维修量、电缆引至设备设施时所需要的甩线长度也是长度计算时需要考虑的附加长度。

电缆的订货长度计算除应满足敷设长度外，还应符合下列要求。

（1）单芯电力电缆采购时，应在考虑其相数后进行长度计算。

（2）当线路采取交叉、互联等分段连接方式时，应按每一段的长度计算后进行合算。

（3）考虑到整卷电缆在截取后可能存在不能利用的剩余电缆，所以在进行长距离电缆的敷设长度采购计算时，应计入 5%~10% 的裕量。

6.1.2.3 电缆布线与整理要求

进行电缆的布线与整理时，应遵循以下要求。

（1）电缆入柜时，要尽量避免电缆在敷设支架的出缆部位以及盘、柜的入缆部位产生交叉和麻花状现象。

（2）电缆应排列整齐、层次分明、曲率一致、松紧适度，严禁扭曲、交叉或杂乱无章。

（3）设备内的导线成束布线时，接线位置较低的导线排在内侧，接线位置较高的排在外侧。线束应捆扎，以防松散，捆扎应牢靠、整齐、美观，如线路路径较长时，应适当加以固定，屏、柜、盘台内应安装用于固定线束的支架或线夹，紧固线束的夹具应结实、可靠，不应损伤导线的外绝缘。

（4）线束一般用尼龙扎带捆扎，尼龙扎带的捆扎距离一般为 100~200 mm，禁止用金属等易破坏绝缘的材料捆扎线束。

（5）采用成束捆扎布线时，布线应将较长导线放在线束上面，分支线从后面或侧面分出。

（6）应将已经敷设好的导线在屏、柜内的部分整理好，排列整齐一致，满足弯曲半径要求后进行绑固，暂时不能固定的导线应按它的固定位置做好标记，用临时绑线绑扎。

（7）外径相近的导线应尽可能布置在同一层。

（8）自上而下地整理线束，将笔直的线路放在外侧，分支出线放入内侧。

（9）导线需要弯曲转换方向时，不得损伤导线绝缘层，且应满足其内侧线束的最小弯曲半径。

（10）导线线束走线途中不能紧贴金属棱边或其他材料的锋利锐边，应留有 3～5 mm 的间隔或进行相应的防护,将线束间隔固定,不得晃动。

6.1.2.4　电缆施工质量问题防范

电缆施工过程中的常见问题有电缆托架有毛刺,会导致电缆的划伤、刺穿、短路;电缆托架因踩踏变形;电缆排列不整齐,交叉严重;电缆弯曲半径不够等。针对这些问题主要有以下几种防范措施。

(1) 托架切割后需要进行打磨,除去毛刺。

(2) 电缆托架应严禁人员踩踏及重物堆放。

(3) 电缆敷设时应敷设一根整理、一根绑扎。

(4) 设计人员和施工人员应了解电缆的弯曲半径和满足弯曲半径所需的敷设空间。

6.1.3　电缆固定及支撑

电缆在连接不同机柜与设备时,需要在机柜之间进行敷设,敷设过程中需要固定电缆,当电缆进入机柜内部时,还需要对进入机柜内部的电缆进行固定。这两种电缆固定方式的方法和要求各有不同。

6.1.3.1　柜间电缆固定

(1) 电缆在明敷时,应在敷设路径采用电缆支撑架、挂钩或吊绳等形式对电缆进行支撑。电缆敷设有跨距存在时,其最大跨距满足支撑件的承载能力,支撑件的边沿应对电缆的线芯及其外护层无损伤,电缆应敷设整齐。

(2) 电缆支撑所用支架、吊架的允许跨距应满足表 6-5 中要求。

表 6-5　支架、吊架的允许跨距　　　　　　　　(单位: mm)

电缆种类特征	水平敷设跨距	垂直敷设跨距
全塑小截面电缆(未含金属套、铠装)	400①	1 000
中、低压电缆	800	1 500
35 kV 及以上的高压电缆	1 500	3 000

注: ① 当电缆能保持平滑时该数值可增加 1 倍。

(3) 固定柜间电缆所用的电缆支撑架一般应满足下列要求。

① 电缆支撑架不会对电缆产生损伤,支撑架表面应光滑无毛刺。

② 电缆支撑架应耐久稳固,不会锈蚀、形变等,并能适应电缆的使用环境要求。

③ 电缆支撑架应能承载敷设在其上的电缆重量。

④ 符合低烟、无卤、阻燃、低毒等工程防火要求,电缆支撑架宜用钢制。

⑤ 在满足安全可靠的前提下,可选用铝合金制成的电缆桥架。

(4) 金属材料制成的电缆支撑架应具有防腐蚀措施,可按工程环境和耐久要求,选用适合的防腐处理方式。

(5) 在考虑电缆支撑架的承载强度时,应综合考虑计算电缆及其附属件重量和安装维护时的受力情况,通常考虑下列情况。

① 支撑架上需要人员站立进行维护时,其承载强度应附加 900 N 的载荷。

② 在使用机械施工时,承载强度应计入设备设施的推拉力、滑轮的重量等。

③ 支撑架的安全承载能力不得超过支架最大荷载除以 1.5 的数值,以保证安全。

(6) 在进行电缆支撑架的种类选择时,通常需要考虑以下几种情况。

① 在电缆的跨距较大、电缆明敷数量较多、电缆蛇形敷设时,电缆桥架为最佳方式。

② 在需要对外部电气干扰进行屏蔽或者在有易燃的粉尘场所施工时,无孔的托盘桥架为最佳方式。

③ 其他情况,可选用普通支架、吊架、梯架等直接支撑电缆。

(7) 在使用金属材料制成的桥架时,应对金属桥架进行可靠接地,使用非金属材料制成的桥架时,应沿着桥架单独敷设接地线。

(8) 当桥架处于易振动的环境条件下,在桥架的连接部位处应采取防松措施,如加装弹簧垫圈或者点胶等。

(9) 明敷的电缆应设置绑固部位,并满足以下要求。

① 水平敷设时,应在电缆的首端、中间、转弯处两侧和接头两侧、末端进行绑固。

② 垂直敷设时,应在顶端、中间、底端进行绑固,绑固间隔不少于 5 倍的成束电缆外径。

③ 斜坡敷设时,固定部位按需遵照①、②项进行。

④ 当电缆间需保留隔离间隙时,固定部位需保证电缆的晃动不会小于最小间隙。

⑤ 交流单相电力电缆敷设时,还应考虑短路电流引起的电动力效应以确定固定距离。

⑥ 带有钢丝铠装结构的电缆进行敷设固定时,应固定夹持住铠装钢丝。

⑦ 对蛇形方式敷设的电缆进行固定时,蛇形部位进行挠性固定,蛇形与直线转换过渡部位进行刚性固定,使电缆可以进行热胀冷缩以释放应力,防止疲劳断裂。

(10) 进行电缆固定部件的选择时,应考虑以下情况。

① 在有腐蚀的环境中绑固电缆时,应选择使用不会受到腐蚀的扎带材料。

② 在对交流电缆进行绑固时,应选择使用不会构成磁性闭合回路的扎带材料。

③ 所选用的扎带材料应不得勒伤电缆表皮。

(11) 交流电缆的绑固强度,应大于交流电缆在短路故障时的电动力以及可能存在的共振强度。

6.1.3.2　柜内电缆固定

柜间电缆进入机柜内后通常会以连接器或压接导线端子的方式连接到柜内电气部件上。应在电缆进入机柜内合适位置后剥去外保护绝缘皮,进行屏蔽层接地并做好电缆头,挂上电缆标牌。机柜中通常会进入很多电缆,为了减少电缆外绝缘皮占用线槽容量以及便于线束整理,需要将去除绝缘外皮的导线绑扎成束。导线在绑扎时应注意以下要求。

(1) 经绑扎后的线束及分线束应做到横平竖直,走向合理,整齐美观。

(2) 不应把电源线和信号线捆在一起,防止信号受到干扰,也不应将安全级电缆和非安全级电缆绑扎在一起。

(3) 为方便维修更换,应在线束内绑入备用线,且备用导线应能满足线扎内的最长导线路径。

(4) 绑扎时将每根导线线芯用尼龙扎带或锦丝绳绑扎在一起,使用尼龙扎带方法操作简便,整齐美观。

(5) 线束分支处应有足够的圆弧过渡,以防止导线受损,应满足导线的最小弯曲半径,且所弯角度和曲率应一致,以满足美观要求。

(6) 为防止与金属摩擦,可动部分的线束原则上要加套缠绕管。

(7) 绑扎时不能用力拉扯线束中的导线,防止把导线中的芯线拉断。

(8) 导线的绑扎要求牢固、高度一致、方向一致,绑扎不应使端子防护受机械应力。

(9) 因线芯逐个接入端子而使线束逐渐变细时,应使线芯顺序靠拢或并入,以形成新的线束。

（10）当线束穿过金属件时，金属件上一般要套橡胶圈、缠绕管或护边条等加以防护。

（11）当使用线卡进行导线束的固定支撑时，应满足以下要求。

① 线卡固定间距：低压柜横向小于 300 mm，纵向小于 400 mm；高压柜横向小于 500 mm，纵向小于 600 mm。

② 线卡一般顺着导线走线方向固定在牢靠的结构件上，一般不设置在连接点处。

③ 线卡应能保证导线的安全。

④ 当需要将额外的导线加入已经装配好的线束中时，应束型后装配。

⑤ 线束固定要求牢固、不松动，在两个固定点外不容许有过大的颤动，过长线束中间应增加支撑线卡。当线卡与线束间有空隙时，可适当加垫塑料垫或黄蜡绸，以防止松动。

⑥ 安装线卡时，应按照导线数量选用不同规格的线卡。

6.1.4 电缆连接

电缆敷设完成后，需对敷设好的电缆进行连接。电缆的连接涉及导线的压接、接地和屏蔽处理。

6.1.4.1 工艺流程及要求

1）工艺流程

如图 6-2 所示为电缆连接工艺流程。

图 6-2 电缆连接工艺流程

2）工艺要求

电缆接线工艺要求必须达到以下十个一致。

（1）除热电偶、热电阻等小信号电缆外，进入同一柜内的电缆剥切固定位置一致。

（2）热缩套管热缩位置一致。

（3）热缩套管颜色一致。

（4）所有线号管长短一致。

（5）电缆牌悬挂位置一致。

（6）扎线带绑扎位置、出扣朝向一致。

（7）备用芯长短一致。

（8）线芯接线走线方式一致。

（9）同排、同屏导线排列方式一致。

（10）导线线芯弯曲弧度一致。

6.1.4.2　电缆连接过程操作要点

由于电缆材料密实，硬度大，部分电缆屏蔽层、内部导线、绝缘层黏附较紧，剥切时使用工具不适配有可能造成芯线和屏蔽层的损伤，可采用热剥或专用的剥线工具进行操作。

电缆导体连接时要求低电阻和足够的机械强度，以保证连接的电气性能及连接可靠性，常用的连接方式为压接，需使用专用的工具进行压接。

导体连接部位不能作为应力的承担部位。

连接处不能出现尖角，以免尖端放电。

6.1.4.3　接地技术

所谓接地，就是把设备中的中性电位点、外露金属导电部分与设备外金属导电部位通过导电接地装置与大地紧密联系起来，形成良好的电气连接。接地是核安全级控制机柜正常安全运行的基本保障。接地不合理，不仅会危及设备使用人员的人身安全，还会影响设备的正常工作运行。在核电厂中，一般通过接地网来实现接地功能。核安全级控制机柜的常用接地方式分为四类：信号接地、保护接地、防雷接地和屏蔽接地。

（1）信号接地：信号接地是为了保证信号具有稳定的基准电位而设置的接地，使设备工作时有一个统一的参考地，该接地点一般是设备中的中心电位点，可避免有害电磁场干扰。信号接地是信号的低阻抗回流路径，仪控信号接地主要是传输仪控电缆的信号接地以及相关传感器接地。

（2）保护接地：保护接地是为了保证人身安全和电气设备安全而设置的接地，当电气设备存在故障导致漏电时，其金属外壳可能带电，为防止触电事故的发生，一般将金属外壳与大地进行连接。

（3）防雷接地：防雷接地是为了防止雷电对电气设备及人员安全造成危害而采取的接地措施，以及时将雷电电流泄入大地，通常需要借助避雷针、避雷器等雷电防护设备进行。

（4）屏蔽接地：屏蔽接地是为了防止静电、电磁波等对电气设备产生干扰而采取的接地措施。一般有两种形式的屏蔽，一种为屏蔽外部的干扰源，以防止影响内部的电子设备;另一种为屏蔽电子设备内部产生的干扰,以防止影响外界的电子设备。两种屏蔽方式一般都需要通过接地线将感应电荷泄入大地。

6.1.4.4 屏蔽处理

屏蔽电缆的屏蔽层主要是由金属化纸或半导体纸带、铜带或编织铜丝带等材料制成,其作用是传导电缆故障时的短路电流以及屏蔽电磁场噪声源对邻近敏感设备的电磁干扰,以切断噪声源的传播路径,提高设备或系统的抗扰性。其效果主要是通过屏蔽层的接地来实现的。电力电缆中通过的电流大,屏蔽层可以将电流产生的电磁场屏蔽在电缆内。另外,如果电缆芯线内部发生破损,泄漏出来的电流可以沿屏蔽层传导至接地网,以起到接地安全保护作用。控制电缆的屏蔽层可以隔离外部信号干扰,以避免其影响电缆内传输的信号,从而降低传输误码率。屏蔽电缆接地处理方式的不同将直接影响屏蔽效果。

1)电缆屏蔽接地处理方式

电缆屏蔽接地处理方式有以下三种。

(1)单端接地:只对电缆一端的金属屏蔽层进行接地,另一端金属屏蔽层悬空。

(2)双端接地:将屏蔽电缆的两端金属屏蔽层均接至大地。

(3)双层屏蔽电缆接地:在电缆有双层屏蔽层的情况,其将外层屏蔽层双端接地,内层屏蔽层单端接地。

2)屏蔽接地处理方式的选取

(1)单端接地方式适合短距离的屏蔽电缆。在屏蔽层单端接地的情况下,屏蔽层与地之间不形成环路,非接地端的金属屏蔽层与地之间会产生一定的感应电压,但是因未接地,屏蔽层上没有电势环流通过,致使感应电压随着电缆长度的增加而增大。静电感应电压的存在将影响电路信号的稳定,有时可能会形成天线效应。电缆长度对应的感应电压不可以超过电缆的安全电压。

(2)双端接地方式适合远距离的屏蔽电缆。双端接地时,金属屏蔽层不会产生感应电压,但是会受磁通干扰的影响,当现场高频干扰较为严重时会存在信号串扰而导致误判。

(3)双层屏蔽电缆的接地适用于外部环境电磁干扰严重,而又需要远距离传输高频高速信号的情况,其对屏蔽处理操作要求较严格。

3）屏蔽处理

（1）屏蔽引出线的引出。

① 直接利用电缆屏蔽层作为引出线：将电缆屏蔽层收缩拧成一股导线状，接在端子排上。

② 接续导线作为引出线：将导线或编制铜线缠绕焊接在屏蔽层上。

（2）屏蔽层包覆悬空。绝缘与屏蔽切口端面包覆热缩套管。

4）屏蔽处理的注意要点

（1）屏蔽网线经梳理后应无蓬松、鸟笼状，以防止金属丝造成短路。

（2）在屏蔽层及缆芯间应有防护措施，防止缆芯刺破。

（3）双层屏蔽处理时，内外层屏蔽层应绝缘分离，屏蔽处理时也应具有隔离绝缘的措施。

6.1.4.5　接地工艺要求

常用核安全级控制机柜保护地（P‑BUS）接地干线采用裸铜线，数字地（也称信号地，G‑BUS）接地干线采用单芯绝缘电缆，屏蔽地（E‑BUS）一般采用黄绿线，为柜内和柜外电缆屏蔽层提供接地点。接地工艺的要求如下。

（1）设备的金属外壳必须可靠连接保护地以保证人身安全。

（2）用于静态保护、控制逻辑等回路的控制电缆的屏蔽层、带、芯应按设计要求的方式进行单端或者双端接地。

（3）柜内所有需接地的元件的接地柱要单独采用接地线接到接地体，再将接地体连接到系统的接地网中，元件间的接地线一般不得采用跨接方式连接。系统中将热电偶信号地、热电阻信号地、低电平模拟信号地、逻辑信号地等分别通过导线连接到设备信号地汇流条上，再将信号地汇流条接至全厂系统接地网中；机柜、机架、机箱、柜门等保护地接至设备保护地汇流条上，再将保护地汇流条接至全厂系统的接地网中。

（4）具有铰链的活动金属部件需要进行接地时，应设置安全跨接线以保证铰链的活动。机柜门进行保护接地时，应保证机柜门的正常开合。

（5）正常情况下，接地铜排上的每个端子应按照一点一线一螺钉的方式进行连接紧固，在端子点数不足的情况下，允许多根导线分别用标准铜接头进行压接后共用一个接地螺钉进行紧固。一般铜排上的接地螺钉最小螺纹直径为 6 mm。

（6）连接接地线的螺钉和接线点不允许做其他机械紧固用。

（7）接地处应设有耐久的接地标记，接地线线端处理后不得使用绝缘套管遮盖端部。

（8）所有接地装置的接触面均要光洁平贴，紧固应牢靠且保证接触良好，并应设有防松措施，如加装弹簧垫圈。

（9）接地装置紧固后，应随即在接触面的四周涂防锈漆，以防锈蚀，所涂防锈漆不得影响到其接地导电性能。

（10）机柜内测量对地接地电阻，一般应小于 4 Ω。

6.1.5 光缆连接

光缆作为一种传输介质与传统的铜缆相比，具有重量轻、带宽宽、抗电磁干扰好、保密性好等优点。核级光缆主要应用于核反应堆厂房、核辅助厂房和汽轮机厂房中。光缆线路系统在核电设备的正常运行及安全停堆方面起着非常重要的作用。光缆敷设方式一般采用管道或线槽，要求光缆具有可靠的使用寿命、热稳定性、防潮性、化学稳定性和抗辐射性，并且具有高强度、耐弯曲、抗冲击、耐老化、耐酸碱、阻燃、低烟低毒等特殊要求。

核安全级数字化控制系统内部采用带安全协议的点对点串行通信技术作为 1E 级通信网络，安全级系统与外部系统采用以 TCP/IP 为协议并附加安全层的以太网，用于将数字化保护系统内的数据通过网关 GW 传输至外部 NC 通信网络。两种通信网络均采用光缆光纤连接，以增强隔离功能、降低衰减，延长传输距离，减少电磁干扰。

6.1.5.1 光缆的连接方法

光缆的连接方法主要有光纤熔接、冷熔、活动连接三种。

1）光纤熔接

光纤熔接又叫做永久性光纤连接，这种连接是通过尖端放电的方法将光缆中的光纤裸纤与尾纤连接融合在一起。光纤熔接常用于光缆的长距离连接，合格的光纤熔接其连接后的衰减在所有的连接方法中最低，一般衰减值为每熔接点 0.01～0.03 dB。但光纤熔接需要专用熔接设备和专业的操作人员，而且熔接点需要进行专门保护。

2）冷熔

冷熔又叫应急连接，主要是运用机械或化学的手段方法，将两根光纤端面对接后固定并黏接在一起。这种方法的主要特点是连接快速，但是比光纤熔接的衰减值要大，冷熔连接的衰减值一般为每熔接点 0.1～0.3 dB。当长期使用时，熔接点会不稳定，会存在衰减大幅度增加的情况，所以通常冷熔连接只在短时间内应急使用。

3）活动连接

活动连接是所有连接方法中最灵活、简单、方便的，利用光纤连接器件的插头和插座，将两端光缆或光纤线连接在一起。这种方法因为存在接头，故其衰减值最大，一般衰减值为每接头 1 dB。

在核安全级控制机柜产品中，为使连接损耗最低并且可靠性最高，一般通过光纤熔接的方式进行连接。

6.1.5.2　光纤熔接

光纤熔接需要精细的操作，尤其在进行光纤端面制备、光纤熔接和盘纤等环节的操作时，要求操作者仔细、审慎、周密考虑，熟悉操作规范，掌握操作技能，最大限度降低接续损耗，从而全面提高光缆接续质量。

1）光纤熔接所需原材料及工具设备

常用的光纤熔接原材料及工具设备如下。

（1）原材料及辅料：光缆、尾纤、光纤保护套管和酒精棉球。

（2）工具设备：光纤熔接机、光纤切割刀、套管加热补强器和剥纤钳。

2）光纤端面制备

光纤端面制备的主要工步为涂覆层及包层剥除、裸纤清洁和裸纤长度切割。光纤端面是否合格直接影响熔接的衰减损耗值。

（1）涂覆层及包层剥除。

① 将光纤线束依序在剥覆前穿入光纤保护套管，严禁在裸纤清洁及切割后穿入，以防止裸纤污染。

② 使用剥纤钳第一挡（见图 6-3）依序对光纤线最外层涂覆层进行剥除（光缆上有护套的需先剥除光缆护套，然后再进行光纤线上的涂覆层剥除）。光缆护套剥除长度需满足光纤熔接机熔接时的操作长度以及满足中心加强芯到其紧固螺柱的长度要求，光纤线涂覆层的剥除长度参见图 6-4（光缆上有护套的需保留一段距离的光纤线最外层涂覆层再开始进行光纤线涂覆层的剥除）。

③ 使用剥纤钳第二挡、第三挡（见图 6-3）对光纤线内部两层涂覆层及尾纤涂覆层进行剥除，从光纤线端头及尾纤线端头

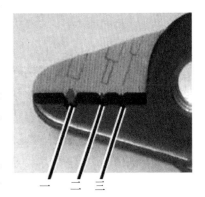

一　二　三

图 6-3　剥纤钳挡位示意图

处开始剥纤,图6-4所示为光纤线及尾纤剥纤示意图。剥纤长度需根据光纤保护套管长度以及光纤熔接机切割设备夹具的参数等进行综合考虑计算。

涂覆层剥除诀窍:持纤要平、剥纤要稳、剥纤要快。

涂覆层　　包层　　裸纤　　裸纤切除部分

图6-4　光纤线及尾纤剥纤示意图

(2) 裸纤清洁。

① 在光纤线的涂覆层和包层去除后,需检查其上是否存在残留,若残留过多需要重新剥覆。若仅有少量残存,可使用酒精棉球浸渍后缓慢擦除。

② 用含有适量酒精的棉球夹住光纤裸纤,顺光纤裸纤轴向向外进行擦拭,一块酒精棉球在进行一定次数的清洁后要进行更换,防止造成二次污染。

③ 在裸纤清洁后,应立即进行光纤长度切割及光纤熔接,防止存放时间过长导致空气中的污染物对光纤端面造成污损。在移动光纤进行切割、熔接时要轻拿轻放,防止光纤端面碰触,在光纤切割、熔接前还应先进行光纤切刀、熔接槽的清洁。

(3) 裸纤长度切割。

切割是光纤端面制备中的一项精细操作,好的切刀工具能起到事半功倍的效果。

① 清洁光纤切割刀,刀上应无光纤碎渣及其他多余物。

② 调整切割刀位置并摆放平整。

③ 确定好光纤切割长度后将光纤摆放到位。

④ 切割时要避免断纤、斜角,操作要自然、平稳。

⑤ 将切断后的光纤取出放入熔接机中准备熔接;已切割的光纤不再进行清洁,以防划伤或弄脏光纤切断面,光纤顶端非常锋利,要注意人身安全。

⑥ 将光纤碎渣从切割刀中取出,放入收容盒中。

3) 熔接

(1) 将切断后的裸纤放在熔接机光纤夹具中,左右两端待熔接的光纤尖端间应有细微间隙,确认熔接机上熔接参数与光纤材料、型号匹配。图6-5所示为光纤在光纤熔接机夹具中的示意图。熔接分以下两个步骤。

① 打开防风盖。

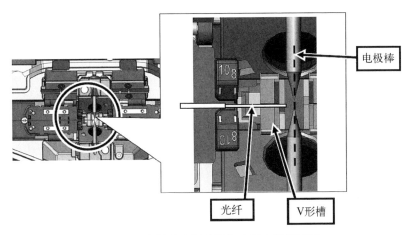

图 6-5 光纤在光纤熔接机夹具中的示意图

② 将光纤前端放置在 V 形槽和电极棒之间。

（2）熔接前后应及时检查并清洁熔接机光纤夹具、电极、熔接室等是否有多余物或污染，熔接时要观察熔接过程中在熔接点部位是否出现气泡，或者出现熔接过细、过粗、虚熔、分离、偏心等情况，若熔接机显示的熔接损耗大于0.2 dB，则需要重新熔接。

（3）熔接完成后将光纤移出熔接机光纤夹具。

（4）将保护套管放置于熔接部分的中央，保持保护套管两端与涂覆层重叠 5 mm 以上，加热保护套管热缩补强，图 6-6 所示为光纤熔接部位补强示意图。

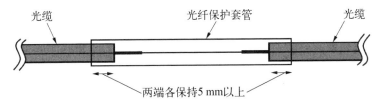

图 6-6 光纤熔接部位补强示意图

4）盘纤

盘纤也是一项精细活，盘纤不当会导致光纤的断裂或者熔接点的损伤，科学的盘纤可以使光纤使用寿命更长久、所占用的空间更合理，并能减小信号衰减，降低损耗。因此掌握科学合理的盘纤规则至关重要，盘纤规则具体如下。

① 盘纤时应由光缆主干向分支方向开始盘纤，当一个分支方向上的光纤都熔接热缩完后再进行盘纤，以避免造成不同光缆间的光纤混乱，同时方便日

后的拆、修、盘等维护。

② 在光纤熔接部位的补强套管固定后再开始对两侧的余纤进行盘纤,且通常待该固定部位所有补强套管均安放到位后再开始盘纤,以利于保护光纤熔接点。实际操作中,将光纤以 6 芯、8 芯、12 芯等为一组进行固定后开始盘纤,避免了因安放位置的不同而造成光纤线长短不一,导致光纤弯折等损伤。

③ 当出现光分路器等特殊器件与光纤的盘纤时,要先将光纤进行熔接、热缩、盘纤后再进行特殊器件的盘纤,并在两者间增加缓冲物,以防止增加附加损耗和衰减。

④ 当个别光纤线盘纤时出现过长或过短情况,可将其放置在最后再进行盘纤。

⑤ 盘纤时应特别注意须满足光纤线的最小弯曲半径,防止出现纤芯断裂。

6.1.5.3　光纤衰减因素

光纤本征因素和非本征因素是影响光纤衰减的两大因素。

1) 本征因素

光纤的本征因素指的是光纤的自有属性,即由光纤自身因素引起的损耗,自身主要因素包括两根光纤的纤芯直径不一致、光纤模场不同、光纤纤芯同心度差、纤芯不圆、纤芯材料的折射率不均、纤芯内含有杂质等。

2) 非本征因素

非本征因素主要指光纤连接过程中导致的衰减损耗,主要的非本征因素有光纤轴心(纤心)错位、倾斜,端面分离、不平,光纤物理形变等。

(1) 纤心错位:当两根单模光纤轴心错位时会增大熔接损耗,通常错位达 1.2 μm 时,熔接损耗衰减 0.5 dB。因此一般熔接时要求单模光纤的同心错位要小于 0.8 μm。

(2) 纤心倾斜:当光纤切割断面不平整产生倾斜角时会增大熔接损耗,通常倾斜达 1°时,增加的熔接损耗衰减约 0.6 dB。因此一般裸纤切割时要求单模光纤的倾斜角小于 0.3°,以保障熔接损耗小于 0.2 dB。

(3) 端面分离:当两根光纤熔接端面距离较远或者光纤熔接机的放电电压较低时,容易造成光纤端面分离;另外,当光纤活动连接器的卡口结合不好时也很容易产生端面分离。

(4) 光纤物理形变:光纤在敷设和盘纤过程中因挤压导致的物理形变也会对光纤连接产生损耗。

（5）其他：光纤熔接人员的操作技能、熟练度、操作步骤、熔接时参数的设置、盘纤技艺、熔接设备以及工作环境的清洁度等均会对熔接损耗产生影响。

6.1.5.4　减小光纤衰减的措施

减小光纤衰减的措施要着眼于光纤的衰减因素，针对其衰减因素进行控制，其主要的措施如下。

（1）光纤熔接点两端的光纤线尽量选用同一厂家同一批次的优质光纤纤芯。同一批次的光纤线可最大程度保障其本征因素的一致性，如模场直径、光纤纤芯直径等，优质的光纤保证了其同心度、折射率的均匀性以及纤芯中含有的杂质量，通过此种方法可以保证光纤熔接的本征损耗最小。

（2）光纤光缆敷设规范化，在各种电缆的敷设顺序中，光纤光缆应排在最末进行敷设。光纤光缆敷设、盘纤施工过程中，必须保证光纤光缆的最小弯曲半径，严禁折、扭、压。进行光缆固定时，对光缆的牵引力不超过其能承受的最大牵引力，持续牵引力不超过最大牵引力大小的 80％，且牵引力不能施加在纤芯上，从而最大限度降低敷设等施工过程中造成的光缆损伤，进而减小损耗。

（3）挑选经验丰富、操作熟练的光纤熔接人员进行操作，目前国内外大多数的光纤熔接都是采用光纤熔接机进行自动熔接的方法。但经验丰富的熔接人员可以根据环境情况、光纤熔接损耗情况调试设置出最佳的光纤熔接参数，且技艺精湛的操作人员在切割刀不利索的情况下也能最大程度保证其切割端面的倾角，使其切割端面平整、无毛刺、无损伤。当然高精度的光纤端面切割器可降低操作人员的技能要求。

（4）光纤熔接应在整洁的环境中进行，用来进行光纤熔接的工具、材料应清洁干净、未受潮，清洁后的裸纤应立即进行切割后熔接。

（5）光纤熔接机应正确使用，光纤熔接机要进行日常维护保养，及时清除粉尘和光纤碎末等，并且在使用时正确设置熔接参数、放电电流、时间等，同时能根据熔接环境的气压、温度、湿度等情况进行参数调整。

6.1.6　双绞线连接

双绞线（twisted pair，TP）常用于系统硬件集成，作为信号传输介质，是一种柔性的通信电缆。其内包含着成对互相绝缘且互相缠绕绞合的金属导线，可用来降低网络信号传输过程中的串扰以及抵御外部的电磁波干扰，有时也将 TP 称为双绞线电缆或网线。

6.1.6.1 双绞线的分类

双绞线按屏蔽层的有无可分为非屏蔽双绞线(UTP)和屏蔽双绞线(STP或FTP)。

双绞线按电气性能可划分为三类线、四类线、五类线、超五类线、六类线、超六类线、七类线等,原则上数字越大,版本越新、技术越先进、带宽也越宽,表6-6所示为常见的双绞线及其用途。

表6-6 常见的双绞线及其用途

双绞线型号	用　　途
五类线(CAT5)	常用双绞网线,主要用于传输速率不高于100 Mbps的数据传输、语音传输等百兆位的以太网,带宽100 MHz;该类双绞线的绕线密度比上一代技术有所增加
超五类线(CAT5e)	主要用于千兆位以太网,最大带宽为100 MHz;比起五类线,其时延更小、信噪比更高、串扰更小,性能比上一代技术有很大提高
六类线(CAT6)	主要用于千兆位以太网,带宽为250 MHz,可实现100 m的传输距离;与上一代技术相比,在结构上增加了绝缘的十字骨架,四对双绞网线布置在四个凹槽内,增强了抗干扰能力
超六类线或6A (CAT6A)	主要用于千兆位以太网,传输频率为200~250 MHz;超六类线是六类线的改进版,比起上一代双绞网线在串扰、衰减和信噪比等方面有较大改善
七类线(CAT7)	主要为了适应万兆位以太网技术的应用和发展,传输频率至少可达500 MHz,传输速率可达10 Gbps,是一种屏蔽双绞线

因核电系统中环境较复杂、干扰较大,应用于核电系统中的双绞线通常需要具备抗干扰能力强、防辐射、耐高温、热稳定性好等特点,故一般选取七类STP屏蔽双绞线来作为制作网线的通信电缆。

6.1.6.2 网线装配制作

网线是双绞线中的一种。其制作材料和使用方法如下。

1) 网线制作原材料及工具

制作网线必要的材料是水晶头,网线水晶头从性能上分屏蔽型和非屏蔽型,从装配方式上分有压接型和装配卡接型。制作主要使用工具为剥线钳、斜口钳以及网线压接钳等,主要测试工具有网线测试仪、数字万用表等。

2) 网线接法

网线水晶头有两种接法,一种是交叉网线,另一种是直通网线(平行网线)。

直通网线的两端同为568A标准线序或568B标准线序,主要用于不对等的不同设备间的连接。交叉网线的一端为 568A 标准线序,另一端为 568B 标准线序,主要用于同种设备间相连接。将两种接法简记为"同类交叉、异类平行"。表 6-7 所示为 568A 标准网线线序,表 6-8 所示为 568B 标准网线线序。

表 6-7　568A 标准网线线序

网线线序	1	2	3	4	5	6	7	8
网线颜色	白绿	绿	白橙	蓝	白蓝	橙	白棕	棕

表 6-8　568B 标准网线线序

网线线序	1	2	3	4	5	6	7	8
网线颜色	白橙	橙	白绿	蓝	白蓝	绿	白棕	棕

3) 网线制作要点

网线制作有三个关键之处:剥覆、排序和压接。

(1) 剥覆。

① 剥覆不得损伤屏蔽层、内部双绞芯线,剥覆刀口应与网线外绝缘层厚度相当。

② 剥覆不得过长或过短。若剥线过长,水晶头不能将网线绝缘层卡紧固定,导致网线容易松动,且内部导线外露,不美观且易损坏。若剥线过短,则会因网线绝缘层的干涉导致内部芯线无法顺利插至水晶头底部插针处,造成水晶头插针未与网线芯线接触,或者造成信号导通故障。剥覆过长或过短均会影响线路质量。

③ 屏蔽层及双绞芯线剪切端面应平整。

(2) 排序。

① 将芯线按相应的标准线序进行整理后一字并排排列。

② 将排列好的标准线序插到水晶头底部,每条芯线都应插到水晶头底部,且不能弯曲。

(3) 压接。

将插入网线的水晶头直接放入网线钳压线缺口中进行压接,使水晶头的插针都能插入网线芯线之中,且与之接触良好。

操作技巧:水晶头弹片朝外,入线口朝下,从左到右,遵循标准线序,芯线插至水晶头底部,然后进行压接。

6.1.7 同轴电缆连接

同轴电缆(coaxial cable)是先由两根同轴心、相互绝缘的圆柱形金属导体构成基本单元(同轴对),再由单个或多个同轴对组成的电缆,属于通信电缆的范畴。从用途上同轴电缆可分为基带和宽带两种同轴电缆,即通常所说的网络同轴电缆和视频同轴电缆。基带同轴电缆通常用于数字基带传输,其数据传输速率可达 10 Mbps,其阻抗特性通常为 50 Ω,具有良好的噪声抑制特性。宽带同轴电缆通常用于模拟传输,其阻抗特性通常为 75 Ω。最常见的同轴电缆由外向内分别为外绝缘层、金属网状屏蔽层、内层透明绝缘层和中心铜线,中心铜线一般由单股实心线或多股绞合线构成,金属网状屏蔽层与中心铜线同心同轴。

6.1.7.1 同轴电缆的分类

同轴电缆的阻抗也各有不同,通常为 50 Ω、75 Ω 和 93 Ω。50 Ω 同轴电缆具有较高的功率处理能力,主要用于无线电发射器;75 Ω 同轴电缆可以较好地保持信号强度,主要用于连接各种类型的接收设备;93 Ω 同轴电缆早期主要用于 IBM 大型机网络,应用相对较少且昂贵。现今,最常见的是 50 Ω、75 Ω 同轴电缆,在应用时需要特别注意同轴电缆系统中的所有组件应具有相同的阻抗,以避免连接点处可能造成信号丢失或降低视频质量的内部反射。50 Ω 特性阻抗最常用的同轴电缆有 RG-8、RG-11、RG-58,75 Ω 特性阻抗最常用的同轴电缆有 RG-59,93 Ω 同轴电缆有 RG-62。

同轴电缆型号最常用的标识方法为"材质-阻抗-直径",如同轴电缆SYWV-75-5 表示外导体是铝模塑料带加镀锡铜丝制成的阻抗特性为 75 Ω、直径为 5 mm 的同轴电缆。

6.1.7.2 同轴电缆的衰减

在选用同轴电缆时,除需要考虑同轴电缆的特性阻抗外,通常关注最多的还有同轴电缆的衰减情况,下面介绍同轴电缆的衰减及其特性。

衰减是同轴电缆的传输特性之一,射频同轴电缆的衰减通常由三个方面构成:导体衰减、介质衰减和附加衰减。导体衰减是电磁波在同轴电缆的内层中心铜线和外层金属屏蔽网间传输时产生的;而介质衰减是电磁波在内外导体与绝缘层间传播时产生的;附加衰减是由电缆内外导体同心度、电缆内层绝缘体均匀度以及接插损耗等引起。同轴电缆衰减通常仅考虑导体衰减和介质衰减,附加衰减仅在驻波很大以及需要短段的电缆组件时才会考虑。在正常情况下,电缆的衰减与电缆的规格尺寸、工作频率有关,小尺寸规格电缆衰减比例较小,大尺寸规格电缆衰减的占比较高,而且频率越高,介质衰减占总衰减的比例越大。导体衰减是由电流的趋肤效应所致,频率越高,电流越趋近于内层中线铜线的外表面和外层金属屏蔽网线的内表面,致使传输电阻越大,进而衰减也越大。介质衰减与电缆的等效介电常数、等效介质损耗角正切、频率成正比。等效介电常数影响特性阻抗,特性阻抗确定后,等效介电常数变化不大。介质损耗角正切直接影响介电衰减。

表 6 - 9 所示为普通常用型同轴电缆衰减值参考,给出了阻抗为 75 Ω、长度为 100 m 的同轴电缆各网络(载频)的电平衰减参考值,此表仅供参考,不同厂家、不同线缆材质所测试出的衰减值会有变化。

表 6 - 9　普通常用型同轴电缆衰减值参考　　　　　(单位: dB)

同轴电缆型号	5 MHz	15 MHz	30 MHz	50 MHz	65 MHz	100 MHz	750 MHz
75 - 5	1.8	2.6	3.6	4.7	5.3	6.7	19
75 - 7	1.3	1.8	2.3	3	3.4	4.3	13
75 - 9	0.9	1.3	1.8	2.3	2.6	3.3	10
75 - 12	0.6	0.9	1.3	1.7	1.9	2.4	7.4

6.1.7.3　同轴电缆与 BNC 接头装配制作

在进行同轴电缆组网连接时,需在同轴电缆两端制作卡扣配合型连接器接头(bayonet nut connector,BNC)后进行连接,BNC 接头一般由三个部件组成:接头本体、屏蔽金属套筒和芯线插针。BNC 接头的制作方法有压接和焊接两种,常用的同轴电缆与 BNC 接头的装配制作方法如下。

(1)准备工具。

斜口钳、美工刀、剥线工具、专用压线钳、电烙铁、焊锡丝、松香或助焊剂等。

(2)制作步骤。

① 剥线:使用热剥器或精密机械剥线工具将同轴电缆的最外绝缘层剥除,使用机械剥线工具时要注意不要损伤内部的金属屏蔽丝网。

② 将金属屏蔽丝网向后翻开。

③ 将内层透明绝缘层小心剥除,露出中心铜线,具体剥除长度需根据BNC 接头中的芯线插针的接线柱深度尺寸确定。

④ 依次套入接头本体、屏蔽金属套筒。

⑤ 芯线插针连接：将剥好的中心铜线插入芯线插针的接线柱中，若中心铜线为多股绞合铜线，则多股铜线不得出现股线越出接线柱情况。焊接式的BNC接头采用电烙铁进行上锡焊接，压接式的BNC接头采用专用压线钳进行压接，使中心铜线焊接或压紧在接线柱中。若采用焊接方式，一般需要对接线柱进行搪锡除金后再使用助焊剂配合进行焊接，但要注意焊锡不得流漏至接线柱焊杯外或芯线插针的其他外表面上。

⑥ 装配接头本体：芯线插针连接后，将芯线插针从接头本体尾部向前穿入，内层透明绝缘层卡紧在接头本体孔内，芯线插针装配后不得与金属接头本体碰触。

⑦ 屏蔽金属套筒压线：将外翻金属屏蔽丝网修剪整齐，屏蔽金属套筒前推卡紧外翻的屏蔽金属丝网直到推至接头本体尾部的金属圆柱体上，保持接头金属本体与同轴电缆金属屏蔽线接触良好，用专用压线钳将屏蔽金属套筒压紧。

⑧ 重复上述方法在同轴电缆的另一端制作BNC接头即制作完成一根同轴电缆。

（3）测试。

同轴电缆两端与BNC接头制作完成后，用数字万用表进行测试并检查线头是否焊接好，避免虚焊、短接等问题。测试内容如下：同轴电缆两端的BNC接头芯线插针间应导通，两端的BNC屏蔽金属本体间导通，芯线插针与BNC屏蔽金属本体间应绝缘断开。

6.1.7.4 装配制作的质量通病及防治措施

1）质量通病

（1）焊接式BNC接头容易在焊接时产生拉尖、毛刺等，造成芯线插针与BNC屏蔽金属本体间的绝缘性能下降或者短路的情况。

（2）焊接式BNC接头易在焊接时造成同轴芯线与芯线插针虚焊，致使电缆在使用过程中接触不良或开路。

（3）压接式BNC接头易在压接时造成同轴芯线与芯线插针压接不紧密，致使在使用过程中信号质量太差或者插针与芯线脱离。

（4）压接式BNC接头易在压接时造成同轴芯线与芯线插针压接过猛，致使产生裂纹或者断裂。

2）防治措施

（1）焊接式BNC接头产生拉尖、毛刺、虚焊等的主要原因通常为烙铁头温度不当、焊接时间过长、待焊接部位氧化或有污物等,因此需要其操作者具有熟练的操作技巧和正确的工艺方法。

(2)压接式 BNC 接头产生的压接不紧密或者断裂等的主要原因是压接工具、芯线、芯线插针不匹配,选取专用的工具以及熟练的操作可以有效解决该问题。

6.1.8　质量控制

系统集成质量的好坏决定了系统的性能和寿命,因此需要对系统集成的每一个环节进行质量控制。

6.1.8.1　并柜质量控制

对并柜的质量进行控制,一般以外观检查的方式进行。并柜过程中通常出现的质量问题有并柜柜体间隙过大、并柜屏蔽处理不到位、并柜造成柜体磕碰等,一般需要按如下要求进行目视检查。

(1)柜组整体外观:并柜后,机柜柜组上下对齐,接触面平整,机柜与机柜之间无缝隙,所有机柜方向一致。

(2)机柜表面外观:机柜表面应无明显变形、凹陷、凸点、划伤、磕碰等现象,柜体涂层无污渍、起皮、损伤、剥落等现象。

(3)柜组规格型号:并柜组件规格型号应符合相关技术文件要求。

(4)并柜组件外观:并柜组件无变形、破损、划伤、磕碰、污渍等现象;金属部件无明显锈蚀、涂层无明显剥落、起皮、露母材等现象。

(5)并柜装配正确性:并柜组件及螺钉无多装或漏装,且安装方向和位置正确。

(6)安装紧固性:螺钉安装完整、顺序正确、紧固到位(螺钉和被紧固件之间无明显肉眼可见间隙、有弹垫的以弹垫压平为准),螺钉头部无明显损伤。

(7)线缆检验:并柜孔内的柜间线缆无被机柜挤压现象,柜间线缆留有应力释放弯,柜间线缆经过金属棱边部位应进行防护(如增加防护条或者缠绕管,防护条应安装到位,不应松脱)。

(8)线缆绑扎:并柜后柜间线缆应绑扎紧固,扎带末端应剪切且切口平整。

6.1.8.2　电缆敷设质量控制

在电缆敷设前、敷设中和敷设后均应进行质量控制,以确保敷设质量。

(1)敷设前一般需要对电缆的外观、规格、型号、截面、电压等级、绝缘电阻、耐压和泄漏电流等进行检查,以确保所施工电缆符合施工规范规定。

(2)敷设中一般需要对隐蔽敷设处进行检查,防止后续施工遮挡隐蔽处导致无法进行检验工作。

(3)敷设后一般需对电缆敷设的外观、路径、弯曲半径、标识、固定情况等进行检查(敷设线路是否平、直、牢等),严禁电缆扭绞、铠装压扁、护层断裂和表面严重划伤、标识缺损等。

6.1.8.3　电缆连接质量控制

电缆线束连接完毕后,应认真对照施工图进行目视外观检查、通断检查和上电检查。

1)外观检查

(1)检查连接电缆的型号和规格的正确性。

(2)检查线端标记的正确性及完整性。

(3)检查线端标识与接线地址的正确匹配性。

(4)检查线端接头的制作质量,连接应牢固。

(5)屏蔽接地线的处理应符合文件要求。

(6)接地线线端处理后不得覆盖端部,应具有一定的爬电距离。

(7)需要经常移动的地方布线接线应不承力、不磨损。

2)通断检查

对电缆系统的连接线路以及接地网络进行通断检测。

3)上电检查

所有开关关闭的状态下,对线路逐级上电,电压、电流、指示灯、信号灯、光字牌等应符合文件规定的要求。

6.1.8.4　光缆连接质量控制

光缆连接质量控制的关键在于做好光缆原材料的质量控制以及光纤熔接质量的控制,控制光缆连接质量的最佳办法是对光纤的衰减性能进行检测。

1)光纤衰减检测

光纤检测的主要目的是保证网络连接质量,减少故障因素。光纤检测包括连通检测和衰减检测,通常可使用人工简易测量方法进行简单的连通检测,但是人工简易测量法无法进行衰减或断点检测,此时如有需要可借助精密仪器进行测量。

人工简易测量法:此方法能快速便捷地检测出光纤的通断情况,检测时让光源从光纤的一端射入,在光纤另一端观察是否有光亮,若发光则导通。

精密仪器测量法：该种方法通常在需要对光纤和光纤接头的衰减进行定量测量时，以及需要对光纤断点位置进行判定时或者需要对光纤连接质量进行评判时使用。通常选用的测量仪器为光功率计或光时域反射图示仪（OTDR）。

2）光缆连接质量保证

为保证光缆连接的质量，需要对光缆敷设、熔接、盘纤、接续等步骤进行监督及控制，以减少附加损耗和衰减，在整个光缆连接过程中，通常应进行以下控制。

（1）敷设过程中应检查光缆有无受到弯、折、压等情况。

（2）光纤熔接过程中需检查每一个光纤熔接点的质量，有条件的还应检查其熔接损耗。

（3）检查盘纤有无造成附加衰减的增加，如光纤熔接点的保护情况、光纤线的弯曲半径是否满足要求等。

（4）检查光纤连接的通断情况，有条件还应检查整条链路的损耗衰减情况。

6.1.8.5　网线连接质量控制

网线连接质量控制的关键在于控制好网线装配制作的质量，通常控制网线装配质量的最佳办法是对网线的通断性能进行检测，网线通断检测方法如下。

1）网线测试仪测试

网线测试仪测试步骤如下：将网线水晶头两端插在测试仪上，打开测试开关，测试仪发射端和接收端两边指示灯直通线亮起顺序一致，交叉线按 3—6—1—4—5—2—7—8 顺序亮起，则接线正确；如果跳过某一个数字或顺序不一致，说明对应数字的接线有误或导线压接异常，如其中 2 个以上灯亮，则说明对应的芯线短路。

2）万用表测试

将万用表打到电阻挡，使用两个表笔分别按照色谱测试水晶头和与之对应的簧片，如果是短路状态（使用数字表时有极低的电阻）则表示导线通路，持续测试直至所有芯线测试完毕。

6.1.8.6　同轴电缆连接质量控制

同轴电缆连接质量控制的重点为电缆物料质量控制、电缆装配质量控制。

（1）同轴电缆物料质量控制通常包括以下几个方面。

① 同心度、紧密度：高质量的同轴电缆其金属屏蔽丝网、铝箔等紧贴内层

透明绝缘层,金属屏蔽丝网与内层透明绝缘层的间隙越大,空气越容易进入,进而影响电缆性能,影响使用寿命。同轴电缆截面越圆整,其同心度越佳,传输损耗越低。

② 绝缘介质:高质量的同轴电缆其内层透明绝缘层介质厚度的均匀一致性较好,对同轴电缆的回波系数影响较小。在检查其绝缘介质时,可随机抽取一段长度,裁剪后剥出内层透明绝缘层,检查其透明度以及其上各点直径是否均匀一致。

③ 金属网:金属网屏蔽层的编织是否严密、平整对同轴电缆的屏蔽性能会产生影响。

④ 外绝缘层紧密度:高质量的同轴电缆其外绝缘层既能紧密包裹内部金属网屏蔽层,又能便于电缆剥头时不损伤金属网,包裹的致密性可有效防止湿气渗入造成金属网氧化以及防止屏蔽层与外绝缘层间的相对滑动造成的电性能飘移。

⑤ 电缆盘/卷形状:电缆的盘/卷应不造成电缆受力损伤,合格的电缆盘/卷应能保证满足电缆最小弯曲半径的同时使得成卷的各圈电缆接触边沿平行、圆滑,并尽可能使各层缆芯保持在各自层的同心平面上。

(2) 装配后应对同轴电缆进行测试,以控制其装配质量,测试的主要内容如下。

① 两 BNC 接头上的芯线插针与同轴电缆的中心铜线间是否存在断路情况。

② 两 BNC 接头上的接头本体、屏蔽金属套筒与同轴电缆的金属网状屏蔽层间是否存在断路情况。

③ 两 BNC 接头上的接头本体、屏蔽金属套筒、同轴电缆的金属网状屏蔽层与两 BNC 接头上的芯线插针、同轴电缆的中心铜线间是否存在短路情况。

6.2 应用系统集成

应用系统集成(application system integration)有时也称软件集成,是系统集成实现的关键。应用系统集成给客户提供系统的解决方案,解决系统之间的互联和操作问题。应用系统是一个多设备、多协议和多平台的体系结构,需要解决各类设备、子系统间的接口、协议、系统平台、运用软件等一切相关问题。

1）软件集成介绍

软件集成就是将不同的功能软件以特定的方法和结构或模型集成到一起,协调、统一地实现特定功能的过程。核安全级控制系统主要完成在事故工况条件下的反应堆停堆和专设安全设施驱动等功能,因此核安全级控制系统的软件集成也需要围绕其主要实现功能展开。核安全级控制系统中的核级软件是由各种安全功能单元模块组成的针对核安全级控制机柜实现安全仪控功能的应用软件,软件中各种不同的软件模块是按系统设计功能进行组态来实现需求的,软件结构由现场控制站、操作站和工程师站组成。

现场控制站一般由现场 I/O 驱动软件、I/O 信号预处理软件、实时数据库软件、控制算法软件和实时操作系统组成。

操作站一般由图形处理软件、操作命令处理软件、历史数据及实时趋势显示软件、报警和事件信息显示处理软件、历史数据的存储转存软件、报表软件、运行日志的记录显示软件、打印和存储软件组成。

工程师站一般由硬件配置软件、实时数据库生成软件、算法编辑软件、编译软件、仿真软件、画面编辑软件、报表设计软件、报警、事件、趋势等属性设置软件组成。工程师站软件是系统平台中的重要组成部分,它一方面为工程人员提供开发工程运用软件的工具,完成离线组态,另一方面为维护人员提供在维护模式下对运行参数进行监控和修改的工具。

2）软件集成控制

为了安全、可靠地实现核安全级控制系统软件的功能,确保整个软件集成活动受控,应对集成软件进行全面、严格的验证与确认（verification and validation，V&V），V&V 也是核级软件集成控制活动中常用且最有效的方法。

核级软件的 V&V 是核电数字化仪控系统研发的关键,用以确保核级软件设计过程的透明性,验证软件需求规格的完整性,确认核级软件功能与设计需求规格的一致性、正确性。核级软件的 V&V 活动包括软件设计过程的管理技术及软件的测试技术,以全面完整地评判集成软件及研发环节产生的软件的功能和质量是否满足要求。

从概念 V&V、需求 V&V、设计 V&V、实现 V&V、测试 V&V 到安装与检验 V&V,在应用软件开发的整个生命周期中均需要进行控制,表 6-10 详细介绍了从概念、需求、设计、实现、测试、安装到检验各个阶段所需要完成的 V&V 控制任务。

表 6-10　V&V 控制任务

活　动	任　务	方　式
概念 V&V	概念文档评价	组织评审概念文档,确认下列方面满足用户需求: ① 系统功能是否满足用户需求; ② 端-端系统性能是否满足用户需求; ③ 功能需求是否可测试; ④ 功能需求是否能够实现; ⑤ 运行和维护需求及运行环境; ⑥ 从已有系统的迁移需求
	用户需求分配分析	根据用户需求,评价分配给硬件、软件、界面的概念需求的正确性、准确性及完备性;验证硬件、软件和接口功能分配的正确性、精确性和完整性:① 验证分配至硬件、软件和接口的功能满足用户需求;② 验证内部和外部接口所指定的数据格式、接口协议等满足用户要求;③ 验证应用程序的具体要求,如功能多样、故障检测、故障隔离、诊断和错误恢复等满足用户需求;验证用户对系统的维护需求是否满足规定;验证来自现存系统的迁移和系统替换是否满足用户要求
	可追踪性分析	识别出系统需求,建立需求跟踪矩阵中的系统需求条目,以追踪到需求文件或法规、导则和标准
	关键性分析	确定系统已分配完整性等级,验证所分配完整性等级的正确性
	危害性分析	分析评价是否对系统的危险源进行了识别,在系统需求中是否进行了标识并提出了应对措施
	信息安全分析	评价系统方案和安全防范计划是否符合用户定义的信息安全防范要求,是否符合法规和标准,是否具有可操作性和可测试性,是否存在由系统本身或与环境相关联的系统接口引入的信息安全风险
	风险分析	识别技术风险、管理风险,提出消除、减轻或转移风险的建议
需求 V&V	可追踪性分析	对需求软件和系统软件需求间的双向追踪对应关系进行检查分析,追踪关系不一致的需及时更新需求跟踪矩阵,以确保一致
	审查软件需求	对需求软件进行审查,以确保软件完备、正确、适宜
	审查接口需求	对需求软件接口进行审查,以确保接口一致
	关键性分析	验证软件要素的完整性等级是否需修改以及修改的正确性

（续表）

活　　动	任　　务	方　　　式
需求 V&V	编写软件测试计划	V&V 工程师编写软件测试计划,包含部件、集成、系统及验收部分内容,V&V 负责人组织对该计划进行评审和审批
	配置管理评估	按照开发配置计划和配置要求开展,以评估其过程中的完整性、适宜性、充分性
	危害性分析	识别导致系统发生危险的软件需求,评估危害后果,确认软件对每个危险进行了处理、控制或转移缓解
	信息安全分析	分析软件需求是否能实现系统的信息安全要求,验证信息安全需求能将安全风险降低到可接受的程度
	风险分析	识别技术风险、管理风险,提出消除、减轻、转移风险的建议
设计 V&V	可追踪性分析	对软件设计和软件需求间的双向追踪对应关系进行检查分析,以确保一致
	审查软件设计	对软件设计进行审查,以确保正确、可读、可测
	审查接口设计	对软件接口设计进行审查,以确保接口一致
	测试设计	开展部件测试、集成测试、系统、验收测试设计
	关键性分析	验证软件要素的完整性等级是否需修改以及修改的正确性
	危害性分析	审查软件设计,分析可能存在的故障模式,识别潜在危险源并分析危害后果,制订相应缓解策略
	信息安全分析	验证架构设计、详细设计是否实现所识别的信息安全要求
	风险分析	评估风险的变化情况,识别新的风险源,并提出减轻、缓解风险的建议
实现 V&V	可追踪性分析	对软件工程和软件设计间的双向追踪对应关系进行检查分析,以确保一致
	审查软件工程	对软件工程进行审查,以确保软件工程的正确、可读、可测
	接口分析	对软件工程接口进行审查,以确保接口一致
	关键性分析	验证软件要素的完整性等级是否需修改以及修改的正确性
	测试用例设计和测试规程	开展部件、集成、系统、验收用例设计,建立部件、集成、系统和验收测试的测试规程

（续表）

活 动	任 务	方 式
实现 V&V	开展部件测试	执行部件测试用例,记录测试用例运行结果,分析实际值、预期值间的差异,在发现异常时及时填写异常报告单并上报,测试结束时编写部件测试报告
	危害性分析	审查与验证软件实现,相应的数据元素应正确地实现关键性需求,且不会引入新的危险
	信息安全分析	验证软件应能实现所识别的信息安全要求
	风险分析	评估风险的变化情况,识别新的风险源,并提出减轻、缓解风险的建议
测试 V&V	可追踪性分析	对集成测试用例与软件需求、系统测试用例与系统需求间的双向追踪对应关系进行检查分析,以确保一致、完备
	开展集成测试	执行集成测试用例,记录测试用例运行结果,分析实际值、预期值间的差异,编写集成测试报告
	开展系统测试	执行系统测试用例,记录测试用例运行结果,分析实际值、预期值间的差异,编写系统测试报告
	开展验收测试	执行验收测试用例,记录测试用例运行结果,分析实际值、预期值间的差异,编写报告
	危害性分析	审查软件测试过程和测试结果,确认测试设备、工具不会引入新的危险
	信息安全分析	验证实现的系统没有增加信息安全方面的风险
	风险分析	评估风险的变化情况,识别新的风险源,并提出减轻、缓解风险的建议
安装与检验 V&V	安装包配置审核	验证安装包是否正确地包含了安装和运行所需要的全部软件产品,确认与应用场景相关的参数、条件的正确性,采用安装配置审核检查单进行
	安装检查	检查或测试安装软件与提交 V&V 的软件的一致性,验证软件代码、数据库按规定进行初始化、执行和终止
	危害性分析	检查安装过程、安装环境不会引入新的危险
	信息安全分析	检查所安装的软件不会对整个系统引入新的安全漏洞或信息安全风险
	风险分析	评估风险的变化情况,并提出减轻、缓解风险的建议
	V&V 工作总结	总结 V&V 活动、任务和结果,梳理异常处理状态,评估软件质量,提出建议;形成验证与确认工作总结报告

3）软件版本控制

软件具有一定的生命周期，存在软件版本升级的情况，不同版本的软件实现的功能或可靠性等存在差异。因此需要对软件版本更新升级进行控制，以便清晰管理各软件版本，控制内容通常如下。

（1）软件版本配置管理员负责统计所有软件的版本信息，管理软件版本号。

（2）由专业人员收集汇总工程应用过程中的软件问题并反馈至项目软件负责人。

（3）项目软件负责人及软件工程师负责对软件系统升级方法进行确认。软件升级后先通过小组内的评测及验证，再对升级后的软件进行 V&V。验证确认合格后将软件上传到受控库，通知软件版本配置管理员记录升版信息。

（4）软件更新升级后，软件版本配置管理员应及时通知软件集成下装人员更新软件，并记录及汇报软件更新情况。

第7章

验证与试验

核安全级控制机柜的验证与试验工作是在机柜完成系统集成后进行的。为保证系统设计与制造满足客户要求,必须经过单体和系统的验证与试验工作。验证与试验能够发现系统的软件、硬件、结构、工艺等方面的问题,是确保设备正常服役的前提条件。合理的验证及检测能有效提高整个系统的可靠性,降低设计、制造和安装成本。

验证与试验主要包括工厂测试、工厂验收测试和各项鉴定试验,其中鉴定试验又包括电磁兼容试验、环境试验和地震试验。

7.1 工厂测试

工厂测试简称 FT(factory test),是在控制机柜完成装配集成、检验及工程应用程序下载之后进行的。工厂测试需要对系统软硬件配置的完整性和正确性进行验证,以确认系统的功能、性能符合设备技术规格书、技术方案等要求。工厂测试还需证明工程组态完整、正确,符合正式发布的设计输入文件的要求。工厂测试的对象包括机柜、机柜相关设备和工程应用软件。工厂测试分为单体测试、集成测试和系统测试三个阶段。

1) 单体测试

机柜工程应用程序下载完成后,需对机柜进行单体测试。单体测试以单组(元)机柜为主要对象,验证各单组(元)机柜的实物性能和基本功能是否达到设计要求,包括验证机柜的电源电压、I/O 功能、冗余功能等基本功能和性能。

2) 集成测试

机柜单体测试完成且无相应异常后,进入集成测试阶段。集成测试是以多组机柜或多个子系统集成组合为主要对象的测试活动,主要包括单体之间,单体组成的子系统之间的数据传输测试和集成小系统后的功能测试。集成测试是为了进一步验证集成后的系统功能是否完全满足系统需求文件和工程设计输入文件的要求。即便单组(元)机柜能够正常工作,也不能保证连接后的系统能正常工作。某些未在单体测试时出现的异常问题,在集成测试时有一定概率暴露出来。

3) 系统测试

集成测试完成且无相应异常后,产品进入系统测试阶段。系统测试是以整个系统为测试对象,主要包括系统功能、性能、接口功能测试,从而证明系统设计满足需求,保证系统整体设计的正确性。

7.2 工厂验收测试

工厂验收测试简称 FAT(factory acceptance test),是以工厂测试(FT)通过的系统为对象,由业主方主导进行的系统功能和系统性能的测试活动。FAT 目的是验证系统软、硬件配置的完整性和正确性,确认系统的功能、性能是否满足合同、技术规格书等要求。

FAT 内容以 FT 为主体,抽取性能相关测试项的典型部分进行完全复测,审查 FT 记录,对部分测试项进行抽测。FAT 的方法和原则与工厂测试保持一致。FAT 测试通过则表明设备通过验收方的测试验收,具备了出厂发运的条件。

下面从工厂验收测试的准备工作和测试流程进行介绍。

1) 准备工作

工厂验收测试应从以下 5 个方面进行测试前准备。

(1) 测试人员应具备相应资质,且授权有效期应覆盖整个 FAT 有效期,测试人员名单及相应授权信息应提供给业主或监管机构,以便核查。

(2) 测试用仪器、仪表应在 FAT 测试计划中预先策划,经过检验合格,且在有效期范围内。

(3) 确认被测试设备是否具备测试条件,检查并确认相关设计文件、生产及检验记录、FT 测试记录等。

(4) 确认相关记录表格和测试用例内容一致。

(5) 检查测试环境是否满足要求,具体检查项目包括以下两项。

① 测试环境的温湿度是否满足要求。

② 被测机柜是否按现场布置图正确摆放在测试区域;测试接线是否正常且能满足测试要求。

2) 测试流程

依据 FAT 测试程序设计,可将其执行阶段分为单体测试、集成测试和系统测试,具体测试项目及测试方法原则上应与 FT 保持一致。

测试活动以工厂测试为主体,抽取各子功能测试项的典型部分进行完全复测,复测项由制造方与业主或监管方共同选取。未选取到的功能需由制造方提供 FT 测试记录,业主或监管方采取现场审查 FT 记录并进行现场问答的方式来验收。针对未选取或存有疑问的功能,业主或监管方有权针对某项测试进行计划外抽测,并形成相应的测试记录。

FAT 测试期间需严格按照测试用例执行测试活动,严格划分人员职责。严禁测试人员私自增加或减少测试项、测试步骤;严禁私自变更被测设备的硬件或软件配置;严禁非对应资质授权人员进行相关测试操作。

测试活动全程应在业主方人员、监管机构人员、质保人员的共同监管下进行。工厂测试和工厂验收测试完成后,进入控制机柜的鉴定试验阶段。

7.3　鉴定试验

设备鉴定是通过试验、分析或运行经验获得证据,证明在规定的运行条件和环境条件下,设备能按规定的准确度和性能要求正常工作。《压水堆核电厂核岛电气设备设计和建造规则》(RCC－E)将 1E 级的电气设备分为以下 3 类。

(1) K1 类设备:位于安全壳内,可在正常运行工况、事故和/或事故后运行工况的环境条件下以及地震荷载下工作的设备。

(2) K2 类设备:位于安全壳内,可在正常运行工况的环境条件下以及地震荷载下工作的设备。

(3) K3 类设备:位于安全壳外,可在正常运行工况的环境条件下以及地震荷载下工作的设备。

针对上述 3 类设备,《压水堆核电厂核岛电气设备设计和建造规则》规定了如下 5 个鉴定程序。

(1) 标准鉴定程序:确保设备在正常工况下工作。该程序在所有程序中总是最先执行的。

（2）K1 质量鉴定程序：确保安全壳内的设备在正常工况、事故工况、事故后工况和地震载荷下工作。

（3）K2 质量鉴定程序：确保安全壳内的设备在正常工况和地震载荷下工作。

（4）K3 质量鉴定程序：确保安全壳外的设备在正常工况和地震载荷下工作，如有需要，某些设备还要求在规定的事故环境下工作。

（5）特殊质量鉴定程序：针对确定的设备模型进行质量鉴定的活动。

核安全级控制机柜属于 K3 类设备，应执行 K3 类鉴定试验程序，即确保安装在安全壳外的设备能够在正常工况和地震荷载下工作，如有需要，某些设备还需在规定的事故环境下工作。

设备鉴定活动的依据标准，一般按照三个层次进行选用：主体标准、特定及指导标准、通用及执行标准。

1）主体标准

目前，国际上用于电气设备鉴定用的三大主体标准主要是《核电站 1E 级设备的质量鉴定标准》、《核电厂安全系统的电气设备质量鉴定》及《压水堆核电厂核岛电气设备设计和建造规则》（RCC‐E）。我国已经将《核电站 1E 级设备的质量鉴定标准》转化为《核电厂安全级电气设备鉴定》（GB/T 12727—2002），两者技术内容等同。GB/T 12727—2002 与《核电站 IE 级设备的质量鉴定标准》及 RCC‐E 中规定鉴定试验内容及鉴定试验可以使用的方法基本一致。采用 GB/T 12727—2002 作为鉴定试验的主体标准是不会违背《核电厂安全系统的电气设备质量鉴定》及 RCC‐E 要求的。通常，实际生产中采用 GB/T 12727—2002 作为主体标准，同时参考《核电厂安全系统的电气设备质量鉴定》及 RCC‐E 的相关要求。

2）特定级指导标准

特定级指导标准方面，对于环境试验，《核电厂安全级电气设备质量鉴定试验方法和环境条件》（EJ/T 1197—2007）与 GB/T 12727—2002 配套使用。且该标准是依据 RCC‐E 并结合我国压水堆核电站设计建造方面的经验编写而成，EJ/T 1197—2007 在环境试验方面的指导描述得较为全面。

对于电磁兼容（electro-magnetic compatibility，EMC）试验，美国核管理委员会导则《安全相关仪控系统中电磁和无线频率干扰的评价导则》（RG1.180）对核电厂安全相关设备电磁兼容试验提出了较为苛刻的要求，目前国内核级设备供应商在进行电磁兼容方面的鉴定试验时都采用 RG1.180 中规定的全部试验项目(免除个别项目)。此外《安全相关的基于计算机的仪控系统的环境鉴定导则》(RG1.209)明确指出,环境条件除应该考虑温湿度之外,还应该考虑EMC,且按照 RG1.180 以及 *Guidelines for electromagnetic interference testing in power plants*(EPRI‐TR‐102323)要求进行。因此 EMC 试验主要按照 RG1.180 及 EPRI‐TR‐102323 的要求进行,执行依据 *Military standard: electromagnetic interference characteristics requirements for equipment*(MIL‐STD‐461)系列标准。对于抗震试验,我国已分别将《核电厂安全系统的电气设备质量鉴定》及《核电厂安全级电气设备抗震鉴定》转化为《核电厂安全级电气设备抗震鉴定》(GB 13625—2018)及《核设备抗震鉴定试验指南》(HAF J0053—1995),两个标准在不同的层面对抗震试验给出了指导,抗震试验按照这两个标准的指导进行即可。

3) 通用级执行标准

环境试验按照《电工电子产品环境试验》系列标准执行。EMC 试验方面,美国核管理委员会(Nuclear Regulatory Commission,NRC)遵循的导则RG1.180 规定了 MIL‐STD‐461(Reference 21)标准和 IEC 61000 系列的工业标准。两套试验方法可以任选其一,但必须完整地执行。一般情况下,采用全套 MIL‐STD‐461(Reference 21)标准,同时补充部分 IEC 61000 工业标准的试验项目,进行 EMC 鉴定试验。抗震试验主要依据 GB 13625—2018、HAF J0053—1995 及《核电厂安全级电气设备抗震鉴定试验规则》(NB/T 20040—2011)等抗震鉴定试验的通用标准来指导抗震鉴定试验的执行。

核安全级控制机柜实施鉴定试验的目的是为了验证核安全级控制机柜在服役期内或鉴定状态下,在设计基准事件之前、期间和之后能否执行其安全功能,同时,验证设备及其接口部件是否满足技术规格书要求。

核安全级控制机柜鉴定的型式试验包括 EMC 试验、环境试验和地震试验。EMC 试验、环境试验和地震试验必须在有资质的第三方试验室进行,由第三方的试验室人员操作测试设备,制造方的测试人员配合运行设备,完成鉴定试验,并由第三方试验室出具试验报告。

7.4　电磁兼容性试验

电磁兼容性(electro-magnetic compatibility,EMC)是设备或系统在其电

磁场环境中能正常工作而不对该环境中任何事物构成不能承受的电磁骚扰的能力,是设备或产品的干扰大小和抗干扰能力的综合评定,是产品质量基于干扰水平的技术折中。

电磁兼容分为电磁干扰和电磁敏感度两大部分,正常工况下的设备产生向外发射的电磁波信号,该电磁波信号对周围电子设备干扰的能力即电磁干扰。电磁敏感度是指正常工况下的设备对电磁骚扰的抗干扰能力。下面具体从电磁干扰测试和电磁敏感度测试两个大方向进行细化介绍,中间穿插对核安全级控制机柜所做的具体试验项介绍。

7.4.1 电磁干扰试验

EMI 是电磁干扰(electro magnetic interference)的简称,是指装置、整组设备或整套系统动作时所产生的一种电磁噪声。电磁干扰主要包括辐射发射和传导发射。测试项主要从辐射发射、传导发射、谐波、闪烁方面进行。下面对这 4 种测试项做简要介绍。

7.4.1.1 辐射发射测试

辐射发射(radiated emission,RE)包含空间辐射和磁场辐射测试。辐射发射主要是指能量以电磁波的形式由产品发射到空中,或能量以电磁波形式在空间传播,对周边产品产生影响。

辐射发射超标的产品可能引起周围装置、设备或系统性能降低,干扰信息技术设备或其他电子产品的正常工作,并对人体造成一定危害。

表 7-1 所示为辐射发射测试项的具体内容。

表 7-1 辐射发射测试项

序 号	测 试 项
1	RE101 25 Hz~100 kHz 磁场辐射发射
2	RE102 10 kHz~18 GHz 电场辐射发射

1) 磁场辐射发射试验(RE101)

磁场辐射发射试验的目的是确认受试机柜及其电源线、信号电缆的磁场辐射发射是否超过规定的限值。试验按照《安全相关仪控系统中电磁和无线频率干涉的评价导则》(RG1.180)中规定的限值进行,频率范围为 30 Hz~100 kHz。图 7-1 所示为电磁干扰试验测试环境搭建示意图。

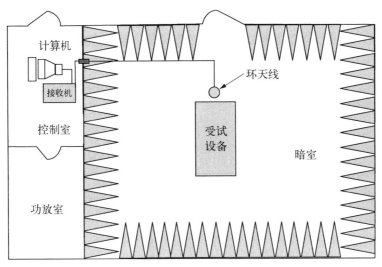

图 7-1　电磁干扰试验测试环境搭建示意图

2）电场辐射发射试验（RE102）

电场辐射发射试验的目的是确认受试机柜及其电源线、信号线缆的电场辐射发射是否超过规定的限值。试验按照《安全相关仪控系统中电磁和无线频率干涉的评价导则》（RG1.180）中规定的限值进行，频率范围为 2 MHz～1 GHz。

7.4.1.2　传导发射测试

一个设备与其他设备存在电源或者信号电缆的互联关系，这种互联关系可以将设备自身的共模电流传导到其他设备上，这种现象就叫做传导发射（conducted emission，CE）。

传导发射超标的产品可以引起在同一电网的电子设备性能降低，干扰电子设备的正常工作。

表 7-2 所示为传导发射测试的具体项目。

表 7-2　传导发射测试项

序　号	测　试　项
1	CE101 25 Hz～10 kHz 电源线传导发射
2	CE102 10 kHz～10 MHz 电源线传导发射
3	CE106 10 kHz～40 GHz 天线端子传导发射
4	CE107 电源线尖峰信号（时域）传导发射

1）电源线低频传导发射试验（CE101）

电源线低频传导发射试验的目的是确认受试机柜输入电源线上的传导发射是否超过规定的限值。

试验按照 RG1.180 中规定的限值进行，根据受试机柜输入功率不同，选取的频率范围略有差异。受试机柜输入功率小于 1 kVA 时，选取的频率范围为 60 Hz～10 kHz。

2）电源线高频传导发射试验（CE102）

电源线高频传导发射试验的目的是确定受试样机电源线的传导发射是否超过规定的限值。试验按照 RG1.180 中规定的限值进行，频率范围为 10 kHz～2 MHz。

3）天线端子传导发射（CE106）

天线端子传导发射试验适用于确定天线端口的传导发射是否低于规范极限值的要求。测试的目的是检查由射频装置端口发出的传导发射在通信电子系统间产生的干扰是否符合测试规范的规定。频率范围为 10 kHz～40 GHz。

4）电源线尖峰信号传导发射（CE107）

电源线尖峰信号传导发射适用于可能产生尖峰信号的设备。

5）谐波测试

谐波测试又称谐波电流测试。谐波产生的原因是电流流进负载时，若负载是非线性的，电流与所加的电压将呈非线性关系，这就形成了非线性的电流，也就是非正弦电流。这样的谐波电流将使设备电源的转换效率降低。

谐波电流超标的产品可能导致电气设备过热、产生振动和噪声，并使绝缘老化，设备使用寿命缩短，甚至发生故障或损毁。

6）闪烁测试

闪烁测试又称电压变化与闪烁测试。通常情况下是指开关动作或系统发生的短路故障引起了电压变化和闪烁。这种电压变化和闪烁可能会引起整个供电系统频率的波动，从而导致对人体的伤害。电压变化与闪烁超标的产品可能使电气设备发生故障或烧毁，并会引起照明灯具的灯光闪烁。

7.4.2　电磁敏感度试验

电磁敏感度（elecrtomagnetic susceptibility，EMS）是指在一个电磁干扰的环境中，装置、整组设备或整套系统不会因其周围环境或其他电子设备、系统的干扰而影响其自身正常工作的能力。电磁敏感度主要包括静电放电抗扰度、射频电磁场辐射抗扰度、电快速瞬变脉冲群抗扰度、浪涌（雷击）抗扰度、电压瞬时跌落和工频磁场抗扰度。测试项主要从静电放电抗扰度、射频电磁场辐射抗扰度、射频场感应的传导骚扰抗扰度、电快速瞬变脉冲群抗扰度、浪涌（冲击）抗扰度进行。下面对这几种测试项简要介绍。

7.4.2.1　静电放电抗扰度测试

静电放电抗扰度（electrostatic discharge immunity，ESD）测试又称静电测试。静电放电是普遍存在的自然现象（当充有电荷的物体靠近或接触一个导体时，电荷就要发生转移，这就是静电放电）。在核安全级控制机柜中，机柜外壳、机柜前后门把手、机柜内机箱面板、开关、指示灯、电缆接口（电源电缆、信号电缆、通信电缆）都是机柜正常运行过程中操作人员可能接触到的设备的点和面。静电放电抗扰度测试主要是模拟人体带电直接接触被试物品或者靠近被试物品时所进行的接触放电或空气放电。

图 7 - 2 所示为静电放电抗扰度试验测试环境搭建示意图。

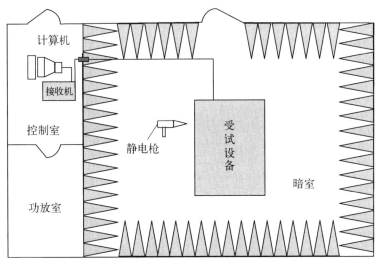

图 7 - 2　静电放电抗扰度试验测试环境搭建示意图

表 7 - 3 所示为常见的静电放电抗扰度试验等级。

表 7 - 3　静电放电抗扰度试验等级

接触放电		空气放电	
等　级	试验电压/kV	等　级	试验电压/kV
1	2	1	2
2	4	2	4

（续表）

接 触 放 电		空 气 放 电	
等　　级	试验电压/kV	等　　级	试验电压/kV
3	6	3	8
4	8	4	15
X[①]	特定	X	特定

注：① "X"可能是高于、低于或在其他等级之间的任何等级，该等级应在专用设备的规范中加以规定，如果规定了高于表格中的电压，则可能需要专用的试验设备。

7.4.2.2　辐射抗扰度

辐射抗扰度（radiated susceptibility test，RS)是指产品对辐射电磁场的抗干扰能力。射频电磁场辐射是由电磁辐射源（电子设备）产生的有意发射或者无意发射电磁波，射频电磁场辐射抗扰度主要是模拟电磁波通过空间传递对电子产品产生的射频辐射干扰。

该项试验的目的是测试设备对外界电磁场环境的抗干扰能力。表7-4所示为射频电磁场辐射抗扰度测试项的内容。

表7-4　辐射发射测试项

序　　号	测　试　项
1	RS101 25 Hz～100 kHz 磁场辐射敏感度
2	RS103 10 kHz～40 GHz 电场辐射敏感度
3	RS105 瞬变电磁场辐射敏感度

1）磁场辐射敏感度试验（RS101）

磁场辐射敏感度试验的目的是检验受试机柜承受磁场辐射的能力。试验按照 RG1.180 中规定的限值进行，频率范围为 25 Hz～100 kHz。图7-3所示为射频电磁场辐射抗扰度测试环境搭建示意图。

2）电场辐射敏感度试验（RS103）

电场辐射敏感度试验的目的是检验受试机柜及其有关电缆承受电场辐射的能力。该试验按照 RG1.180 中规定的限值进行，频率范围为 10 kHz～40 GHz。

3）瞬变电磁场辐射敏感度试验（RS105）

瞬变电磁场辐射敏感度试验的目的是检验受试设备承受瞬变电磁场辐射的能力。

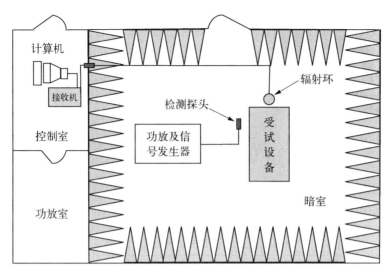

图 7 - 3 射频电磁场辐射抗扰度测试环境搭建示意图

7.4.2.3 传导抗扰度测试

传导抗扰度(conducted susceptibility，CS)测试又称传导骚扰抗扰度测试。如果使用的电源线或信号线与空间中存在的电磁波发生耦合，则将在电源线或信号线缆上产生感应电流，并顺着该线缆流进设备内部，对设备的正常工作产生干扰。表 7 - 5 所示为射频场感应的传导骚扰抗扰度测试项的内容。

表 7 - 5 射频场感应的传导骚扰抗扰度测试项

序 号	测 试 项
1	CS101 25 Hz～50 kHz 电源线传导敏感度
2	CS103 15 kHz～10 GHz 天线端子互调传导敏感度
3	CS104 25 Hz～20 GHz 天线端子无用信号抑制传导敏感度
4	CS105 25 Hz～20 GHz 天线端子交调传导敏感度
5	CS106 电源线尖峰信号传导敏感度
6	CS109 50 Hz～100 kHz 壳体电流传导敏感度
7	CS114 10 kHz～400 MHz 电缆束注入传导敏感度
8	CS115 电缆束注入脉冲激励传导敏感度
9	CS116 10 kHz～100 MHz 电缆和电源线阻尼正弦瞬变传导敏感度

1）电源线传导敏感度试验（CS101）

电源线传导敏感度试验的目的是检验受试设备输入电源线发生耦合反应后，抵抗产生的感应电流对设备性能的影响的能力。该试验适用于输入电源线为交流或直流的设备。频率范围为 25 Hz～50 kHz。图 7-4 所示为电源线传导敏感度试验测试环境搭建示意图。

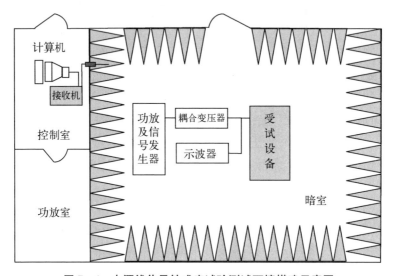

图 7-4　电源线传导敏感度试验测试环境搭建示意图

2）电源线尖峰信号传导敏感度试验（CS106）

电源线尖峰信号传导敏感度试验的目的是在设备、分系统等所有不接地的交流和直流输入电源线上测试设备、分系统对电源线上注入的尖峰信号的敏感度。被测物供电电源的频率为 DC-400 Hz，为直流、单相或三相四线制的供电，每相最大电流为 100 A。

3）壳体电流传导敏感度试验（CS109）

壳体电流传导敏感度试验的目的是检验受试设备承受壳体电流的能力，保证设备对平台结构电流或设备壳体电流所造成的电磁场不产生响应。频率范围为 50 Hz～100 kHz。进行该测试时，保证受试设备单点接地，进行闭环控制，不需要进行校准。受试设备和所有测试设备放在非导电平面上，测试点应选择跨接于穿过受试设备的所有面对角线的端点上。增加信号源的输出电平，监测电阻两端的电压，计算得出电流值。在整个要求频率范围内按照规定的速率进行扫描。对受试机柜其他表面的对角线端点进行测试。

4）电缆线、信号线高频传导敏感度试验(CS114)

电缆线、信号线高频传导敏感度试验的目的是检验受试设备承受耦合到电源线上的射频信号的能力,针对的是受试设备的所有外部电缆。

试验按照 RG1.180 中规定的限值进行,频率范围为 10 kHz～400 MHz。图 7-5 所示为电缆线、信号线高频传导敏感度试验测试环境的搭建示意图。

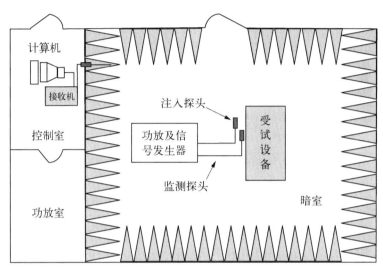

图 7-5　电缆线、信号线高频传导敏感度试验(CS114)、
CS115 和 CS116 测试环境的搭建示意图

5）电缆束注入脉冲激励传导敏感度试验(CS115)

电缆束注入脉冲激励传导敏感度试验的目的是检验受试设备承受耦合到与其有关电缆上的脉冲信号的能力。针对的是受试设备所有外部信号输入输出电缆。试验按照 RG1.180 中规定的限值进行,测试环境搭建如图 7-5 所示。

6）信号线阻尼正弦瞬变传导敏感度试验(CS116)

信号线阻尼正弦瞬变传导敏感度试验的目的是检验受试设备承受耦合到与其有关信号电缆上阻尼正弦瞬变的能力。针对的是受试设备所有外部信号输入输出电缆。试验按照 RG1.180 中规定的限值进行,测试环境搭建如图 7-5 所示。

7.4.2.4　电快速瞬变脉冲群测试

电快速瞬变脉冲群(electrical fast transient,EFT)测试又称快速脉冲测试。电快速瞬变脉冲群是电路中切换瞬变过程(切断感性负载、继电器触点弹掉等)产生的能量,电快速瞬变脉冲群抗扰度测试主要是模拟上述能量通过连接线缆(电源线等)对电子产品产生的干扰。该测试针对的是受试设备电源导线和信号输入线,对于电源线,试验分别在L线、N线与地线之间,L线与地线之间,N线与地线和信号线之间进行。

表7-6所示为电快速瞬变脉冲群抗扰度测试的试验等级分类。

表7-6　电快速瞬变脉冲群抗扰度测试的试验等级分类

开路输出试验电压和脉冲的重复频率				
等级	电源端口和接地端口(PE)		信号端口和控制端口	
	电压峰值/kV	重复频率/kHz	电压峰值/kV	重复频率[①]/kHz
1	0.5	5或100	0.25	5或100
2	1	5或100	0.5	5或100
3	2	5或100	1	5或100
4	4	5或100	2	5或100
X[②]	特定	特定	特定	特定

注:① 传统上用5 kHz的重复频率,然而100 kHz更接近实际情况。
　　② "X"可以是任意等级,在专用设备技术规范中应对级别加以规定。

根据电源线、信号线的实际情况选择试验等级和对应的电压峰值、重复频率。图7-6所示为电快速瞬变脉冲群抗扰度测试环境的搭建示意图。

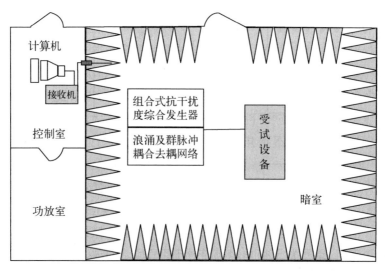

图7-6　电快速瞬变脉冲群抗扰度测试和浪涌(雷击)抗扰度测试环境的搭建示意图

7.4.2.5　浪涌(雷击)抗扰度测试

浪涌(雷击)抗扰度测试又称雷击测试(surge immunity test，surge)。浪涌抗扰度测试一般用来模拟电压或者电流瞬间出现超出稳定值的峰值对设备的影响。在核电应用中常常指雷击或者大电压大电流的影响。

浪涌(冲击)抗扰度测试针对的是电源线和信号输入线，测试分别在 L 线与 N 线之间、L 线与地线之间、N 线与地线之间进行。测试环境搭建示意图如图 7-6 所示。

7.4.2.6　电压跌落抗扰度测试

电压跌落抗扰度(voltage dips，short interruptions and voltage variations immunity，DIPs)又称电压暂降、短时中断和电压变化抗扰度。电压暂降、短时中断是由电压、电力设施的故障或负荷突然出现的大变化引起的。该测试的目的是考察电气和电子设备受到供电电源电压暂降、短时中断或电压变化时，正常工作的稳定性。DIPs 测试在 3 种情况下的试验等级和持续时间如表 7-7～表 7-9 所示。

表 7-7　电压暂降优先采用的试验等级和持续时间

类别	电压暂降的试验等级和持续时间(t_s)(50 Hz/60 Hz)				
1 类	根据设备要求依次进行				
2 类	0% 持续时间 0.5 周期		0% 持续时间 1 周期		70% 持续时间 25/30 周期
3 类	0% 持续时间 0.5 周期	0% 持续时间 1 周期	40% 持续时间 10/12 周期	70% 持续时间 25/30 周期	80% 持续时间 250/300 周期
X 类	特定	特定	特定	特定	特定

表 7-8　短时中断优先采用的试验等级和持续时间

类　别	短时中断的试验等级和持续时间(t_s)(50 Hz/60 Hz)
1 类	根据设备要求依次进行
2 类	0% 持续时间 250/300 周期
3 类	0% 持续时间 250/300 周期
X 类	X

表 7-9　电压变化优先采用的试验等级和持续时间

电压试验等级	电压降低所需时间 t_s	降低后电压维持时间 t_s	电压增加所需时间 t_s（50 Hz/60 Hz）
70%	突变	1 周期	25/30 周期
X	特定	特定	特定

其中类别划分是根据 GB/T 18039—2003 概括而来的。第 1 类是指受保护的供电电源，其兼容水平低于公用供电系统，如实验室的仪器等；第 2 类是指要求与供电系统相同的，如商用用电；第 3 类是指工业环境，其要求高于公用供电系统标准。250/300 周期是指"50 Hz 试验采用 250 周期"和"60 Hz 试验采用 300 周期"。

根据试验项目和试验等级选取持续时间。图 7-7 所示为电压暂降、短时中断和电压变化抗扰度测试环境的搭建示意图。

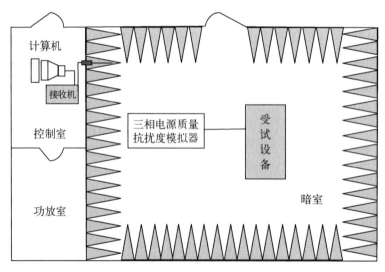

图 7-7　DIPs 抗扰度测试环境搭建示意图

7.5　环境试验

环境试验本质是环境应力试验，目的是利用加剧的应力，在短时间内将产品中潜在缺陷加速扩大，使其变成故障，以便在产品投入现场使用前加以纠正。

应力主要分为热应力和机械应力。由于温度变化不均产生的应力为热应力,在运输过程等环境下,致产品发生碰撞、振动等产生的应力为机械应力。根据应力的划分不同,将环境试验分为与温湿度、压力等有关的环境试验,以及与碰撞、振动等有关的环境试验两类。

环境试验使用的应力主要用于激发故障,而不是模拟使用环境。在核安全级控制机柜环境试验过程中,通常采用几种典型应力进行筛选,如:低温、高温、温度变化、交变湿热、恒定湿热、振动试验等。

本小节从机械环境试验和气候环境试验中挑选常用试验,如振动、跌落、冲击、温度、湿度、霉菌、盐雾等试验进行介绍,并对这些典型应力试验进行详细介绍。

7.5.1　低温试验

由于各种材料的收缩系数不同,低温条件时可能导致材料的弹性降低、脆性增大或产生裂缝等不良影响,对电子元器件,尤其是电阻、电容这类器件来说,还可能导致电参数发生变化,将直接影响产品的电性能,进而影响机柜的功能。

低温试验的目的是验证机柜在低温环境中工作的适应性。

7.5.1.1　低温试验条件

低温试验的温度有 7 个可选,从 $-65\sim5$ ℃分别是 -65 ℃、-55 ℃、-40 ℃、-25 ℃、-10 ℃、-5 ℃和 $+5$ ℃,试验温度的允许偏差范围为 ±3 ℃。持续时间可选 2 h、16 h、72 h 和 96 h。当用本标准作为与低温耐久性或可靠性相联系的有关试验时,则其试验所需的持续时间由有关标准规定。

7.5.1.2　低温试验步骤

1) 初始测试

在正式试验前,对受试机柜进行外观和机械结构检查并记录,再将受试机柜放入试验箱中,按照相关规定设置试验箱温度、湿度,使受试机柜温度稳定。如图 7-8 所示为低温试验曲线。

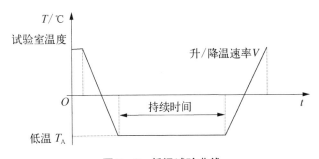

图 7-8　低温试验曲线

2) 试验

（1）受试机柜应处于不包装、不通电的准备使用状态,若相关规范另有规定,受试机柜可处于运行状态。

（2）当受试机柜温度稳定后,应在该条件下暴露到相关规范规定的持续时间。

3) 恢复

试验结束后,受试机柜从试验箱中取出前,应使其在试验室环境温度下,放置足够长时间以使机柜温度稳定。

4) 最后检测

对受试机柜的外观和机械结构进行检查,同时对功能、性能进行检测,并记录。

7.5.2 高温试验

由于各种材料的膨胀系数不同,高温可能改变材料的物理性能或尺寸,增加活动部件之间的磨损、部分材料变形等。对电子元器件来说,高温还可能导致阻值发生变化,电路的稳定性受到影响,加剧材料的老化、破裂等,因而会暂时或永久性地降低产品性能,使产品的寿命明显缩短,直接影响产品的使用年限。

高温试验的目的是验证机柜在高温环境中工作的适应性。

7.5.2.1 高温试验条件

表 7-10 所示为高温试验温度的选取及其容差。

表 7-10 试验温度的选取及其容差

温度及容差/℃	温度及容差/℃
70±2	150±3
85±2	200±5
100±2	350,容差按规定
125±3	600,容差按规定

表 7-11 所示为高温试验时间选取。

表 7-11 试验时间选取

试验条件	试验时间/h	试验条件	试验时间/h
A	96	C	500
B	250	D	1 000

（续表）

试验条件	试验时间/h	试验条件	试验时间/h
F	2 000	I	10 000
G	3 000	J	30 000
H	5 000	K	50 000

核安全级控制机柜进行高温试验时,应根据实际情况选择试验条件。用高温试验做耐久性和可靠性试验时,其温度和持续时间的选择应结合相关标准。

7.5.2.2　高温试验步骤

1) 初始检测

在正式试验前,对受试机柜进行外观和机械结构检查并记录,再将受试机柜放入试验箱中,按照相关规定设置试验箱温度、湿度,使受试机柜温度稳定。

2) 试验

(1) 受试机柜应处于不包装、不通电的准备使用状态,若相关规范另有规定,受试机柜可处于运行状态。

(2) 当受试机柜达到温度稳定后,应在该条件下暴露到相关规范规定的持续时间。

图 7-9 所示为高温试验曲线。

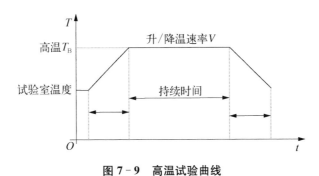

图 7-9　高温试验曲线

3) 恢复

试验结束后,受试机柜从试验箱中取出前,应使其在试验室环境温度下,放置足够长时间以使机柜温度稳定。

4) 最后检测

对受试机柜的外观和机械结构进行检查,同时对功能、性能进行检测,并记录。

7.5.3 温度变化试验

由于各种材料膨胀系数不同,在温度发生变化时,元器件或零部件之间可能会出现膨胀或者收缩的现象。而温度变化不均匀,还会造成元器件局部应力集中。不论是膨胀收缩的现象,还是局部应力集中,在加热和冷却循环过程中元器件或零部件都可能会因此造成损坏。

温度变化试验的目的是验证机柜在高低温极值下,抵御高低温极值交替冲击的能力。

温度变化试验有三种方法,分别是规定转换时间的快速温度变化、规定温度变化速率的温度变化和两液槽法温度快速变化。核安全级控制机柜体积较大,一般采用"规定温度变化速率的温度变化"的试验方法。

7.5.3.1 温度变化试验条件

规定温度变化速率的温度变化试验的试验条件由试验的低温和高温温度值、温度变化速率和循环次数确定。低温 T_A 和高温 T_B 的温度应从规定的试验温度中选取。正常情况下,要求放置在试验箱(室)内的低温限值为 $-55\ ℃$,高温限值为 $70\ ℃$。试验箱(室)内的温升变化速率均值不超过 $5\ min$,循环次数一般为 3,视具体情况而定。

在低温和高温两个温度下的每个温度试验时间 t 的长短取决于受试设备的热容量,试验保持时间一般为 $1\ h$ 或者直至试验样品温度稳定,以时间长的为准。

7.5.3.2 温度变化试验步骤

1) 初始检测

在正式试验前,对受试机柜进行外观和机械结构检查并记录,再将受试机柜放入试验箱中,按照相关规定设置试验箱温度、湿度,使受试机柜温度稳定。

2) 试验

(1) 受试机柜应处于不包装、不通电的准备使用状态,若相关规范另有规定,受试机柜可处于运行状态。

(2) 将试验箱温度按规定的降温速率降到规定低温 T_A,然后保持试验规定时间。

(3) 按规定的升温速率升到规定高温 T_B,然后保持试验规定时间。

(4) 最后按规定的降温速率降低到试验室环境温度值。此时完成一个温度变化循环。

受试机柜按步骤(1)至步骤(4)重复进行 2 次,相关规范另有规定的除外。图 7 - 10 所示为温度变化试验曲线。

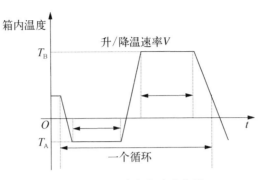

图 7 - 10　温度变化试验曲线

3) 恢复

试验结束后,受试机柜从试验箱中取出前,应使其在试验室环境温度下,放置足够长时间以使机柜温度稳定。

4) 最后检测

对受试机柜的外观和机械结构进行检查,同时对功能、性能进行检测,并记录。

7.5.4　交变湿热试验

湿热环境普遍存在于产品的运输、贮存和使用寿命周期内,实验室常用交变湿热试验来模拟湿热环境对产品的影响。试验证明,在潮湿、温度和电应力的共同作用下,会引起产品物理性能和电性能的变化,导致产品体积膨胀、机械强度降低或密封性降低,以及电子设备的绝缘电阻下降、漏电增加,严重时还会出现飞弧、击穿等电路损坏现象。湿热试验一方面可以模拟实际使用中的湿热环境对产品的影响,另一方面,也可以验证元件和材料在典型的高温高湿条件下的耐潮湿劣化影响的能力。

交变试验的目的是验证元件、设备或其他产品在高湿高温环境(且通常会在试验样品表面产生凝露)的条件下使用、运输和贮存的适应性。

7.5.4.1　交变湿热试验条件

本试验的试验条件由试验的温度和试验周期确定。温度分为 40 ℃、55 ℃,温度 40 ℃对应的试验周期可选 2 d、6 d、12 d、21 d、56 d;温度 55 ℃对应的试验周期可选 1 d、2 d、6 d。

7.5.4.2 交变湿热试验步骤

1）初始测试

在正式试验前,对受试机柜进行外观和机械结构检查并记录,再将受试机柜放入试验箱中,按照相关规定设置试验箱温度、湿度,使受试机柜温度稳定。

2）试验

(1) 受试机柜处在不包装、不通电的准备使用状态。

(2) 试验箱内温度应上升到有关标准所规定的合适高温值,在(3±0.5)h内应该达到高温。升温阶段的相对湿度应不小于95%,最后15 min内的相对湿度应不小于90%。

(3) 温度上升到规定高温值后,应保持在高温限值范围内,直至从循环开始的(12±0.5)h为止。本阶段的最初阶段和最后15 min内,相对湿度应在90%~100%,其余时间相对湿度应在(93±3)%。

(4) 温度应在3~6 h内降到试验室温度,在最初1.5 h的降温速率应按如图7-11交变湿热试验曲线所示,在3 h±30 min内温度达到试验室温度,除在最初15 min内相对湿度应不小于90%外,其余时间的相对湿度应不小于95%。

(5) 温度应保持在实验室规定的温度范围,同时相对湿度不小于95%,直至一个循环(24 h)结束。

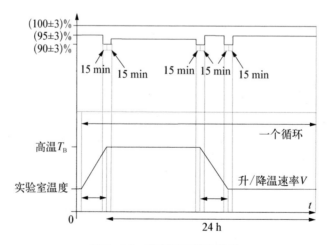

图7-11 交变湿热试验曲线

3）恢复

试验结束后,受试机柜从试验箱中取出前,应使其在试验室环境温度下,放置足够长时间以使机柜温度稳定。

4）最后检测

对受试机柜的外观和机械结构进行检查,同时对功能、性能进行检测,并记录。

7.5.5 恒定湿热试验

恒定湿热试验的目的是确定材料、电工电子设备或其他零部件在高湿度环境下使用、运输或贮存时的适应性能力,用于确定在规定时间内恒定温度、无凝露的高湿环境对实验样品的影响程度。恒定湿热试验为产品的可靠性改进和提升提供了依据,并确认其寿命与可靠性是否符合整机产品的设计要求。

7.5.5.1 恒定湿热试验条件

本试验的试验条件由温度、相对湿度和试验持续时间确定。除非另有相关规范规定,试验的温度和相对湿度应从表 7‑12 中选择。

表 7‑12 温度和相对湿度

温度/℃	相对湿度/%RH
30±2	93±3
30±2	85±3
40±2	93±3
40±2	85±3

持续时间可选 12 h、16 h、24 h 和 2 d、4 d、10 d、21 d 或 56 d。

7.5.5.2 恒定湿热试验步骤

1）初始测试

在正式试验前,对受试机柜进行外观和机械结构检查并记录,再将受试机柜放入试验箱中,按照相关规定设置试验箱温度、湿度,使受试机柜温度稳定。

2）试验

（1）受试机柜应处在不包装、不通电的准备使用状态。

（2）试验箱内温度应升到有关标准所规定的合适高温值,其间保持温度不变,在 2 h 之内,通过调整使箱内的湿度达到规定的等级,然后开始计时,按相关规范规定试验的持续时间并完成试验。除有关规定要求在条件试验期间对受试机柜进行检测外,受试机柜不应取出试验箱外。

图 7 - 12 所示为恒定湿热试验曲线。

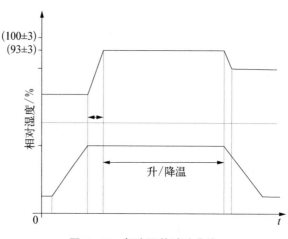

图 7 - 12 恒定湿热试验曲线

3) 恢复

试验结束后,受试机柜从试验箱中取出前,应使其在试验室环境温度下,放置足够长时间以使机柜温度稳定。

4) 最后检测

对受试机柜的外观和机械结构进行检查,同时对功能、性能进行检测,并记录。

7.5.6 霉菌和盐雾试验

1) 霉菌试验

霉菌试验的目的是评定在有利于霉菌生长环境下,电子设备使用的元器件和材料的抗霉性能,这是一种比较特殊的环境试验。

霉菌试验主要针对军用或民用电子设备,按标准规定进行各类霉菌的培养,在霉菌箱(室)内 28 天后,对试验的产品进行生霉等级检查,以确定产品防霉的等级。

本试验在湿热条件下进行,霉菌试验箱(室)内的各点温度应在 26～30 ℃ 范围内,相对湿度应在 96%～99% 范围内。试验期间每隔 7 天换气一次,霉菌混合液应均匀喷洒在试验产品表面。

霉菌试验菌种有黑曲霉、黄曲霉、杂色曲霉、绳状曲霉、球毛壳霉等。不同受试机柜的试验部位不同,对试验的要求也不尽相同。

霉菌试验的具体方法可参考《军用设备环境试验方法霉菌试验》（GJB 150.10—1986）。

2）盐雾试验

盐雾试验是一种模拟海洋或含盐潮湿地区气候的环境,利用这种人工模拟盐雾环境来考核产品耐腐蚀性能的环境试验。该试验对于确定盐雾大气中的涂层和表面处理层的耐用性是至关重要的。

盐雾试验对温度、湿度、氯化钠溶液浓度、pH 值等做相关规定,目的是确定元件耐盐雾腐蚀的能力。

盐雾的试验温度为 35 ℃,盐溶液的 pH 为 6.5～7.2,允许用稀释后的化学纯盐酸或氢氧化钠调整 pH,盐雾沉降量为 1～2 mL。

不同受试机柜的试验部位不同,对试验的要求也不尽相同。

盐雾试验的具体方法可参考《军用设备环境试验方法盐雾试验》（GJB 150.11—1986）。

7.5.7　振动试验

振动对产品的影响主要为对硬件结构和功能的影响。硬件结构方面一般是指从产品外观能明显看出受到的影响,振动能使产品发生疲劳而造成破坏,这种破坏通常是不可逆的,如造成的结构变形、弯曲、产生裂纹、断裂和造成部件之间的相互撞击等。功能影响主要是指振动能使元器件结构松动,内部部件产生相对运动,还能造成连接件或焊点脱开、接触不良、工作特性变劣、元器件产生噪声、磨损、物理失效,甚至会造成结构疲劳等从而导致产品功能上不能正常工作。振动对核安全级控制机柜的影响较大,是必须要完成的环境试验之一。

振动试验的目的是用于评定产品在其运输和使用环境中的抗振动能力,用来确定产品机械的薄弱环节。

振动试验中除有关规范另有规定外,应在产品的三个互相垂直方向上进行振动试验。

7.5.7.1　振动试验分类

振动试验分为两类,分别是正弦振动试验和随机振动试验,是根据施加的振动载荷来分类的。正弦振动的目的在于找出产品设计或包装设计的脆弱点,观察产品在哪一个具体的频率点响应最大,即所谓的共振点。找到共振点后在该共振点作驻留测试,确定产品能够承受共振带来的影响。随机振动在任意瞬间包含频谱范围内的各种频率的振动,是一种非确定性的振动。正弦振动试验分为正弦定频振动试验和正弦扫频振动试验。振动试验过程中所使用的振动设备也有一定的分类。振动试验的加载设备有机械式振动台、电磁式振动台和电液式振动台等,其中电磁式振动台使用最为广泛。控制设备应具备正弦振动控制和随机振动控制功能,主要用来产生振动信号和控制振动量级的大小。

正弦定频振动试验:正弦振动频率始终不变的试验叫正弦定频振动试验。正弦定频振动试验中有一部分是振动强度试验,主要考核疲劳强度。正弦定频振动试验中常用的运动参数是位移幅值、速度幅值和加速度幅值。

正弦扫频振动试验:正弦扫频振动试验中频率将按一定的规律发生变化,如按指数(对数)或线性规律变化。正弦扫频振动试验分线性扫频试验和指数扫频试验。线性扫频试验的频率变化是线性的,单位为 Hz/s 或 Hz/min。其扫频速度可以用给定的上下限频率之差除以扫频持续时间来计算。指数扫频试验的频率是按指数变化,即相同时间扫过的频率倍频程数是相同的,单位是 oct/min,oct/s,oct 表示倍频程。

扫频试验的主要目的是确定共振点和共振频率,以便后续利用此频率对在现场使用的产品可能经受到的高频振动做耐振处理,以加强产品的耐振适应性,确保产品在共振下的结构完好性。

7.5.7.2　振动试验条件

根据《核电厂安全级电气设备质量鉴定试验方法和环境条件》(EJ/T 1197—2007)要求,试验时设备不通电,振动频率范围为 10~500 Hz。当证明其适用性时,也可采用其他的频率范围。

振动试验由三个参数共同确定,分别为频率范围、振动幅值和耐久时间。其中,扫频耐久时间可选择 1 h、2 h、5 h、20 h、50 h 和 100 h,扫频的速率应为每分钟一个倍频程。扫频耐久试验推荐的振动幅值分为低交越频率和高交越频率。表 7-13 列出了低交越频率(8~10 Hz)推荐的振动幅值。表 7-14 列出了高交越频率(58~62 Hz)推荐的振动幅值。

表 7-13　低交越频率(8~10 Hz)推荐的振动幅值

低于交越频率的位移幅值		高于交越频率的加速度幅值	
mm	in	m/s^2	g_n
0.035	0.001 4	1	0.1
0.75	0.03	2	0.2

（续表）

低于交越频率的位移幅值		高于交越频率的加速度幅值	
mm	in	m/s^2	g_n
1.5	0.06	5	0.5
3.5	0.14	10	1.0
7.5	0.30	20	2.0
10	0.40	30	3.0
15	0.60	50	5.0

说明：供参考的英寸值由原来毫米值导出且是近似值，同样各数值也是为参考而给出的近似值。

表 7-14　高交越频率(58～62 Hz)推荐的振动幅值

低于交越频率的位移幅值		高于交越频率的加速度幅值	
mm	in	m/s^2	g_n
0.035	0.001 4	5	0.5
0.075	0.003	10	1.0
0.15	0.006	20	2.0
0.35	0.014	50	5.0
0.75	0.03	100	10
1.0	0.040	150	15
1.5	0.06	200	20
2.0	0.08	300	30
3.5	0.14	500	50

试验条件的选择要根据核安全级控制机柜的实际使用需求进行。

7.5.7.3　振动试验步骤

振动试验的步骤如下。

（1）在正式试验前，对受试机柜进行外观和机械结构检查并记录，再将受试机柜安装在振动试验台上。

（2）试验时受试机柜应处于非工作状态（不通电），对共振频率进行检查。

① 在三个互相垂直的 X、Y、Z 轴线方向上依次进行相应范围内的连续正弦波信号检查，并按照固定频程的对数速率进行扫描。

② 在交越频率以下位移不变，在交越频率以上加速度不变，测出每个轴向上的共振频率点。

（3）进行扫频耐久试验，用连续正弦波信号在每个轴向上按照固定频程的对数速率进行扫描，对在三个规定轴方向的每个轴向扫描相应的时间。

（4）对受试机柜的外观和机械结构进行检查，同时对功能、性能进行检测，并记录。

7.6　地震试验

地震是地壳快速释放能量过程中造成振动并产生地震波的一种自然现象。地震的破坏力极强，除了直接造成房屋坍塌和山崩、地裂外，还会引发火灾、爆炸、滑坡、泥石流等次生灾害。

由于地震是对核电站最大的潜在安全威胁，因而核电站把地震分析和抗震设计作为安全技术最高标准。本节主要从地震的基本概念和试验方法两方面进行介绍。

7.6.1　地震试验的基本概念

地震的基本概念包括超越概率、S1 与 S2 地震、抗震类别、反应谱、时程分析、阻尼、试验法等。下面分别对这些概念进行介绍。

1）超越概率

地震所引起的地面振动是很复杂的一种运动，它是纵波和横波共同作用的结果。地震具有一定的时空分布规律，从时间上看，地震有活跃期和平静期交替出现的周期性现象。从空间上看，地震的分布呈一定的带状，称为地震带。在抗震设计中，以超越概率进行分析，三种概率代表三种不同的地震重现周期。超越概率分为 63%、10%、3%。其中 63% 的概率对应于小地震发生的概率；10% 的概率对应于中地震发生的概率；2%～3% 的概率对应于大地震发生的概率。

2）S1、S2 地震

对于核安全级控制机柜需要确定两个特殊的标准，即安全停堆地震（SSE）和操作基准地震（OBE）。

OBE 地震是运行基准地震（operating-basis earthquake）的简称，又称 S1 地震，具体来说是指核电厂运行寿命范围内可能遭受的一次最大地面运动。

多个 S1 地震的目的是验证发生概率最大的地震时不会损害试验件性能的功能安全。

SSE 地震是安全停堆地震(safe shutdown earthquake)的简称,又称 S2 地震,是指在厂区内可能发生的最大地震。某些构筑物、系统和部件设计成在地震的作用下仍能保持其功能。这些构筑物、系统和部件对保证被鉴定的整个系统的功能正确性、完整性和安全性是必不可少的。

为了对试验件进行鉴定,需知道 S1 和 S2 两个地震水平相应的加速度谱。通常假定 S2 谱的形状同 S1 一样,但 S2 谱的幅值为 S1 谱的两倍。

3) 抗震类别

核电厂物项共划分为三个抗震类别,分别为抗震 Ⅰ 级、Ⅱ 级和非核抗震类。核安全级控制机柜是 1E 级电气设备,抗震等级为抗震 Ⅰ 级。

4) 反应谱

反应谱是指单自由度弹性系统对于某个实际地震加速度的最大反应和体系的自振特征之间的函数关系。简单地说,是指一组单自由度、具有不同阻尼的振子在同一基础激振下的最大响应(是振子自振频率的函数)曲线。

整个试验过程中常常会涉及两类反应谱,一是要求反应谱,二是试验反应谱。

要求反应谱是指由用户给出,作为验证试验技术条件的一部分或人为产生以包括未来应用条件的反应谱。要求反应谱构成了设备要满足的抗震要求。要求反应谱必须包括主水平轴和垂直轴的数据,以及不同阻尼(2%、5% 和 7%)的数据。

试验反应谱是指通过分析技术或谱分析设备从振动台的实际运动得到的反应谱。

5) 时程分析

时程分析通过时间函数描述了地震引起的运动曲线(通常是加速度形式)。时程分析更全面地反映了地震运动三要素幅值、频谱和持续时间的影响。

6) 阻尼

阻尼是使自由振动衰减的各种摩擦和其他阻碍作用。阻尼比指阻尼系数与临界系数之比,表达结构体标准化的阻尼大小。阻尼比量纲为 1,表示结构在受激振后振动的衰减形式,可分为 4 种情况:等于 1,等于 0,大于 1,0~1;

阻尼比为 0 即不考虑阻尼的系统,结构常见的阻尼比都为 0～1。

受试设备的临界阻尼比可以实测,也可按表 7-15 选取。

表 7-15　受试设备的临界阻尼比取值

物　项	阻尼比 1[①]/%	阻尼比 2[②]/%
设　备	2	3
焊接钢结构	2	4
螺栓连接钢结构	4	7

注:① 阻尼比 1 为设备在 S1 地震运动下的临界阻尼比;② 阻尼比 2 为设备在 S2 地震运动下的临界阻尼比。

在地震试验中,要求试验反应谱包络要求反应谱,在比较这两条反应谱曲线时,临界阻尼比应选取同一值,但在某些情况下,希望将过去的试验数据用于校核能否包络一个新的要求反应谱时,应选取试验反应谱的临界阻尼比不小于要求反应谱的临界阻尼。

7) 试验法

地震试验一般采用以下两种方法,单频波法和多频波法。

单频波法采用一维或二维单频正弦拍波试验,有时也用连续正弦扫描波,如果是单向试验,可分别对 OX、OY、OZ 轴进行试验。

多频波法采用一维、二维或三维人工时程试验。目前,地震试验一般尽可能采用多频波法中的人工时程试验方法,且尽可能采用二维,甚至三维时程试验方法。

核安全级控制机柜采用的是多频波法。多频波法有多种分类,如随机振动波、人工模拟加速度时程等。一般采用人工模拟加速度时程作为输入波。可根据受试设备的要求反应谱生成包络反应谱的人工模拟加速度时程,由该人工时程反演计算得到的试验反应谱应包络相同阻尼比的要求反应谱,用该人工时程作为振动台面的输入信号。

对于多频波法,输入的模拟人工加速度时程应满足以下要求。

(1) 人工模拟时程的加速度值的要求应以确定的参考点为准,参考点取在振动台面或受试设备与激振部位的刚性连接处附近的位置。

(2) 由每个人工时程曲线反演计算其试验反应谱时,频率间隔应足够小,采用的计算反应谱的频率范围和增量如表 7-16 所示。另一个可接受的方法是选择一组频率,使每个频率与它前一个频率的差值在 10% 以内。

表 7-16　建议用于计算反应谱的频率范围和增量

频率范围/Hz	0.2~0.3	3.0~3.6	3.6~5.0	5.0~8.0	8.0~15.0	15.0~18.0	18.0~22.0	22.0~33
频率增量/Hz	0.10	0.15	0.20	0.25	0.50	1.00	2.00	3.00

7.6.2　地震鉴定试验

地震试验的目的是为了验证安全系统的电气设备及仪表和控制设备,包括其会对安全系统性能产生有害影响的接口部件或设备,在发生地震期间和地震后要确保设备能执行其安全有关的功能,保持设备的完整性和可运行性。

受试设备按要求完成软硬件配置、组装和调试,并已通过外部电缆与配试设备正确连接,具备地震试验条件。

在进行地震试验前,进行受试设备的焊接安装和测试环境的搭建,根据结构检查表进行机柜结构检查,根据功能性能检查项进行试验前的功能性能检测并记录。试验前检查完成后,进行第一次动态特性探查试验,然后进行三个方向的 5 次 OBE(1/2SSE)试验,再进行一次 SSE 试验和 SSE 试验后的第二次动态特性探查。试验中需要持续进行功能性能监测并保存数据,试验后进行受试设备结构检测、机柜功能性能检测并记录数据。

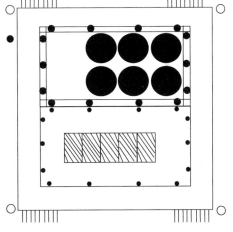

1) 被试设备安装

进行抗震试验时,核安全级控制机柜通过试验底座固定在地震台上。机柜通过焊接的方式安装在底座面板上,底座面板与抗震试验台通过螺栓刚性连接。图 7-13 所示为地震试验底座焊接示意图。

图 7-13　地震试验底座焊接示意图

受试设备不止一个时,可采用并柜的方式排列,受试设备的排列放置如图 7-14 所示。

2) 施加激振的轴向

抗震试验分为单轴试验、双轴试验和三轴试验。单轴试验是在单方向上

图 7 - 14　受试设备排列示意图

施加输入运动,双轴试验是在水平和垂直两个方向上施加输入运动,而三轴试验是同时在三个轴向上施加输入运动。

抗震试验采用三轴试验法,即沿三个优选轴同时输入独立的激振。选择三个主正交轴作为优先方向:OX 方向,水平的纵向;OY 方向,水平的横向;OZ 方向,垂直方向。

3）受试设备测点布置

应在受试设备的典型部位(预计对功能有影响的部位或应力、变形较大的部位)布置足够的加速度、位移、应力、应变传感器,以检测设备输入运动和设备典型部位的响应。如果没有明确规定,相应传感器可设置在设备的重心处及设备的最高处和最低处。

4）动态性能探查试验

最普遍采用的方法是低加速度水平的连续正弦波扫描输入,扫频速率不大于 2 oct/min。所选的加速度水平应可使试验装置得到好的信噪比(通常为 $0.1g \sim 0.2g$)。在三个主轴方向作扫频试验,进行共振搜寻,对得到的信号进行记录和分析,获得受试设备的自振频率。

5）模拟地震试验

模拟地震试验的目的是能完美复现所假设的地震运动,在实际做不到时,则需要模拟地震环境。

采用多频波法在受试设备的三个正交轴向同时进行激振,阻尼比、OBE 和 SSE 应根据实际进行选择,一般情况下,除有特殊规定,采用地震台台面的加速度信号作为控制信号完成 5 次 OBE 和 1 次 SSE 地震试验。

试验需要记录 OBE、SSE 试验时试验台的加速度时程,由此分别得到 OBE 试验反应谱、SSE 试验反应谱,应分别包络 OBE 要求反应谱、SSE 要求反应谱。

(1) 运行基准地震(OBE 或 S1)试验。

按《核设备地震鉴定试验指南》(HAF J0053—1995)的规定,进行 OBE 试验,试验中受试设备处于通电工作状态。

在 OBE 地震过程中通过目视检查受试设备的结构完整性,观察是否有出现报警等;并对受试设备的功能、性能进行检测。

(2) 安全停堆地震(SSE 或 S2)试验。

OBE 试验后进行 SSE 试验。

按《核设备地震鉴定试验指南》(HAF J0053—1995)的规定,进行 SSE 试验,试验中受试设备处于通电工作状态。

在 SSE 地震过程中通过目视检查受试设备的结构完整性,观察是否有出现报警等;并对受试设备的功能、性能进行检测。

6) 试验中和试验后检查

运行基准地震试验、安全停堆地震试验中和试验前后应对受试设备的功能特性和可运行能力进行检查。

7) 最终检验

受试设备地震试验后,应对设备的外形、结构和功能进行测试和检查,并与试验前的基准数据相比,以证明设备在地震后的完整性、功能性和可运行性。

鉴定试验的合格标准一般考虑以下因素。

(1) 在地震试验期间和试验后,受试设备外观和机械结构正常,柜体不应有变形或裂纹,各连接件(包括螺栓螺纹)不应有松动、脱落、裂缝以及螺栓力矩变化等异常现象发生。

(2) 在地震试验前、试验期间及试验后受试设备应保持功能和性能正常,不会触发报警。

第 8 章
包装发运与贮存

核安全级控制机柜从集成装配到现场安装,会涉及包装、装卸与转运、运输、接收、贮存与维护等步骤。本章详细介绍每个步骤的内容及其注意事项。

8.1 包装

包装是在流通过程中为保护产品、方便贮运,按一定技术方法采用的容器、材料及辅助物等的总称。包装也指为了达到上述目的而采用容器、材料和辅助物的过程中施加一定技术方法等的操作活动。

核安全级控制机柜应该按照其形状、尺寸以及预先设定的装载、拆卸、运输等要求进行包装,在包装运输前要严格审查包装运输方案,与业主达成统一意见后方可实施。

8.1.1 包装的种类与原则

1) 包装的种类

包装按照不同分类原则可分为多种类型。按照包装制品材料可以分为纸质包装、木质包装、胶合板包装等;按照包装所在位置可以分为内包装、外包装等;按照包装技术可以分为防潮包装、防水包装、防锈包装、防霉包装、缓冲包装等,此种包装分类总称为防护包装。

包装分类不是完全独立的,而是有机结合、不可分割的整体。核安全级控制机柜在包装时有内包装和外包装。内包装可以使用 PE 立体袋、VCI 气相防锈立体袋、铝箔立体袋等,外包装可以是纸质包装,也可以是木质包装、胶合板包装。只有多种包装方式结合使用,才能使包装发挥最大的作用,使产品得到最有效的保护。

2）包装的原则

包装是以保护产品、方便运输为目的，确保产品在装卸、运输过程中和仓储有效期内，不会因为包装的原因致使产品外观损坏、性能受损、精度降低。在此前提下，包装应满足以下原则。

牢固：包装的目的本身就是要求能够对产品起保护作用，防止产品在运输过程中受震荡、摩擦、撞击等外力，以避免造成破损、污染等现象，因此牢固是对包装最基本的要求。

科学：包装时应考虑结构，使其方便运输、利于装卸。科学的包装不仅能减少产品在运输过程中的破损，还能提高装卸效率。

经济：包装时应根据产品的尺寸、大小设计合适的包装箱，尽量避免不足包装造成的货物破损浪费和过度包装造成的包装材料浪费。

美观：包装在行使其功能职责时也要兼顾审美职责，包装设计应美观协调。

8.1.2　包装的要求

核安全级控制机柜的包装是给发运做准备的，因此对包装提出了相关要求，包括基本要求、清洁要求、包装材料要求、防护包装要求、物项分类包装及其防护应用、包装的封口和捆扎等。

8.1.2.1　基本要求

包装的基本要求如下。

（1）包装前，制造方需确保机柜（盘台）内各物项与机柜（盘台）连接紧固可靠，螺钉拧紧；机柜主体内部因装运可能发生相互碰撞的所有活动零部件、线缆、线束、接插部位等应进行固定和防护，防止在装运过程中发生机械损伤。

（2）包装应设置适当的防护屏障，以防止湿气、灰尘、盐雾和有害气体等污染物进入。

（3）产品包装应符合科学、经济、美观和牢固的原则，并具有足够的强度，保证能经受多次搬运和装卸，确保物项在装卸、运输和贮存过程中不被腐蚀、污染；不会因包装原因而使物项损坏和性能下降；无产生机械损伤的风险，确保物项安全可靠地运达目的地。

（4）不同等级的物项在混合包装时，应以其中最高等级的物项要求为准。

（5）包装件的外形尺寸、重量等应符合汽车、道路的极限装载运输条件。若受运输条件限制，可以选择分柜包装，并在供货清单中注明。

8.1.2.2 清洁要求

在包装前,必须对产品进行清洁,并检查其清洁度,确定机柜(盘台)内外清洁干燥。清洁的总体要求如下。

(1) 机柜内部废弃的线头、捆扎带等多余物应清理干净。

(2) 机柜表面脏污应清理干净,使用的清洁剂不应损坏机柜的性能。

(3) 对于清洁合格暂时不能包装的产品,应该采取保护措施,防止再度污染。

(4) 清洁不应影响运输、贮存等其他步骤。

8.1.2.3 包装材料要求

包装材料是指用于制造包装容器所使用的材料。包装材料的选用应遵循"防污染、防静电、防变形、防划伤、防撞击"等原则,并考虑物项种类对安全和可靠性要求的程度,根据其类别、结构尺寸、总质量、运输里程和运输方法等特点进行确定。

包装的材料主要有瓦楞纸板、木材类、胶合板等。包装的材料应该符合国家环境法律法规的要求,保证环保、可回收、可降解等。

1) 瓦楞纸板包装

瓦楞纸板是一个多层的黏合体,它至少由一层波浪形芯纸夹层(也称瓦楞芯纸或瓦楞原纸)和一层纸板(也称箱纸板)组成。瓦楞纸板经过模切、压痕、定箱或粘箱等工序可以制成瓦楞纸箱,瓦楞纸箱具有较高的机械强度,能抵抗运输过程中的碰撞和震动,因此在工业运输中具有十分广泛的应用。

根据瓦楞纸板的材料层数可以将材料分为双层瓦楞纸板、三层瓦楞纸板、五层瓦楞纸板和七层瓦楞纸板。由于其所用材料层数不同,瓦楞纸板有不同的使用场合。双层瓦楞纸板通常用于制作内包装及包装衬垫,从而起到缓冲作用,多用于包装质量小的产品。三层瓦楞纸板多用于包装质量较小的产品。五层瓦楞纸板具有较大的强度,通常用于包装质量大、体积大的易损产品。七层瓦楞纸板主要用于超重型货物的包装。运输中可根据产品的性质、贵重程度、运输路线的环境条件等因素选择合适的瓦楞包装,原则上产品越易碎易损、越贵重、路况越差,越应该选择层数多的瓦楞纸箱包装,甚至考虑其他更加优质、防护得当的包装方式。

瓦楞纸板的含水率也有严格的要求,因为其水分的多少直接影响抗压强度。当水分含量越高时,瓦楞纸板的抗压强度越低,所以控制瓦楞纸板的含水率,对于提高其抗压强度、保证可靠包装有极大的意义。不同的使用环境下,瓦楞纸板的含水率有不同的规定,《出口产品包装用瓦楞纸板》(GB 5034—1985)明确规定瓦楞纸板的含水率为(11±3)%,而《瓦楞纸板》(GB 6544—2008)明确规定瓦楞纸板的含水率为(14±4)%。使用瓦楞包装时可根据具体的使用环境详细参考标准。

用瓦楞纸板包装的产品在运输时应采用带篷、防雨、防潮的工具,存放的地点应干燥通风,远离火源。堆码应高于地面 100 mm,应避免大型物品挤压,出厂贮存期一般不超过半年。

2) 木材包装

木材包装的选用按照《重型机械通用技术条件》(JB‐5000.13—2007)要求执行,其在材料、含水率、尺寸偏差等方面都有严格要求。

做包装箱承重构件的材料主要有落叶松、云杉、榆木等,其他构件在保证包装箱强度的前提下,选择合适材料。

国内包装木材含水率应小于18%,出口包装木材含水率应小于12%。

选择的木材不允许存在使箱体强度受到削弱的各种缺陷,比如木节、裂纹。具体可参见标准《机电产品包装通用技术条件》(GB/T 13384—2008)。出口包装不能有树皮、腐朽、虫眼等缺陷,若存在虫眼,必须经过药物熏蒸或热处理。

表 8‐1 所示为木构件的厚度与宽度偏差参考。

表 8‐1 木构件的厚度与宽度偏差参考

尺寸范围/mm	偏差/mm
≤20	−1～＋2
20～100	±2
>100	±3

在需要或有文件规定时,有必要对使用的木材进行药物熏蒸、加热等进行除虫害处理。

在国际贸易中,部分国家要求对进口商品进行强制性检疫。为了防止包装木材携带有害病虫,从而影响进口国生态,需对木质包装材料进行熏蒸或热处理。常见的熏蒸药物有溴甲烷和环氧乙烷,经熏蒸处理的包装需做"IPPC"标识。

当为出口物项且采用木质包装箱进行物项包装时,应随包装带有木质材料卫生检疫合格证,拆装后的包装材料应统一处理。

3) 胶合板包装

胶合板是由木段旋切成单板或由木方刨切成薄木,再由胶黏剂胶合而成的三层或多层的板状材料。它属于人造板,有变形小、收缩率小、表面平整等特点,在包装领域有着广泛的应用。

普通胶合板可以分为Ⅰ类胶合板、Ⅱ类胶合板、Ⅲ类胶合板三类。表8-2所示为胶合板的特点和使用环境。

表8-2 胶合板的特点和使用环境

种 类	特 点	使用环境	说 明
Ⅰ类胶合板	耐气候	室外条件	能通过煮沸试验
Ⅱ类胶合板	耐水	潮湿条件	能通过(63±3)℃热水浸渍试验
Ⅲ类胶合板	不耐潮	干燥条件	能通过干状试验

胶合板在出厂时的含水率应该满足Ⅰ类和Ⅱ类胶合板的要求,即含水率为6%~14%,Ⅲ类胶合板的含水率应保持在6%~16%。

胶合板的尺寸公差如表8-3所示。

表8-3 胶合板的尺寸公差

公差名称	公 差
长度和宽度公差	±2.5 mm
厚度公差	公称厚度不同,厚度公差不同,具体参见标准《胶合板 第2部分:尺寸公差》(GB/T 9846.2—2004)
边缘直度公差	1 mm/m
垂直度公差	1 mm/m

8.1.2.4 防护包装要求

对控制机柜进行防护包装是为了防止包装箱内的机柜、模块或板级(电路)发生受潮、氧化、碰磕等情况。通常可以采用的措施是干燥和使用防护材料等。

潮湿的空气、雨水、有腐蚀性的气体、霉菌、运输中的振动和撞击等都会对产品产生不良的影响,故在包装时,应采取相应的防护措施,保护产品性能、外观不受影响。

根据产品的性质和特点、相关技术文件上具体的防护要求,包装设计应合理选择防护措施,常见防护措施有防潮、防水、防锈、防霉、缓冲等。

1) 防潮包装要求

潮湿对于电子产品来说是致命的。据统计,全球每年都有1/4的工业制造不良品是由潮湿直接或间接导致的。故防潮不仅在工业生产中具有十分重要的地位,在包装运输中也不容忽视。在实际运输时,对于需要进行防潮包装的产品,要求在其技术文件中规定其防潮包装等级。

在《防潮包装》(GB/T 5048—2017)中,对防潮等级、要求、包装方法等做了详细的介绍。防潮包装等级分为三级,分别是1级包装、2级包装和3级包装。表8-4所示为不同等级防潮包装的要求。

表8-4　不同等级防潮包装的要求

等　级	防潮期限	温湿度条件	产品性质
1级包装	1～2年	温度>30 ℃,相对湿度>90%	对湿度敏感、易生锈长霉和变质的产品以及贵重精密的产品
2级包装	0.5～1年	温度为20～30 ℃,相对湿度为70%～90%	对湿度轻度敏感的产品以及较贵重、较精密的产品
3级包装	0.5年以内	温度＜20 ℃,相对湿度<70%	对湿度不敏感的产品

进行防潮包装前,首先要保证机柜、模块是干燥清洁的;其次要保证所用的包装材料干燥清洁;对于缓冲和衬垫物体,宜选择吸湿性小的材料。

进行防潮包装时,可以采用放置干燥剂的方法进行防潮。如果没有特殊规定,干燥剂通常采用硅胶或蒙脱石。干燥剂应放入布袋或者强度足够的纸袋中,然后置于柜内,并用吊挂或拴绳等方式固定。

如果还需要做其他防护措施,可按照其他专业包装标准进行操作,但需注意:防潮包装应一次包装完成,若不能连续操作,在中途间断时应该采取临时防潮保护措施。

2) 防水包装要求

产品在运输过程中,可能有雨水、海水浸入等隐患,故防水包装也是有必要考虑的防护措施。对于需要进行防水包装的产品,需要在其技术文件中规定其防水包装等级。在《防水包装》(GB/T 7350—1999)中,对防水等级、要求、包装方法等做了详细的介绍。防水包装根据水浸入的严重程度分为A类和 B 类两种,每种分类根据接触水的时间分为三级。

表 8-5 所示为防水包装的不同等级要求及使用环境。

表 8-5　防水包装不同等级要求及使用环境

类　别	级　别	要　求	使 用 环 境
A 类	1 级包装	按 GB/T 4857.12—1992 做浸水试验,试验时间为 60 min	储运过程中环境条件恶劣,可能遭遇水害,并沉入水面以下一定时间
	2 级包装	按 GB/T 4857.12—1992 做浸水试验,试验时间为 30 min	储运过程中环境条件恶劣,可能遭遇水害,短时间沉入水面以下
	3 级包装	按 GB/T 4857.12—1992 做浸水试验,试验时间为 5 min	包装件底部短时间浸泡于水中
B 类	1 级包装	按 GB/T 4857.9—2008 做喷淋试验,试验时间为 120 min	储运过程中基本是露天存放
	2 级包装	按 GB/T 4857.9—2008 做喷淋试验,试验时间为 60 min	储运过程中部分时间是露天存放
	3 级包装	按 GB/T 4857.9—2008 做喷淋试验,试验时间为 5 min	储运过程中短时遇雨

防水包装通常使用在外包装上,但是如果有规定或要求,也可以对内包装进行防水防护。产品外包装上开设的通风孔应该做好防水措施。

用于防水包装的材料应具有良好的耐水性能。常用于防水包装的材料有聚乙烯低发泡防水阻隔薄膜、复合薄膜、塑料薄膜和油纸等。辅助材料有防水胶黏带、防水黏合剂等。

对于已经进行防水包装的产品,需保证产品自出厂之日起一年内不会因防水包装不善而使产品渗水,影响产品质量。

防潮包装和防水包装的简单区分如下:防潮包装的目的是为了防止包装件在运输过程中受潮湿大气的影响,而防水包装则是为了防止包装件在运输过程中受雨水的影响。前者的影响因素是空气和水蒸气的混合物,后者的影响因素为液态水。

3) 防锈包装要求

防锈包装是为了防止机柜金属表面在运输过程中发生锈蚀,导致产品外观、性能受影响而采取的防护措施,因此防锈包装也是一种重要的防护措施。

常见防锈措施是气相防锈。

对于需要进行防锈包装的产品应按照国标《防锈包装》(GB/T 4879—2016)的防锈规定和有关工艺要求进行清洗和封存。

根据技术文件确定其防锈包装等级,防锈包装等级应该综合考虑产品的性质、流通环境条件、防锈期限等因素。防锈包装等级分为三类,分别是 1 级包装、2 级包装和 3 级包装。表 8-6 所示为防锈包装等级要求。

表 8-6 防锈包装等级要求

等　级	防锈期限	温湿度条件	产　品　性　质
1 级包装	2 年	温度>30 ℃, 相对湿度>90%	易锈蚀产品以及贵重、精密的可能生锈的产品
2 级包装	1 年	温度为 20～30 ℃, 相对湿度为 70%～90%	较易锈蚀产品以及较贵重、较精密的可能生锈的产品
3 级包装	0.5 年	温度<20 ℃, 相对湿度<70%	不易锈蚀的产品

说明:当防锈包装等级的确定因素不能同时满足本表的要求时,应按照三个条件中最严酷的条件确定防锈包装等级;也可以按照产品的性质、防锈期限、温湿度条件的顺序综合考虑,确定防锈包装等级。

防锈包装通常可分为 4 个步骤:清洁、干燥、防锈和包装。首先需去除产品表面的油污、灰尘及其他异物,常用的方法是溶剂清洗法、乳剂清洗法、碱液清洗法等;然后进行表面干燥,常用的方法是压缩空气吹干法、擦干法、烘干法等;最后根据防锈包装的方法进行处理。

对于已经进行防锈包装的产品,需保证产品在防锈期限内不会被锈蚀。防锈包装需要一次包装完成,若无法连续操作,在中途间断时应该采取临时防锈保护措施。防锈包装作业应在清洁、干燥、温差变化小的环境中进行;操作者应注意避免汗水等污染物污染产品;使用的防锈包装材料应是中性的、清洁干燥的;在包装完成后,应在合适位置放置干燥剂,干燥剂通常采用矿物干燥剂,矿物干燥剂的使用应满足《包装用矿物干燥剂》(BB/T 0049—2008)的相关规定。若采用气相防锈包装材料,则应符合《气相防锈包装材料选用通则》(GB/T 14188—2008)的有关规定。

4) 防霉包装要求

对于需要进行防霉菌处理的包装,应按照相关技术文件的要求,确定其防霉菌等级。防霉包装等级的影响因素包括产品抗霉菌侵蚀能力、运输和贮存的环境条件、选用的包装材料的抗霉菌侵蚀能力等，合理考虑以上因素后再决定包装的防霉菌等级。

在《防霉包装》(GB/T 4768—2008)中对于防霉包装的等级和技术要求做了详细的介绍。

防霉包装等级通常分为4级，分别是Ⅰ级、Ⅱ级、Ⅲ级和Ⅳ级，如表8-7所示。

表8-7　包装等级分类

包装等级	适 用 条 件	要　　求
Ⅰ级	在两年内经常处于 GB/T 4794.3—1986 所规定的 B4 区域或相应的环境条件下；在运输过程中常处于 GB/T 4798.2—1996 所规定的 2B1 区域或有霉菌生长条件的 2B2、2B3 区域内	经 28 天霉菌试验，产品表面、内包装、外包装均未发现霉菌生长
Ⅱ级	经常处于 GB/T 4797.3—1986 所规定的 B2、B3 区域或相应于 B2、B3 区域的环境下	经 28 天霉菌试验后，内包装密封完好，产品表面和内包装未发现霉菌生长；外包装局部区域有霉菌生长，生长面积不应超过内外表面总面积的 10%，且不因长霉而影响包装的使用性能
Ⅲ级	适用于 GB/T 4797.3—1986 规定的 B1 区域与 GB/T 4798.2—1996 中规定的 2B1 区域或相应环境条件下	经 28 天霉菌试验后，产品表面及内包装、外包装允许出现局部少量长霉；长霉面积不应超过其内外表面总面积的 25%
Ⅳ级	不适于湿热季节在 GB/T 4797.3—1986 规定的 B2、B3 及 B4 区域之间或相应环境条件下进行长期运输和贮存	经 28 天霉菌试验后，样品局部或整件出现严重长霉现象；长霉面积超过内外表面总面积的 25% 以上；延长试验至 84 天，包装材料机械性能下降，产生霉斑影响外观

在进行防霉包装的设计时，需考虑被包装产品的性质、贮存和运输的环境条件等因素。在包装前，确认产品清洁干燥、无霉菌生长现象；使用的包装材料应该具有较强的耐霉性能。

5）缓冲包装要求

缓冲包装是指当产品在运输、装卸过程中遭遇振动、冲击等外力时，为保护产品的性能和形态，在包装箱内采取相应措施对产品进行支撑、固定和防震缓冲，使产品能够牢固放置的一种包装方式。缓冲包装又称防震包装，在各种包装方法中占有重要的地位。

（1）缓冲包装的要求。

① 减小产品受到的冲击和振动等外力。

② 分散作用到产品上的应力。

③ 保护产品的表面和凸起部分。

④ 防止产品之间的接触。

⑤ 防止产品在包装中的移动和碰撞。

（2）缓冲包装考虑的因素。在进行缓冲防护时需要考虑多方面的因素，包括产品的特性如形状、尺寸、重心等；产品流通的环境条件如运输方式、装卸次数、气候条件等。此外，还应考虑包装材料的性质、包装的工艺方法、包装设计的经济性等。

（3）缓冲设计的方法。缓冲设计主要有三种方法：全面缓冲、部分缓冲、悬浮式缓冲。这三种方法各有优点和弊端。合理选用适当的方法也是包装过程中至关重要的一部分。

① 全面缓冲。全面缓冲是指采用纸、泡沫等缓冲材料在产品与包装之间的空隙中进行填充，保证产品的所有接触面被柔软的缓冲材料包围，对产品进行全面保护的一种方法。图8-1所示为全面缓冲包装示意图。

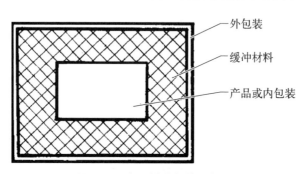

外包装

缓冲材料

产品或内包装

图8-1　全面缓冲包装示意图

此种包装方式的优点是可以缩小包装尺寸、提高运输工具的利用率、降低物流成本。缺点是缓冲材料用量大、包装成本高。故该方法通常用于形状较为复杂的产品的小批量包装，使用的缓冲材料有超轻型泡泡粒、发泡袋、气泡衬垫、泡沫衬垫等。

② 部分缓冲。部分缓冲是指采用缓冲材料对产品的边、角、棱等局部易受损位置进行保护的一种方法。通常，对某些整体性能好的产品来说，采用这

种方法既起到了保护作用，又节约了缓冲材料。图 8‐2 所示为部分缓冲包装示意图。

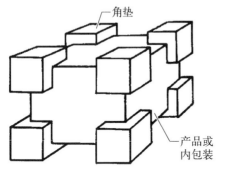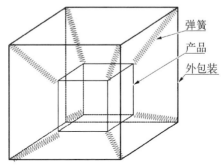

图 8‐2　部分缓冲包装示意图　　　　图 8‐3　悬浮式缓冲包装示意图

　　部分缓冲包装方式的优点是节约缓冲材料、降低包装成本。由于具有低成本的优点，该种方式广泛使用于大批量产品的缓冲包装。通常采用的缓冲材料有泡沫塑料成型缓冲垫、充气塑料薄膜缓冲垫、橡胶弹簧等。

　　③ 悬浮式缓冲。悬浮式缓冲法是用弹簧、橡皮筋、弹性薄膜等具有弹性的工具将物品悬吊固定在具有坚硬外包装的容器内，利用弹性形变保护物品，此种包装方法适用于比较贵重且脆弱的产品的缓冲包装。图 8‐3 所示为悬浮式缓冲包装示意图。

8.1.2.5　物项分类包装及其防护应用

　　由于核安全级控制机柜的复杂性，其组件的机械强度和精密度的不同，在实际的包装运输过程中，不能将一套设备或一台柜体直接包装运输。通常情况下，需要将容易损坏的物项进行单独防护包装。在包装运输过程中，需要对核安全级控制机柜进行物项分类。物项分类的依据包括其结构组成、外形特征、加工工艺及其不同包装方式和运输条件对物项的影响等。物项包装时，可分为以下三类。

　　第一类是电气物料。电气设备中具有特定功能的物料，如电源模块、滤波器、空气开关等。

　　第二类是模块类。该类物项内部包含机箱、板卡和显示屏。

　　第三类是整机类。该类物项的特点是体积大、质量大、重心高。在搬运和运输过程中容易倾倒和磕碰，造成物项表面损伤或物项内部零部件损伤、松动、脱落等。

根据上述三种分类方式对物项进行分装。根据产品的性质、形状等因素选择不同的防护包装方式，以便于物项的安全运输。

1）电气物料的包装

（1）单个电气物料包装。有原包装盒的电气物料使用原包装盒进行内包装，然后再进行外包装。无原包装盒的电气物料使用 PE 膜进行包覆后，再采用聚乙烯发泡棉（EPE）片式缓冲垫进行防缓冲。空气开关类无原包装盒的电气物料应对开关开合处进行局部防缓冲保护。滤波器类无原包装盒的电气物料应对接线柱或自带线部位进行局部防缓冲保护。继电器类无原包装盒的电气物料应对继电器接线触点、继电器线包外壳进行局部防缓冲保护。指示灯类无原包装盒的电气物料应对其塑料外壳进行局部防缓冲保护。预制/半预制电缆类电气物料应对电缆两端的连接器或电缆末端进行局部缓冲包覆并捆扎固定在包装箱内。

使用瓦楞纸包装盒包装时，电气物料应采用聚乙烯发泡棉（EPE）片式缓冲垫塞紧，防止晃动。不同电气物料放入同一个瓦楞纸包装箱时，应在不同物料间放入 EPE 片式缓冲垫进行隔离防护并塞紧。其余未列物项包装时应按照物项在包装箱内不晃动、有缓冲、防挤压的原则进行包装防护。

（2）批量包装及堆码。批量包装的电气物料应先进行独立包装，然后采用"托盘＋围框"的形式进行防护。根据电气物料包装数量、体积进行堆码式防护封装。堆码的总重量不得超出托盘的承重极值。堆码时应遵循"先重后轻；重在下、轻在上"的原则。码堆应不偏不斜、不歪不倒，且不能使码堆下层的单个电气物料外包装受压变形、受损。每个堆码包装箱均应有内装包装物的装箱清单，便于检查、盘点。物料堆码后套入 PE 立体袋，使用打包带进行捆扎，堆码件与托盘底部和胶合板围框间均应填充满 EPE 片式缓冲垫。

2）模块类物料的包装

（1）机箱。

① 包装前检查。在包装前对机箱进行检查，确保机箱内外清洁干燥、外观无损、连接器无弯曲等；确保机箱内已放置固定牢靠的硅胶干燥剂；确保机箱内无任何活动部件。

② 内包装。机箱类产品须进行单个物件的独立内包装防护。对其进行内包装时，应对其把手、导向销等非平面、易碰损部位进行立体防护。机箱应套入整体式 PE 立体袋，或使用低黏性 PE 薄膜包裹外表面，包裹层数至少2 层；还应在机箱上固定 EPE 护角，尖角处为 EPE 三面护角，棱边处为 EPE 两面护角，护角材料厚度不小于 3 cm。如图 8-4 所示为内包装护角示意图。

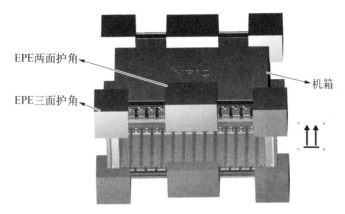

EPE两面护角

EPE三面护角

机箱

图 8-4　内包装护角示意图

③ 独立外包装。单个机箱采用纸箱进行装箱。机箱四个侧面与纸箱的空隙处应填充满 EPE 片式缓冲垫。在包装外箱的每条棱边使用纸护角加固抗压。图 8-5 所示为纸护角示意图。装箱完成后用胶带封箱,套入 PE 立体袋防潮,再用打包带固定,图 8-6 所示为单个机箱的包装。

防护薄膜袋

打包带(第1道)　打包带(第2道)

Case Number

打包带(第3道)

图 8-5　纸护角示意图　　　　图 8-6　单个机箱的包装

④ 批量外包装及堆码。当机箱进行批量包装时,应按照单个机箱独立外包装后进行堆码,然后采用"托盘＋围框"的形式进行防护。在此过程中,需根据机箱包装数量、体积进行堆码式防护封装。

进行堆码时,堆码的总重量不得超出托盘的承重极值。堆码的码堆应不偏不斜、不歪不倒,下层的单体机箱外包装不得受压变形或受损。每个堆码包装箱的数量宜一致,以便于检查、盘点。堆码后套入 PE 立体袋,使用打包带进行捆扎,堆码件与托盘底部和胶合板围框间均应填充满 EPE 片式缓冲垫。图 8-7 所示为堆码及防护示意图。

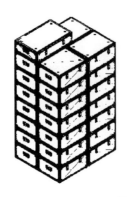

图 8-7　堆码及防护示意图

（2）板卡。

① 包装前要求。进行板卡包装前应确保其清洁干燥、外观无损、连接器（针、孔）无弯曲等；确保面板上钥匙开关处的钥匙已取下并已妥善保管。

② 独立内包装。板卡的独立内包装要考虑以下三种情况。

第一种是带有全金属外壳的功能模块或插件，尾部有接插件。该类物项要使用低黏性 PE 薄膜（至少 2 层）包裹外表面，然后装入防静电袋，在两端套入防静电 EPE 五面护角，护角材料厚度不少于 3 cm，开槽应与板卡尺寸一致。图 8-8 所示为 EPE 五面护角。图 8-9 所示为带有全金属外壳的功能模块或插件的独立内包装防护侧剖示意图。

图 8-8　EPE 五面护角

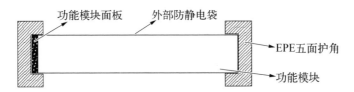

图 8-9　带有全金属外壳的功能模块或插件的
独立内包装防护示意图（侧剖）

第二种是仅部分带有金属面板，存在可视的印制电路板组件。部分带有面板型插件（如转接插件）的，需在裸露面垫防静电海绵，防静电海绵累加应高出面板；然后装入防静电袋；在两端套入防静电 EPE 五面护角，开槽应与防护后的插件尺寸一致。

带有金属底座类型的模块(如隔离继电器模块)应在元件面用硬质防静电泡沫立体保护,防静电泡沫内部空间高度必须高于模块上最高元件。然后使用低黏性 PE 薄膜(至少 2 层)包裹;在两端套入防静电 EPE 五面护角,开槽应与立体保护、包裹后的模块尺寸一致。图 8‐10 所示为仅部分带有金属面板独立内包装防护侧剖示意图。

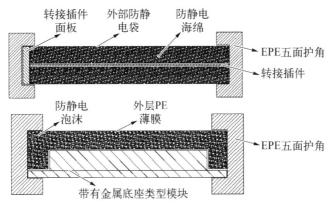

图 8‐10　仅部分带有金属面板独立内包装防护侧剖示意图

第三种是完全裸露的印制电路板组件。该类物项应使用防静电海绵夹裹,然后装入防静电袋。原则上有超出 3.5 mm 高度的器件时不允许进行抽真空处理,必须抽真空时,需加装至少 3 层防静电泡沫,抽真空后泡沫形变量不得大于 15%。然后在两端套入防静电 EPE 五面护角,EPE 护角开槽应与立体保护、包裹后的模块尺寸一致。图 8‐11 所示为完全裸露的印制电路板组件独立内包装防护侧剖示意图。

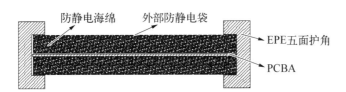

**图 8‐11　完全裸露的印制电路板组件独立
内包装防护侧剖示意图**

③ 独立外包装。进行板卡的独立外包装时,允许使用硬纸板箱或独立的硬质包装盒,但应保证物项不会损坏。在内部使用 EPE 片式缓冲垫填充,确保物项在包装盒内紧固不产生晃动。需注意的是,在单块板卡运输前需放入

图 8‑12　单块板卡包装

行李箱、专用木质或铁质包装箱中,进行二次防护后运输,禁止直接使用该纸盒包装进行快递发运。图 8‑12 所示为单块板卡包装。

④ 批量外包装及堆码。当进行板卡的批量外包装时,除需按上述要求进行独立内包装防护外,还需选取木板箱、木条纤维板箱、板条箱和金属包装箱等作为包装箱。包装箱所用材质必须具有防水特性,采用横向叠放的形式装箱,包装箱内部四周至少垫有 3 cm 以上缓冲材质。对包装箱进行塞紧,确保包装箱内的所有板卡均不会产生晃动,层间物件没有挤压情况,且层间均需使用缓冲片材。图 8‑13 所示为批量横向叠放装箱剖切示意图(前视图)。

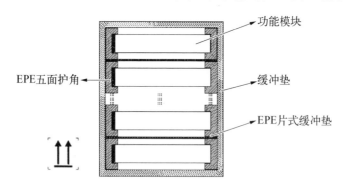

图 8‑13　批量横向叠放装箱剖切示意图(前视图)

进行堆码时,其要求参见机箱类的堆码要求。

(3) 显示屏。

① 包装前要求。进行包装前,应确保显示器清洁干燥、外观无损、显示屏无裂纹。然后取下显示屏上的钥匙开关,妥善保管。

② 内包装。将显示屏套入整体式 PE 立体袋,使用低黏性 PE 薄膜(至少 2 层)包裹外表面;再使用防静电缓冲包装衬垫进行整体防护,衬垫具体尺寸需根据显示器实际尺寸确定,显示器在衬垫内应不晃动。图 8‑14

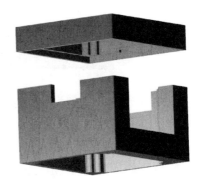

图 8‑14　衬垫示意图

所示为衬垫示意图。

③ 外包装。外包装箱采用上下开盖方式,在按要求进行内包装防护后,选取木板箱、木条纤维板箱、板条箱和金属包装箱等作为外包装箱。外包装箱所用材质必须具有防水特性,包装箱内 6 个面均有缓冲物填充,每面缓冲物填充厚度至少 3 cm。

外包装箱内部尺寸应根据内包装的尺寸确定,当内包装装入包装箱有晃动时,应使用 EPE 片式缓冲垫进行塞紧。图 8-15 所示为显示器包装箱示意图。

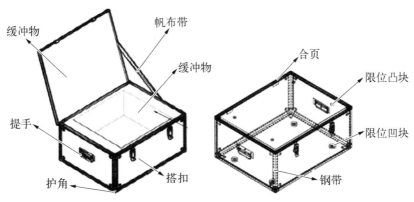

图 8-15 显示器包装箱示意图

3) 整机类物项的包装

对于功能检验合格的机柜(盘台)主体,需在包装前进行外观检查,检查无问题后方可进行包装,对于已经包装完成的物项严禁堆码。

(1) 包装前检查。

包装前对机柜(盘台)进行检查,确保其内外均清洁干燥;确保机柜前后门四角已放置固定牢靠的硅胶干燥剂;确保机柜(盘台)内各物项与机柜、盘台紧固可靠连接。检查完毕后,锁闭机柜(盘台)门,取下门钥匙,妥善保管。

(2) 内包装。

对机柜(盘台)进行内包装时,若其有开放性部位,应对其进行封闭,间隙用覆盖物包裹住;对门灯、门把手、仪表等易碰损部位应做缓冲防护;对高于柜体外表面的部位应使用立体防护。

机柜(盘台)应套入整体式 PE 立体袋,再使用低黏性 PE 薄膜防护,缠绕膜应连续缠绕覆盖整个机柜(盘台)柜体,贴紧柜体表面,且不少于 2 层。在机柜(盘台)的尖角部位使用 EPE 三面护角,如图 8-16 所示为 EPE 三面护角示意图。在机柜(盘台)的腰部棱边使用 EPE 两面护角,图 8-17 所示为 EPE 两面护角示意图。图 8-18 所示为内包装护角防护示意图。

图 8-16　EPE 三面护角示意图　　图 8-17　EPE 两面护角示意图

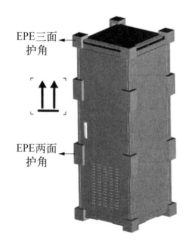

EPE三面护角

EPE两面护角

图 8-18　内包装护角防护示意图

(3) 外包装。

在进行必要的内包装后,即可进行整机的外包装。外包装防护主要使用托盘和围框的组合形式。

① 托盘。托盘是一种载货平台,放置在托盘上的物项具有活动性,处在随时可以移动的状态,托盘的使用提高了装卸效率。托盘主要由镀锌钢边带、胶合板、连接板、滑木等组成。托盘整体尺寸的设计应以货物实际尺寸为依据,按照《木制底盘》(GB/T 10819—2005)的要求进行设计。托盘应具有与机柜、盘台底部螺栓孔对应的安装孔位,以及叉车叉装、吊车吊装的专用结构。图 8-19 所示为托盘示意图。

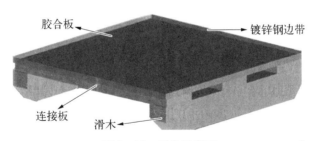

图 8-19　托盘示意图

② 围框。围框是为了在托盘上放置不规则物项而设计的,主要是由镀锌钢边带、胶合板、钢制舌扣等组成。围框整体尺寸的设计应以机柜、盘台的实际尺寸为依据,按照《组合式包装箱用胶合板》(GB/T 24311—2009)进行。图 8-20 所示为围框示意图。

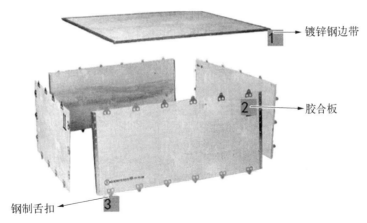

图 8-20　围框示意图

③ 固定及填充。为减少机柜(盘台)等与围框的碰撞,需在柜体四个侧面与围框的空隙处填充 EPE 片式缓冲垫,柜体与托盘之间使用螺栓组件固定。

8.1.2.6　包装的封口和捆扎

核安全级机柜包装的封口和捆扎有其特别的要求。当采用纸包装箱时,需要用胶带将包装箱下封口封合;确定包装箱内的文件资料齐全,并放置于产品上方,方便查看;然后用胶带将包装箱的上封口封合。胶带按照十字、双十字、井字等形式封合。必要时,也可使用合适规格的包装带对产品进行捆扎,包装带打包时,其铁扣齿的凹齿和凸齿应配合良好,在搬运过程中,不会因为包装带的松脱,导致产品受损或遗失。使用钢带时,应在钢带与产品直接接触的棱角处垫上泡沫等保护材料。

当采用木质包装箱时,合理选用封箱的钢钉。钉子应呈迈步形排列,钉帽打靠,顶尖盘倒,不能出现冒钉现象,以免伤及作业人员,吊运位置应加装起吊保护铁角。采用箱档加固的封闭箱时,在箱档接合处应采用合适规格的包棱角铁加固。

需注意的是,若产品包装要求防潮包装,其封口的热合强度应满足《防护包装规范》(GJB 145A—1993)中的相关要求。

8.1.3 包装标志

包装标志的作用是标识货物,使其在运输过程中迅捷、安全地到达需求方的同时,不出现混乱情况,并有助于对照单证核查货物。

包装标志分为两类,一类是指示性标志,根据产品的实际特点,对易碎、怕雨淋等产品,在包装上用文字和图片清晰醒目地标明"易碎物品""向上""小心轻放"等;一类是运输标志。运输标志又叫唛头,其包含目的地、产品名称等。

包装标志应分别印刷或涂印在包装箱的正反两面,标志的大小应与装箱体大小协调一致,标志必须清晰醒目、不褪色、不脱落。

8.1.3.1 指示性标志

1) 常用指示性标志名称及图形符号

指示性标志是由标志名称、几何图形、外框线组成,通过不同的标志,提示操作人员应注意的事项,简单、清晰、明了。其构成和图案应符合《包装储运图示标志》(GB/T 191—2008)的要求。表 8 - 8 所示为常用的包装储运图示标志。

表 8 - 8 常用的包装储运图示标志

序 号	标志名称	标 志	含 义
1	易碎物品		表明运输包装件内装载易碎物品,搬运时应小心轻放
2	向上		表明运输包装件在运输时应竖直向上

(续表)

序　号	标志名称	标　　志	含　　义
3	重心点		表明该包装件的重心位置,便于起吊
4	怕晒		表明该运输包装件不能直接照晒
5	怕辐射	怕辐射	表明该物体一旦受辐射会变质或损坏
6	怕雨淋		表明该运输包装件怕雨淋
7	禁用叉车	禁用叉车	表明该包装件不能用升降叉车搬运
8	禁用手钩	禁用手钩	表明在搬运过程中禁止使用手钩
9	温度极限		表明该运输包装件应该保持温度为 $-25\sim70\,^\circ\!C$

2）指示性标志的使用

（1）标志的标打方法。

标志可以采用印刷、粘贴、喷涂、拴挂、钉附等方法。

产品柜体的包装可以采用印刷的方法，使用油墨或墨汁将标签打印在合适的位置。印刷时，需要将标志名称、图形符号和外框线全部印刷。对于小体积的产品包装，也可以采用粘贴的方法，将标志粘贴于包装箱两端或两侧明显处，粘贴的标志要保证在货物运输和贮存期间不会脱落。当采用喷涂法时，可以只喷涂图形符号，省略标志名称和外框线。

（2）标志的尺寸及颜色。

① 尺寸。标志的尺寸包括标志外框的尺寸和图形符号外框的尺寸。标志外框是长方形，图形符号外框是正方形。在实际的应用中，可根据包装箱的尺寸进行等比例的放大和缩小。一般情况下，标志尺寸有四种，如表 8-9 所示。

表 8-9　标志尺寸　　　　　　　　　　　　（单位：mm）

序　号	图形符号外框尺寸	标志外框尺寸
1	50×50	50×70
2	100×100	100×140
3	150×150	150×210
4	200×200	200×280

② 颜色。标志应该颜色均匀，棱角清晰。标志通常采用黑色，但如果因为包装本身颜色使标志不清晰，可以给印刷面加对比色；当然也可采用其他颜色，但应尽量避免采用红色、橙色、黄色，以免与危险品标志混淆。

（3）标志的数量和位置。

在进行包装设计时，对于标志的数量和位置是有相关规定的。

"易碎"标志放于左上角；"向上"标志放于左上角；当"向上""易碎"同时使用时，并排放于左上角，放置顺序是"向上"在左，"易碎"在右。

图 8-21 所示为"向上""易碎"同时使用时放置示意图。

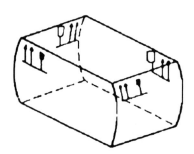

图 8-21　"向上""易碎"同时
使用时放置示意图

"重心"标志尽量印刷或喷涂在包装件的 6 个面。若有特殊原因,也至少应保证标识 4 个面(除顶面和底面)的重心位置。

"由此夹起"标志印刷在包装件可夹持位置的两个相对面上。

"由此吊起"标志印刷在包装件的两个相对侧面的实际起吊位置上。

8.1.3.2　运输标志

运输标志通常由一个简单的几何图形和一些英文字母、数字及简单的文字组成,其作用是使货物在装卸、运输、保管过程中容易被有关人员识别,以防错发错运。

运输标志分为正唛和侧唛。正唛显示商品品牌和名称、型号、供方名称和供货目的地、联系方式等。侧唛显示商品尺寸、毛重/净重、产品批号等。此外,有的运输标志还包含原产地、合同号、许可号等。运输标志的内容差异比较大,由买卖双方根据商品特点和具体内容商定。

8.2　装卸与转运

在同一地域范围内改变货物的存放、支承状态的活动称为装卸,装卸是物流的主要作业之一。装卸通常包含装载和卸下两个步骤,在运输前,需要将产品装载在运输工具上;在运输后,需要将产品从运输工具上卸下。

改变货物的空间位置的活动称为转运。本章中规定转运为受运输环境等现实限制,货物在运送途中,转换另外一种工具进行短距离运输的过程。

上述两个活动的全程叫做装卸与转运。该过程作业量大、方式复杂、作业不均衡,对安全性要求高,却是物流活动中不可缺少的环节,在物流活动中起着承上启下的作用。

产品从制造方到安装现场的过程中,需经过装卸和转运的步骤。在此过程中,需要接触货物,应格外注意,以防造成人员或货物的受损。

8.2.1　装卸与转运工具

机柜在进行场地转移时,根据实际情况选用吊装工具、叉车、滚杠对机柜进行移动。

1)吊装工具

吊装是指利用吊装工具将产品、物项等吊起,使其发生位置变化。在

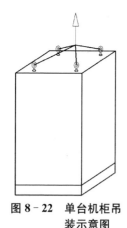

图 8-22 单台机柜吊装示意图

吊装时,需确保吊装物项上可以活动的部件均已固定牢靠,明确吊装物项的重量和重心,并设置好吊点或吊耳。

单台机柜进行吊装时,可以直接利用柜体顶部的吊环作为固定点。图 8-22 所示为单台机柜吊装示意图。

两台及两台以上的机柜进行并柜吊装时,首先进行并柜操作,将机柜顶部的吊环更换为吊装横梁,然后再进行吊装。图 8-23 所示为多台机柜吊装示意图。

吊装角度一般为绳索与产品顶面之间的夹角,图 8-24 所示为吊装角度示意图。

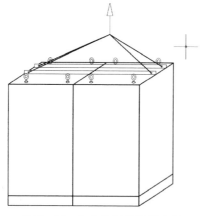

图 8-23 多台机柜吊装示意图

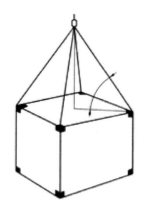

图 8-24 吊装角度示意图

在吊装前,检查起重机和包装容器的状态,采用较低的吊装速度,配置可靠的起重机。在吊装过程中,不同的吊索数量对吊装角度有不同的要求。吊索分为单肢吊索和多肢组装吊索。多肢组装吊索又分为两肢吊索、三肢吊索、四肢吊索等。角度限制不仅有助于减少重要部位的摩擦,还能减少吊装过程中的大幅度晃动,增加吊装的安全性。

吊装角度不宜过大,也不宜过小。角度过小会导致绳索在水平方向上的受力大于垂直方向上的受力,容易使吊装件侧翻。通常情况下吊装角度为 45°~70°最合理。

除了吊装角度外,吊索也应满足《一般用途钢丝绳吊索特性和技术条件》(GB/T 16762—2009)的要求。常用的钢丝绳有磷化涂层钢丝绳、镀锌钢丝绳、涂塑钢丝绳等。

2）叉车

叉车是一种工业搬运车辆,是可以对产品进行装卸、堆垛和短距离运输作业的轮式搬运车辆。

采用叉车进行机柜转运时,叉车不能直接接触机柜底部,故机柜底部需要安装底座,如增加木质底座等。图 8-25 所示为木质底座实物及示意图。

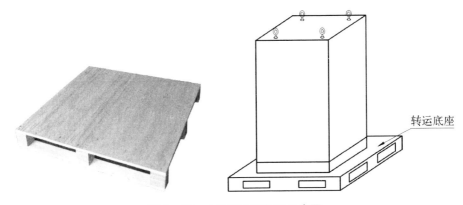

转运底座

图 8-25　木质底座实物及示意图

在进行叉车作业时,需调整两货叉间距,使两货叉负荷均衡,不得偏斜。载货高度不得超过驾驶员的视线。当叉车接近卸货点时,需要减速,确保低速平稳到达卸货点。需注意,禁止人员站立在叉车货叉上,以避免货物倾倒或叉车移动伤人。

3）滚杠

滚杠是机器或简单机械中能转动的圆柱形用具。滚杠搬运的优点是简便,其缺点是速度慢、效率低、搬运劳动强度大,滚杠一般在设备数量较少的情况下才使用。

当现场不能提供吊装和叉车两种转运方式时,可以采用滚杠进行转运。因机柜自身质量大,在采用滚杠转运过程中危险系数比较高,转运之前一定要做好相关的准备工作,防止柜体倾倒伤人。图 8-26 所示为滚杠实物及示意图。

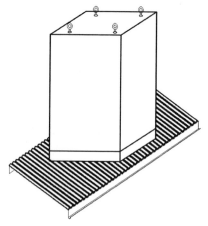

图 8‐26 滚杠实物及示意图

8.2.2 装卸与转运要求

装卸前,操作人员应按规定检查装卸设备,确保所有设备安全可靠,处于使用有效期内。装卸前检查并确保底托、顶部吊装部件牢固,包装完好。产品在装卸过程中,应该采取合适的装卸方式,严防包装损坏,注意轻拿轻放,以防产品变形损坏。其具体要求如下。

(1)专业人员:进行装卸操作的人员必须接受专业培训,经过类似操作并考试合格,才能进行装卸操作。

(2)轻拿轻放:吊装过程中要轻举轻落,避免任何碰撞、掷跌。

(3)安全第一:在装卸操作中使用的起重设备应按其规定的相关操作规程和特种设备安全监察条例进行操作。装卸过程中应注意安全,起重设备不得用于起吊超过其额定载荷的重物。包装箱装卸时,应注意其重量、吊装点和重心的标志,确保箱体在装卸过程中的安全,并确保包装箱面上储运指示标志完整。

(4)专业起重设备:龙门起重机、履带式起重机、汽车起重机和旋臂起重机等与起重安全有关的设备及部件应符合相关标准。

(5)在吊装前要检查起重机、吊具等是否满足吊装要求;检查吊装路线上是否有障碍物,吊高超过 1.8 m 时,应至少系 2 条牵引绳,并有专人牵引。

为了保证装卸作业的安全,作业时应注意以下事项。

(1)吊装时,吊具要加塑料保护套或使用尼龙吊索,与碳钢或镀锌钢的直接接触点要垫上薄不锈钢板。

（2）装卸中奥氏体不锈钢和镍基合金材料不应直接同铅、锌、汞和其他低熔点元素、合金或卤化物材料接触。

（3）装卸过程中不得损坏包装箱。

（4）整车装运前要注意车辆载重、重心等，做到不超载平衡配载。

（5）吊装速度按照相关技术文件执行。

8.3　运输

核安全级控制机柜及其相关物项运输到核电厂进行安装的过程中，需要合理选择运输工具，明确运输要求，对运输过程进行严格控制，必须将运输过程中物项损坏的风险降到最低。本节将对运输过程中的工具、运输及控制要求进行详细说明。

8.3.1　运输工具

常见的运输工具有火车、汽车、轮船、飞机等。在产品运输中，可按照相关文件的要求选择公路运输、铁路运输、航空运输、水路运输的一种或者组合。

1）公路运输

公路运输主要用于短途客货运输。其优点是适应性强、直达运输、运送速度较快、资金周转快、技术易掌握；缺点是运送量较小、持续性差、安全性低。

运输车辆的选择须考虑装卸场所空间以及运输路径情况。运输前按照相关技术文件对运输车辆状态进行检查。

2）铁路运输

铁路运输主要用于笨重货物的长途运输。其优点是运送量大、运行速度快、成本较低、不受气候条件影响；缺点是机动性差。

3）航空运输

航空运输主要用于精密产品的运输。其优点是运输速度快、安全性好、破损率低；缺点是运输成本高、运载量小。

4）水路运输

水路运输主要用于笨重货物的中长途运输。其优点是运载能力大、成本低；缺点是受自然条件的限制大。

选择产品运输方式时，要综合考虑产品性质、运输期限、成本、距离、运输批量等因素，巧妙结合各种运输方式，使产品安全、及时到达需求方处。

8.3.2　运输要求

产品在运输时要满足环境、安全等方面的要求，尽量合理规划，选择最佳的运输路线，不要在极端天气情况下进行运输工作，并尽力排除影响产品安全的因素。运输应满足"安全、迅速、准确、节省、方便"的十字方针，这几个要求相辅相成、相互制约，必要时可有所侧重。

1）运输安全

运输安全要求在运输过程中使运输对象完好无损、平安实现位移，其内容包含装卸、储存、保管、运输等多个方面。

对于运输安全性的影响有以下几个因素：运输的环境条件、交通情况、驾驶员的技术及素质、车辆技术性能等。

2）环境要求

（1）环境温度：—10～55 ℃。

（2）最大湿度：100% RH。

（3）大气压力：0.086～0.106 MPa。

3）运输的一般要求

（1）运输车辆驾驶员应取得相应资质、遵守相关交通法规，保证货物运输安全。

（2）运输车辆状态良好，固定装置配套齐全。

（3）运输前应当制订合理的运输路线，并充分考虑路况、天气及其他影响运输的相关因素。

（4）运输前，应核实物项装箱记录与合同及发货单相符合。

（5）包装箱装入运输车辆时，应将包装箱挤紧固牢，防止运输震动损伤包装箱。运输时采用阻燃防水篷布覆盖，再按相应的捆扎级别对货物及篷布进行捆绑，保证包装箱不受雨水、潮气等污染物侵入。

（6）运输过程中，机柜、盘台的柜门必须保持紧锁状态，重心保持均衡和稳定。

（7）运输过程中，机柜、盘台等保持竖直，倾斜角不超过 10°。

（8）运输途中与夜间停车期间，应有防止盗窃、火灾和外部侵入的措施。应有遮蔽措施，防止曝晒及雨雪淋袭。若采用敞开式运输工具，应当使用高质量覆盖材料。覆盖材料一般应具阻燃特性并保证空气流通。对于可能遭受运输损伤的、有防水防潮要求的屏障和包裹材料，应外加防水罩覆盖，确保设备安全，不被污染、损坏和丢失等。

4）运输过程控制

产品运输过程中需对运输速度、加速度、运输过程进行严格的控制。

（1）速度控制：运输过程中，要严格遵循相关法律法规的规定，不得超速行驶。

（2）加速度控制：运输过程中的惯性是运输安全的关键。而惯性事实上来自加速度。在运输过程中，为了保证安全运输，对加速度值作了限制。表8-10所示为不同运输方式下产品的加速度控制。

表8-10　不同运输方式下产品加速度控制　　（单位：m/s²）

运输方式	加速度		
	水平方向		垂直方向
	向前或向后	侧　向	
公路运输	0.8	0.5	1.0
铁路运输	4.0	0.5	0.3
航空运输	1.5	1.5	3
水路运输	0.25	0.25	1.0

说明：当多种方式联合运输时考虑最高值。

（3）过程管理：在运货过程中，应严格遵守交通规则，确保驾驶员与货物的安全，加强运输过程管理，主要控制以下几点。

① 驾驶人员控制：驾驶人员需经过专业培训并取得相关资格证书，并参加现场路线培训，熟悉各路段路况，并通过相关考核。

② 驾驶时间控制：运输管理人员有职责安排工作程序表，使驾驶员工作时间不超过上限时间，防止司机疲劳驾驶，降低工作中的风险。具体时间规定按照公司相关规定执行。

③ 运输车辆控制：运输车辆应从合格供应方选取，选取的车辆应符合国家或行业的相关标准，车辆应处于良好的安全运行技术状态。

④ 产品状态控制：每隔固定时间需指派专人进行产品状态检查。

8.4　接收、贮存及维护保养

1）产品接收

产品接收大致可分为四个部分，首先须进行包装检查，然后进行产品检查和文件检查,最后将检查合格的产品入库。接收员在现场接收产品时,要做到及时、准确,坚决杜绝不合格品进入现场。机柜等设备的重要性要求任何异常情况都需要记录存档、拍照并及时上报相关负责人员。当异常情况可能影响包装产品的质量时,应立即进行相关包装的隔离;当怀疑物项的性能会受到影响时,应由相关负责人决定是否需要重新进行全部或部分测试或进行元器件替换。

(1)包装检查。

产品到达需求方后,需求方应立即对包装进行检查。通常采用"目视法"检查包装。如果发现包装有破损、雨水污染或未经授权被打开等情况,应立即检查确认包装内物项是否完好并通知相关负责人。如果机柜等物项有损坏,应立即通知负责人并协助处理相关事项。

(2)产品检查。

对产品进行检查时,采用"目视法"观察产品有无变形,内外表面是否被腐蚀;观察干燥剂是否受潮,若受潮失效,需及时更换干燥剂。

采用"测量法"对产品的外观和尺寸进行检查。进行性能检验时,需按照技术规格书等文件进行验收。对于检验合格的产品,做好标识。

(3)文件检查。

打开产品包装后,还应该对产品所附相关文件进行检查,查看文件资料是否齐全。通常,包装箱内,应附有装箱清单、合格证、说明书等,并用防水塑料透明袋封装。包装箱外需另附一份装箱清单。也可按照相关规定或是双方约定增加其他文件。

(4)产品入库。

对于检验合格的产品应及时保存于库房之中,库房应确保清洁、干燥、无腐蚀性气体,通风良好。

2)产品贮存与维护保养

一般核安全级控制机柜的采购在核电站建造完成前就开始进行。受核电站建造进度的影响,通常控制机柜运输到现场后不能立即进行安装,因此需要对已经运输到现场但不能安装的设备进行良好贮存。

(1)贮存区域要求。

为防止核安全级控制机柜在贮存期间受环境影响而发生外观、性能上的变化,对机柜贮存区域的环境和管理提出了一定的要求,具体如下。

① 贮存区域内不允许无关人员进入。

② 贮存区域应具有阻燃、防风雨、地面平整、通风良好等特点。

③ 贮存区域的温度应在 5～35 ℃区间内,相对湿度应小于 70％RH。需做好储存场所的温度、湿度记录,发现异常应及时上报。

④ 贮存区域内要保持清洁干燥,不允许杂物堆积;不允许存放易燃、易爆、有腐蚀性的气体和物品;不允许存放食物、调料等能引来鼠虫的物品。

⑤ 贮存区域内需配置相关防火设备,并定期进行安全检查。

⑥ 贮存区域需设置排水设施,不允许出现积水情况;贮存场所不得选在低洼处,应配备防洪防涝设施,即使遇到大风、大雨天气也不会积水。

⑦ 贮存区域的清洁度应该满足《压水堆核电厂核岛机械设备在贮存、安装和启动期间清洁区的建立和维护技术规程》(NB/T 20162—2012)的要求。

⑧ 贮存区域应便于运输,并备有装卸设施设备。

(2) 贮存管理。

贮存管理是确保产品贮存质量的关键。产品在贮存时要进行良好的管理,做好产品的收、发、保管、养护等基本任务,一般应做到以下要求。

① 贮存前应检查包装箱是否完整,如发现包装箱损坏,必须检查包装箱内设备是否受污染或损坏,如受污染则必须清除污物,若有损坏,应向有关部门反映,得到妥善处理后再进行贮存。

② 物项接收、搬运、码放过程中应注意包装箱标识的堆码极限、挤压限制等要求,码放的物件承重不得超过其承重极值。

③ 应检查入库单与入库设备型号、数量是否一致。

④ 包装箱应放置稳妥、防止倾倒,堆放时要预留适当的通道,便于察看和检查。

(3) 维护保养。

在对产品进行维护保养时,一定要选择专业的人员,根据产品的说明书或者运维手册中给出的产品维护和保养的方法进行。

对于未投入使用的设备,对其进行维护和保养,可以使其保持性能的稳定性,具体措施如下。

① 定期对物项的保护物进行检查,发现松动、损坏、丢失应及时恢复原样或进行补充。

② 应定期检查包装密封状况、防潮状况,每自然年更换干燥剂,必要时采取措施进行除湿处理。

③ 临时、短期存储和超过三个月长期存储的物项,在保养力度上应有所

区别。雨季与干燥季节在维护保养周期上应有所区别。物项存储时间较长时,应定期对货垛进行倒垛,以确认整个货垛的物项包装、防锈层损坏的情况。对于已经投入使用的产品,对其进行维护和保养,可以延长其使用寿命,运行设备所处的工作环境需要清洁干燥,工作温度不宜过高或过低,可根据产品的重要程度,确定设备的维护保养级别及专用的保养方案。

参考文献

[1] 赵广林. 常用电子元器件识别/检测/选用一读通[M]. 第 3 版. 北京：电子工业出版社, 2017.

[2] 中华人民共和国国家质量监督检验检疫总局, 中国国家标准化管理委员会. 电子设备机械结构 公制系列和英制系列的试验 第 1 部分：机柜、机架、插箱的气候、机械试验及安全要求：GB/T 18663.1—2008[S]. 北京：中国标准出版社, 2008.

[3] 中华人民共和国国家质量监督检验检疫总局, 中国国家标准化管理委员会. 十字槽沉头螺钉 第 1 部分：4.8 级：GB/T 819.1—2016[S]. 北京：中国标准出版社, 2016.

[4] 中华人民共和国机械工业部. 自攻锁紧螺钉的螺杆 粗牙普通螺纹系列：GB 6559—1986[S]. 北京：中国标准出版社, 1986.

[5] 全国紧固件标准化技术委员会. 滚花头不脱出螺钉：GB/T 839—1988[S]. 北京：中国标准出版社, 1988.

[6] 中华人民共和国国家质量监督检验检疫总局, 中国国家标准化管理委员会. 紧固件 螺栓、螺钉、螺柱和螺母 通用技术条件：GB/T 16938—2008[S]. 北京：中国标准出版社, 2008.

[7] 中华人民共和国国家质量监督检验检疫总局, 中国国家标准化管理委员会. 电缆的导体：GB/T 3956—2008[S]. 北京：中国标准出版社, 2009.

[8] 中华人民共和国国家质量监督检验检疫总局, 中国国家标准化管理委员会. 额定电压 1 kV(U_m＝1.2 kV)到 35 kV(U_m＝40.5 kV)挤包绝缘电力电缆及附件 第 3 部分：额定电压 35 kV(U_m＝40.5 kV 电缆)GB/T 12706.3—2008[S]. 北京：中国标准出版社, 2009.

[9] 张文典. 实用表面组装技术[M]. 第 4 版. 北京：电子工业出版社, 2015.

[10] 樊融融. 现代电子装联工艺规范及标准体系[M]. 北京：电子工业出版社,2015.

[11] 全国涂料和颜料标准化技术委员会. 色漆和清漆 漆膜的规格试验：GB/T 9286—1998[S]. 北京：中国标准出版社,1998.

[12] 中华人民共和国国家质量监督检验检疫总局,中国国家标准化管理委员会. 软钎剂 分类与性能要求：GB/T 15829—2008[S]. 北京：中国标准出版社,2008.

[13] 国家市场监督管理总局,中国国家标准化管理委员会. 无铅钎料：GB/T 20422—2018[S]. 北京：中国标准出版社,2018.

[14] 徐春珺,杨东,闫麒化. 工业 4.0 核心之德国精益管理实践[M]. 北京：机械工业出版社,2016.

[15] 任清晨. 电气控制柜设计制作——结构与工艺篇[M]. 北京：电子工业出版社,2014.

[16] 中国航天工业总公司. 航天电子电气产品标记 工艺技术要求：QJ 2945—1997[S]. 北京：中国航天工业总公司第七〇八研究所,1997.

[17] IPC 中国. 电子组件的可接受性：IPC‐A‐610—CN[S]. 上海：IPC‐爱比西技术咨询(上海)有限公司,2014.

[18] IPC 中国. 线缆及线束组件的要求与验收：IPC/WHMA‐A‐620—CN[S]. 上海：PC‐爱比西技术咨询(上海)有限公司,2006.

[19] 中科华核电技术研究院有限公司. 法国核电厂设计和建造规则：RCC‐E[S]. 上海：上海科学技术文献出版社,2012.

[20] 中华人民共和国住房和城乡建设部,中华人民共和国国家质量监督检验检疫总局. 洁净厂房设计规范：GB 50073—2013[S]. 北京：中国计划出版社,2013.

[21] 中华人民共和国建设部,中华人民共和国国家质量监督检验检疫总局. 电力工程电缆设计规范：GB 50217—2007[S]. 北京：中国标准出版社,2007.

[22] 吕爱国,陈卫华. 仪控接地技术在核电厂的应用研究[J]. 自动化与仪器仪表,2016(6)：15‐18.

[23] 肖安洪,杨大为,曾辉,等. 核反应堆仪控系统软件验证与确认过程研究[J]. 机械设计与制造工程,2015,44(5)：73‐77.

[24] 中华人民共和国国家质量监督检验检疫总局,中国国家标准化管理

委员会.电磁兼容试验和测量技术系列标准：GB/T 17626—2007[S].北京：中国标准出版社,2007.

[25] 中国人民解放军总装备部.军用设备环境试验方法：GJB 150A—2009[S].北京：中国标准出版社,2009.

[26] 中华人民共和国国家质量监督检验检疫总局,中国国家标准化管理委员会.环境试验 第3部分：支持文件及导则 高温低温试验.GB/T 2424—2015[S].北京：中国标准出版社,2015.

[27] 国家核安全局.核设备抗震鉴定试验指南：HAF J0053[S].北京：国家核安全局,1995.

[28] 国家市场监督管理总局,中国国家标准化管理委员会.核电厂安全级电气设备抗震鉴定：GB 13625—2018[S].北京：中国标准出版社,2018.

[29] 宁建国.东日本大地震引发的思考[J].力学与实践,2011,33(4)：83-86.

[30] 方庆贤.核电厂设备抗震鉴定的审评[J].核动力工程,1995(5)：394-400.

[31] 国防科学技术工业委员会.核电厂物项包装、运输、装卸、接收、贮存和维护要求：EJ/T 564—2006[S].北京：中国标准出版社,2006.

[32] 中华人民共和国国家质量监督检验检疫总局,中国国家标准化管理委员会.大型运输包装件试验方法：GB/T 5398—2016[S].北京：中国标准出版社,2016.

[33] 中华人民共和国国家质量监督检验检疫总局,中国国家标准化管理委员会.包装储运图示标志：GB/T 191—2008[S].北京：中国标准出版社,2008.

[34] 祝燮权.实用紧固件手册[M].上海：上海科学技术出版社,2012.

索　引